编委会

主　编　韩雪涛

副主编　吴　瑛　韩广兴

编　委　张丽梅　马梦霞　朱　勇　张湘萍
　　　　王新霞　吴鹏飞　周　洋　韩雪冬
　　　　高瑞征　吴　玮　周文静　唐秀鸾
　　　　吴惠英

扫描书中的"二维码"
开启全新的微视频学习模式

电工电路识图、布线、接线与检测

数码维修工程师鉴定指导中心　　组织编写
韩雪涛　主编　　吴瑛　韩广兴　副主编

精彩微视频
配合讲解

扫码观看
方便快捷

电子工业出版社
Publishing House of Electronics Industry
北京·BEIJING

内 容 简 介

本书在充分调研电工领域各岗位实际需求的基础上，对电工电路识图、布线、接线与检测等相关知识进行汇总，以国家职业资格标准为指导，系统、全面地介绍照明控制电路的识图、接线与检测，电动机控制电路的识图、接线与检测等。

本书引入微视频互动学习的全新学习模式，将图解与微视频教学紧密结合，力求达到最佳的学习体验和学习效果。

本书适合相关领域的初学者、专业技术人员、爱好者及相关专业的师生阅读，除可作为提升个人技能的辅导图书外，还可作为职业院校及培训机构的技能培训教材。

使用手机扫描书中的"二维码"，开启全新的微视频学习模式……

未经许可，不得以任何方式复制或抄袭本书之部分或全部内容。
版权所有，侵权必究。

图书在版编目（CIP）数据

电工电路识图、布线、接线与检测 / 韩雪涛主编. -- 北京：电子工业出版社，2020.1
ISBN 978-7-121-37871-3

Ⅰ. ①电… Ⅱ. ①韩… Ⅲ. ①电路图—识图 ②电路—布线 ③电路—维修 Ⅳ. ① TM02 ② TM05
中国版本图书馆 CIP 数据核字（2019）第 251647 号

责任编辑：富 军
印　　刷：北京捷迅佳彩印刷有限公司
装　　订：北京捷迅佳彩印刷有限公司
出版发行：电子工业出版社
　　　　　北京市海淀区万寿路 173 信箱　邮编 100036
开　　本：787×1092　1/16　印张：24　字数：615 千字
版　　次：2020 年 1 月第 1 版
印　　次：2022 年 9 月第 3 次印刷
定　　价：128.00 元

凡所购买电子工业出版社的图书，如有缺损问题，请向购买书店调换。若书店售缺，请与本社发行部联系，联系及邮购电话：（010）88258888，88254888。
质量投诉请发邮件至 zlts@phei.com.cn，盗版侵权举报请发邮件至 dbqq@phei.com.cn。
本书咨询联系方式：（010）88254456。

前　言

在电工领域,电工电路识图、布线、接线与检测等都是非常重要的技能。为了更好地满足读者的学习需求和就业需求,我们特别编写了《电工电路识图、布线、接线与检测》。

本书依托数码维修工程师鉴定指导中心进行了大量的市场调研和资料汇总,从社会岗位的需求出发,以国家相关职业资格标准为指导,将电工领域的各项专业技能进行有机整合,结合岗位的培训特点,重组技能培训架构,制订符合现代行业培训特色的学习模式,是一次综合技能培训模式的全新体验。

在图书编排上

本书强调知识技能的融合性,即结合电工领域的从业特点,对电工技能的学习训练进行系统规划,由浅入深,以就业为培训导向,以实用、够用为原则,同时结合实际工作,通过对各项实操案例的细致演示、讲解,最终使读者的学习更加系统,更加完善,更加具有针对性。

在图书内容上

本书引入大量的实操案例。读者通过学习,不仅可以学会实用的操作技能,还可以掌握更多的社会实践经验。本书讲解的实操案例和数据都会成为以后工作的宝贵资料。

在学习方法上

本书打破传统教材的文字讲述方式,采用图解+微视频讲解互动的全新教学模式,在重要知识技能点的相关图文旁边有二维码。读者通过手机扫描二维码,即可在手机上浏览相应的教学微视频。微视频与图书内容匹配对应,晦涩难懂的图文知识通过图解和微视频的讲解方式,可最高效率地帮助读者领会、掌握,增加趣味性,提高学习效率。

在配套服务上

读者除了可以体验微视频互动学习模式,还可以通过以下方式与我们交流学习心得。如果读者在学习工作过程中遇到问题,可以与我们联系。

为方便读者学习,本书电路图中所用电路图形符号与厂家实物标注(各厂家的标注不完全一致)一致,不进行统一处理。

本书由数码维修工程师鉴定指导中心组织编写,由全国电子行业资深专家韩广兴教授亲自指导。编写人员有行业资深工程师、高级技师和一线教师。本书无处不渗透着专业团队的经验和智慧,使读者在学习过程中如同有一群专家在身边指导,将学习和实践中需要注意的重点、难点一一化解,大大提升学习效果。

数码维修工程师鉴定指导中心
联系电话:022-83718162/83715667/13114807267
地址:天津市南开区榕苑路 4 号天发科技园 8-1-401　邮编:300384
网址:http://www.chinadse.org
E-mail:chinadse@163.com

编　者

第1章 电工电路图的特点与连接关系 ······1

1.1 电工电路图的特点 ······1
1.1.1 电工概略图 ······1
1.1.2 电气连接图 ······2
1.1.3 电工原理图 ······3
1.1.4 电工施工图 ······4
1.2 电工电路的连接关系 ······5
1.2.1 串联 ······5
1.2.2 并联 ······6
1.2.3 混联 ······7

第2章 电工电路中的符号标识 ······8

2.1 电工电路中的文字符号标识 ······8
2.1.1 电工电路中的基本文字符号 ······8
2.1.2 电工电路中的辅助文字符号 ······10
2.1.3 电工电路中的组合文字符号 ······12
2.1.4 电工电路中的专用文字符号 ······12
2.2 常用电气部件的电路图形符号 ······14
2.2.1 开关的电路图形符号 ······14
2.2.2 接触器的电路图形符号 ······17
2.2.3 继电器的电路图形符号 ······18
2.2.4 电动机的电路图形符号 ······20
2.3 常用电子元器件的电路图形符号 ······21
2.3.1 电阻器的电路图形符号 ······21
2.3.2 电容器的电路图形符号 ······23
2.3.3 电感器的电路图形符号 ······24
2.4 常用半导体器件的电路图形符号 ······26
2.4.1 二极管的电路图形符号 ······26
2.4.2 三极管的电路图形符号 ······27
2.4.3 场效应晶体管的电路图形符号 ······29
2.4.4 晶闸管的电路图形符号 ······30
2.4.5 集成电路的电路图形符号 ······32

第3章 电工电路中的控制关系 ······34

3.1 开关在电工电路中的控制关系 ······34
3.1.1 电源开关在电工电路中的控制关系 ······34
3.1.2 按钮开关在电工电路中的控制关系 ······35
3.2 继电器在电工电路中的控制关系 ······39
3.2.1 继电器常开触点在电工电路中的控制关系 ······39

3.2.2 继电器常闭触点在电工电路中的控制关系 ············ 41
3.2.3 继电器转换触点在电工电路中的控制关系 ············ 42
3.3 接触器在电工电路中的控制关系 ············ 44
3.3.1 直流接触器在电工电路中的控制关系 ············ 44
3.3.2 交流接触器在电工电路中的控制关系 ············ 45
3.4 传感器在电工电路中的控制关系 ············ 47
3.4.1 温度传感器在电工电路中的控制关系 ············ 47
3.4.2 湿度传感器在电工电路中的控制关系 ············ 48
3.4.3 光电传感器在电工电路中的控制关系 ············ 49
3.4.4 气敏传感器在电工电路中的控制关系 ············ 50
3.5 保护器在电工电路中的控制关系 ············ 51
3.5.1 熔断器在电工电路中的控制关系 ············ 51
3.5.2 漏电保护器在电工电路中的控制关系 ············ 52
3.5.3 过热保护器在电工电路中的控制关系 ············ 54
3.5.4 温度继电器在电工电路中的控制关系 ············ 55

第 4 章 电工线缆的加工连接与敷设 ············58

4.1 线缆的剥线加工 ············ 58
4.1.1 塑料硬导线的剥线加工 ············ 58
4.1.2 塑料软导线的剥线加工 ············ 61
4.1.3 塑料护套线的剥线加工 ············ 62
4.1.4 漆包线的剥线加工 ············ 63
4.2 线缆的连接 ············ 64
4.2.1 线缆的缠绕连接 ············ 64
4.2.2 线缆的绞接连接 ············ 69
4.2.3 线缆的扭绞连接 ············ 70
4.2.4 线缆的绕接连接 ············ 71
4.2.5 线缆的线夹连接 ············ 72
4.3 线缆连接头的加工 ············ 73
4.3.1 塑料硬导线连接头的加工 ············ 73
4.3.2 塑料软导线连接头的加工 ············ 74
4.4 线缆的焊接与绝缘层的恢复 ············ 76
4.4.1 线缆的焊接 ············ 76
4.4.2 线缆绝缘层的恢复 ············ 77
4.5 线缆的敷设 ············ 79
4.5.1 线缆的明敷 ············ 79
4.5.2 线缆的暗敷 ············ 83

第 5 章 电工电路常用电气部件的安装与接线 ············90

5.1 控制及保护器件的安装与接线 ············ 90
5.1.1 交流接触器的安装与接线 ············ 90
5.1.2 热继电器的安装与接线 ············ 93
5.1.3 熔断器的安装与接线 ············ 95
5.2 电源插座的安装与接线 ············ 97

5.2.1 三孔插座的安装与接线 …… 97
5.2.2 五孔插座的安装与接线 …… 100
5.2.3 带开关插座的安装与接线 …… 102
5.2.4 组合插座的安装与接线 …… 104
5.3 接地装置的连接 …… 106
5.3.1 接地形式 …… 107
5.3.2 接地规范 …… 115
5.3.3 接地体的连接 …… 116
5.3.4 接地线的连接 …… 119
5.3.5 接地装置的涂色与检测 …… 123

第6章 电工电路常用电气部件的检测 …… 124

6.1 开关的功能特点与检测 …… 124
6.1.1 开关的功能特点 …… 124
6.1.2 开关的检测 …… 126
6.2 接触器的结构特点与检测 …… 127
6.2.1 接触器的结构特点 …… 127
6.2.2 接触器的检测 …… 129
6.3 继电器的结构特点与检测 …… 131
6.3.1 继电器的结构特点 …… 131
6.3.2 继电器的检测 …… 134
6.4 过载保护器的结构特点与检测 …… 136
6.4.1 过载保护器的结构特点 …… 136
6.4.2 过载保护器的检测 …… 138
6.5 变压器的结构特点、工作原理与检测 …… 140
6.5.1 变压器的结构特点 …… 140
6.5.2 变压器的工作原理 …… 141
6.5.3 变压器的检测 …… 144
6.6 电动机的结构特点、工作原理、拆卸与检测 …… 148
6.6.1 电动机的结构特点 …… 148
6.6.2 电动机的功能特点 …… 149
6.6.3 电动机的工作原理 …… 150
6.6.4 电动机的拆卸方法 …… 154
6.6.5 电动机的检测 …… 156
6.6.6 电动机的保养维护 …… 163

第7章 照明控制电路的识图、接线与检测 …… 168

7.1 触摸延时照明控制电路的识图、接线与检测 …… 168
7.1.1 触摸延时照明控制电路的结构 …… 168
7.1.2 触摸延时照明控制电路的接线 …… 169
7.1.3 触摸延时照明控制电路的识图 …… 169
7.1.4 触摸延时照明控制电路的检测 …… 172
7.2 卫生间门控照明控制电路的结构、识图与检测 …… 173
7.2.1 卫生间门控照明控制电路的结构 …… 173

7.2.2 卫生间门控照明控制电路的识图与检测 ·············· 174
7.3 楼道光控照明控制电路的结构、识图与检测 ·············· 177
　7.3.1 楼道光控照明控制电路的结构 ·············· 177
　7.3.2 楼道光控照明控制电路的识图与检测 ·············· 178
7.4 小区路灯照明控制电路的识图、接线与检测 ·············· 181
　7.4.1 小区路灯照明控制电路的结构 ·············· 181
　7.4.2 小区路灯照明控制电路的接线 ·············· 182
　7.4.3 小区路灯照明控制电路的识图 ·············· 182
　7.4.4 小区路灯照明控制电路的检测 ·············· 184
7.5 光控路灯照明控制电路的结构、识图与检测 ·············· 187
　7.5.1 光控路灯照明控制电路的结构 ·············· 187
　7.5.2 光控路灯照明控制电路的识图与检测 ·············· 188
7.6 景观照明控制电路的识图、接线与检测 ·············· 191
　7.6.1 景观照明控制电路的结构 ·············· 191
　7.6.2 景观照明控制电路的接线 ·············· 192
　7.6.3 景观照明控制电路的识图 ·············· 193
　7.6.4 景观照明控制电路的检测 ·············· 194
7.7 应急照明控制电路的结构、识图与检测 ·············· 194
　7.7.1 应急照明控制电路的结构 ·············· 194
　7.7.2 应急照明控制电路的识图与检测 ·············· 195
7.8 循环闪光彩灯控制电路的结构、识图与检测 ·············· 196
　7.8.1 循环闪光彩灯控制电路的结构 ·············· 196
　7.8.2 循环闪光彩灯控制电路的识图与检测 ·············· 197
7.9 LED 广告灯控制电路的结构、识图与检测 ·············· 199
　7.9.1 LED 广告灯控制电路的结构 ·············· 199
　7.9.2 LED 广告灯控制电路的识图与检测 ·············· 199
7.10 超声波遥控照明控制电路的结构、识图与检测 ·············· 202
　7.10.1 超声波遥控照明控制电路的结构 ·············· 202
　7.10.2 超声波遥控照明控制电路的识图与检测 ·············· 203

第8章 高压供配电电路的识图、接线与检测 ·············· 205

8.1 高压变电所供配电电路的识图、接线与检测 ·············· 205
　8.1.1 高压变电所供配电电路的结构 ·············· 205
　8.1.2 高压变电所供配电电路的接线 ·············· 206
　8.1.3 高压变电所供配电电路的识图 ·············· 207
　8.1.4 高压变电所供配电电路的检测 ·············· 208
8.2 35~10kV 高压供配电电路的识图、接线与检测 ·············· 211
　8.2.1 35~10kV 高压供配电电路的结构 ·············· 211
　8.2.2 35~10kV 高压供配电电路的接线 ·············· 212
　8.2.3 35~10kV 高压供配电电路的识图 ·············· 213
　8.2.4 35~10kV 高压供配电电路的检测 ·············· 214
8.3 深井高压供配电电路的结构、识图与检测 ·············· 216
　8.3.1 深井高压供配电电路的结构 ·············· 216
　8.3.2 深井高压供配电电路的识图与检测 ·············· 217

8.4 楼宇变电所高压供配电电路的结构、识图与检测 ………………………………220
　　8.4.1 楼宇变电所高压供配电电路的结构 ……………………………………220
　　8.4.2 楼宇变电所高压供配电电路的识图与检测 ……………………………221

第9章 低压供配电电路的识图、接线与检测 ……224

9.1 入户低压供配电电路的识图、接线与检测 ……………………………………224
　　9.1.1 入户低压供配电电路的结构 ……………………………………………224
　　9.1.2 入户低压供配电电路的接线 ……………………………………………224
　　9.1.3 入户低压供配电电路的识图 ……………………………………………224
　　9.1.4 入户低压供配电电路的检测 ……………………………………………226
9.2 低压动力线供配电电路的识图、接线与检测 …………………………………229
　　9.2.1 低压动力线供配电电路的结构 …………………………………………229
　　9.2.2 低压动力线供配电电路的接线 …………………………………………229
　　9.2.3 低压动力线供配电电路的识图 …………………………………………231
　　9.2.4 低压动力线供配电电路的检测 …………………………………………232
9.3 低压配电柜供配电电路的结构、识图与检测 …………………………………232
　　9.3.1 低压配电柜供配电电路的结构 …………………………………………232
　　9.3.2 低压配电柜供配电电路的识图与检测 …………………………………233
9.4 楼宇低压供配电电路的结构、识图与检测 ……………………………………237
　　9.4.1 楼宇低压供配电电路的结构 ……………………………………………237
　　9.4.2 楼宇低压供配电电路的识图与检测 ……………………………………238
9.5 低压设备供配电电路的结构、识图与检测 ……………………………………240
　　9.5.1 低压设备供配电电路的结构 ……………………………………………240
　　9.5.2 低压设备供配电电路的识图与检测 ……………………………………240

第10章 电动机控制电路的识图、接线与检测 ……244

10.1 电动机点动/连续控制电路的识图、接线与检测 …………………………244
　　10.1.1 电动机点动/连续控制电路的结构 ……………………………………244
　　10.1.2 电动机点动/连续控制电路的接线 ……………………………………245
　　10.1.3 电动机点动/连续控制电路的识图 ……………………………………246
　　10.1.4 电动机点动/连续控制电路的检测 ……………………………………247
10.2 电动机启/停控制电路的识图、接线与检测 …………………………………249
　　10.2.1 电动机启/停控制电路的结构 …………………………………………249
　　10.2.2 电动机启/停控制电路的接线 …………………………………………250
　　10.2.3 电动机启/停控制电路的识图 …………………………………………251
　　10.2.4 电动机启/停控制电路的检测 …………………………………………252
10.3 电动机Y-△降压启动控制电路的识图、接线与检测 ………………………254
　　10.3.1 电动机Y-△降压启动控制电路的结构 ………………………………254
　　10.3.2 电动机Y-△降压启动控制电路的接线 ………………………………255
　　10.3.3 电动机Y-△降压启动控制电路的识图 ………………………………256
　　10.3.4 电动机Y-△降压启动控制电路的检测 ………………………………260
10.4 电动机反接制动控制电路的识图、接线与检测 ……………………………261
　　10.4.1 电动机反接制动控制电路的结构 ……………………………………261

10.4.2 电动机反接制动控制电路的接线 262
10.4.3 电动机反接制动控制电路的识图 264
10.4.4 电动机反接制动控制电路的检测 265
10.5 电动机调速控制电路的识图、接线与检测 267
10.5.1 电动机调速控制电路的结构 267
10.5.2 电动机调速控制电路的接线 267
10.5.3 电动机调速控制电路的识图 269
10.5.4 电动机调速控制电路的检测 271
10.6 电动机定时启/停控制电路的结构、识图与检测 273
10.6.1 电动机定时/停控制电路的结构 273
10.6.2 电动机定时/停控制电路的识图与检测 274
10.7 电动机连锁控制电路的结构、识图与检测 278
10.7.1 电动机连锁控制电路的结构 278
10.7.2 电动机连锁控制电路的识图与检测 279

第11章 农机控制电路的识图、接线与检测 282

11.1 抽水机控制电路的识图、接线与检测 282
11.1.1 抽水机控制电路的结构 282
11.1.2 抽水机控制电路的接线 283
11.1.3 抽水机控制电路的识图 284
11.1.4 抽水机控制电路的检测 284
11.2 农田自动排灌控制电路的结构、识图与检测 285
11.2.1 农田自动排灌控制电路的结构 285
11.2.2 农田自动排灌控制电路的识图与检测 286
11.3 磨面机控制电路的结构、识图与检测 292
11.3.1 磨面机控制电路的结构 292
11.3.2 磨面机控制电路的识图与检测 292
11.4 土壤湿度检测电路的结构、识图与检测 296
11.4.1 土壤湿度检测电路的结构 296
11.4.2 土壤湿度检测电路的识图与检测 297
11.5 鱼类孵化池换水和增氧控制电路的结构、识图与检测 299
11.5.1 鱼类孵化池换水和增氧控制电路的结构 299
11.5.2 鱼类孵化池换水和增氧控制电路的识图与检测 300
11.6 蔬菜大棚温度控制电路的结构、识图与检测 303
11.6.1 蔬菜大棚温度控制电路的结构 303
11.6.2 蔬菜大棚温度控制电路的识图与检测 304
11.7 稻谷加工机控制电路的结构、识图与检测 307
11.7.1 稻谷加工机控制电路的结构 307
11.7.2 稻谷加工机控制电路的识图与检测 308
11.8 秸秆切碎机控制电路的结构、识图与检测 311
11.8.1 秸秆切碎机控制电路的结构 311
11.8.2 秸秆切碎机控制电路的识图与检测 312

第12章 机电控制电路的识图、接线与检测 ……317

12.1 车床控制电路的识图、接线与检测 ……317
12.1.1 车床控制电路的结构 ……317
12.1.2 车床控制电路的接线 ……318
12.1.3 车床控制电路的识图 ……319
12.1.4 车床控制电路的检测 ……319

12.2 货物升降机控制电路的结构、识图与检测 ……320
12.2.1 货物升降机控制电路的结构 ……320
12.2.2 货物升降机控制电路的识图与检测 ……321

12.3 钻床控制电路的结构、识图与检测 ……324
12.3.1 钻床控制电路的结构 ……324
12.3.2 钻床控制电路的识图与检测 ……325

12.4 铣床控制电路的结构、识图与检测 ……328
12.4.1 铣床控制电路的结构 ……328
12.4.2 铣床控制电路的识图与检测 ……329

第13章 PLC及变频电路的识图、接线与检测 ……331

13.1 PLC的安装与接线 ……331
13.1.1 PLC的安装要求 ……331
13.1.2 PLC的安装方法 ……336

13.2 变频器的安装与接线 ……340
13.2.1 变频器的安装 ……340
13.2.2 变频器的接线 ……347

13.3 PLC控制电路的识图、接线与检修 ……352
13.3.1 由PLC控制的电动机连续运行电路的结构 ……352
13.3.2 由PLC控制的电动机连续运行电路的接线 ……353
13.3.3 由PLC控制的电动机连续运行电路的识图 ……354
13.3.4 由PLC控制的电动机连续运行电路的检修 ……355

13.4 变频控制电路的识图、接线与检测 ……356
13.4.1 工业绕线机变频控制电路的结构 ……356
13.4.2 工业绕线机变频控制电路的接线 ……356
13.4.3 工业绕线机变频控制电路的识图 ……358
13.4.4 工业绕线机变频控制电路的检测 ……359

13.5 PLC及变频器的调试与检修 ……360
13.5.1 PLC的调试维护 ……360
13.5.2 变频器的检测与代换 ……362

第1章 电工电路图的特点与连接关系

1.1 电工电路图的特点

1.1.1 电工概略图

电工概略图也称系统图或框图,可反映电气线路的基本结构和连接关系,所表达的内容简单、概括,有助于整体把握电路系统的组成、相互关系及主要特征。

图 1-1 为建筑物的室外照明线路概略图。

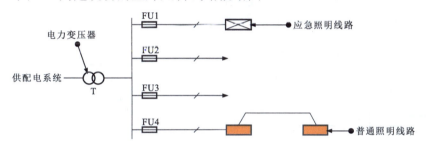

图 1-1 建筑物的室外照明线路概略图

图 1-2 为车间供配电线路概略图。

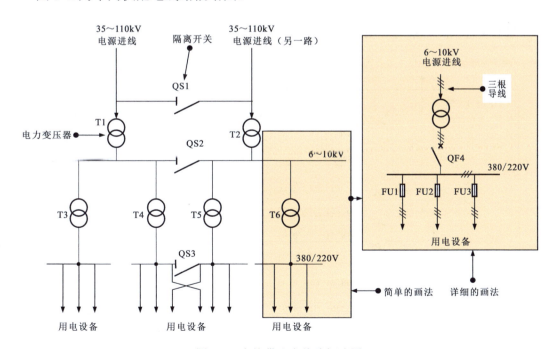

图 1-2 车间供配电线路概略图

1.1.2 电气连接图

电气连接图重点突出各电气部件或电子元器件的实际位置及其连接关系，在安装接线、线路检查、线路维修和故障处理时应用方便。

图1-3为电动机点动控制电路的电气连接图。

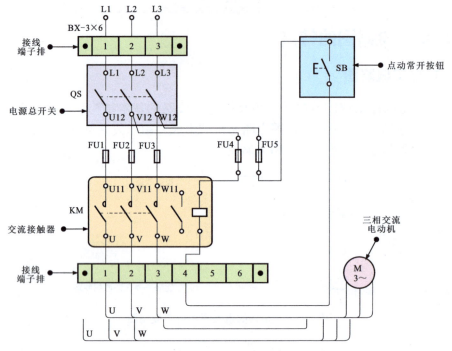

图1-3　电动机点动控制电路的电气连接图

图1-4为供配电系统的电气连接图。

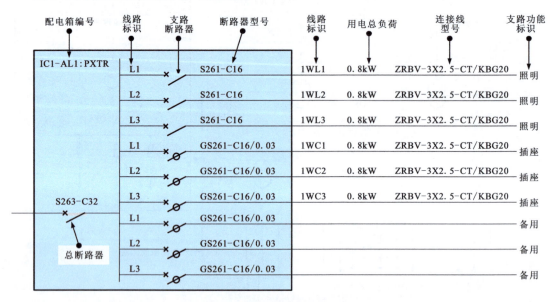

图1-4　供配电系统的电气连接图

1.1.3 电工原理图

电工原理图详细画出了各组成部件或装置的电路图形符号，并用规则导线连接起来表示组成部件或装置的连接关系。

图1-5为电动机点动控制电路的原理图。

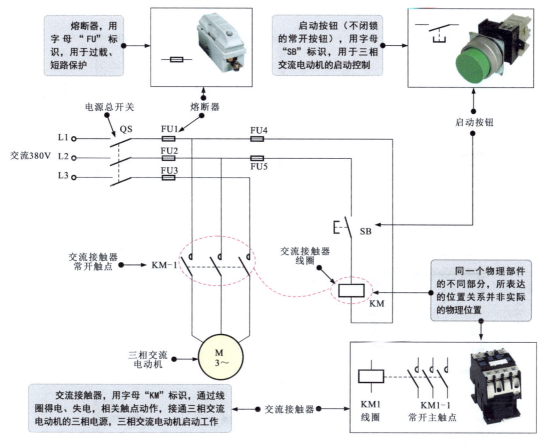

图1-5 电动机点动控制电路的原理图

图1-6为高压配电电路的原理图。

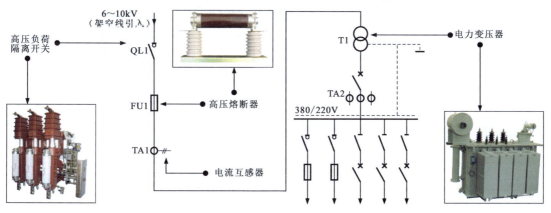

图1-6 高压配电电路的原理图

1.1.4 电工施工图

电工施工图采用示意图和文字标识的方法反映电气部件的具体安装位置、线路分配、走向、敷设、施工方案及线路连接关系等，适用于安装接线、敷设及调试、检修等。图1-7为室内电工施工图。

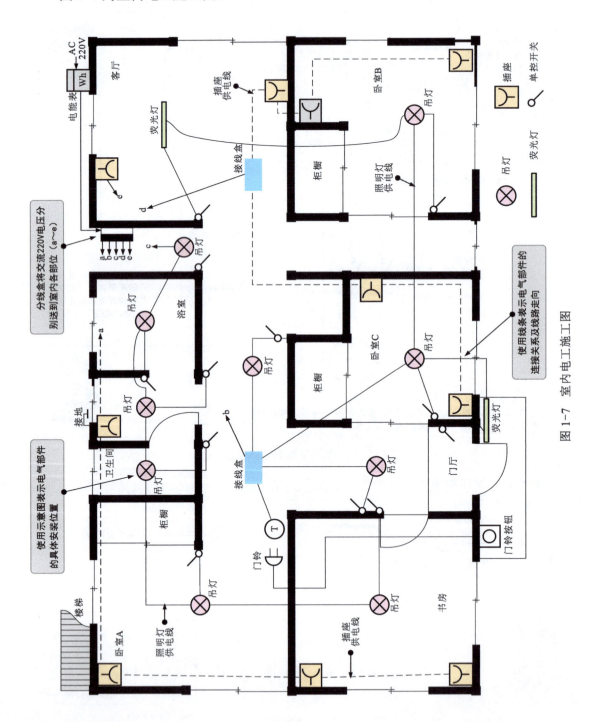

图1-7 室内电工施工图

1.2 电工电路的连接关系

1.2.1 串联

如果电路中两个或多个负载的首、尾相连，则称负载的连接关系为串联，电路为串联电路。

图1-8为串联电路的实物连接及原理图。

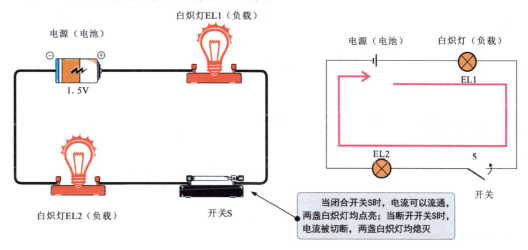

图1-8 串联电路的实物连接及原理图

在串联电路中，流过每个负载的电流相同，每个负载将分享电源电压，如图1-9所示。

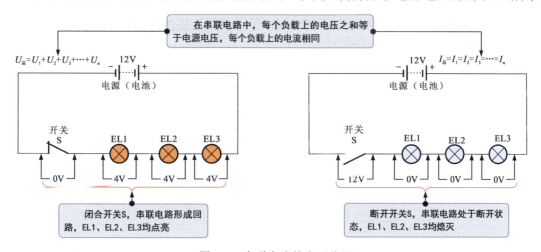

图1-9 串联电路的电压分配

资料与提示

在串联电路中，负载的个数决定每个负载的工作电压，个数越多，工作电压越低。例如，将10个型号相同的负载串联在一起，总供电电压为220V，每个负载的工作电压为22V（220V/10）。

在串联电路中，通过每个负载的电流是相同的，且串联电路只有一个电流通路，当开关断开或电路中的某一点出现断路时，整个串联电路将处于断路状态。例如，在图1-9中，当其中一盏白炽灯损坏后，其他白炽灯的电流通路也被切断，串联电路中的所有白炽灯都不能正常点亮。

1.2.2 并联

如果电路中两个或两个以上负载的两端均与电源两端相连,则称负载的连接关系为并联,电路为并联电路。

图1-10为并联电路的实物连接及原理图。

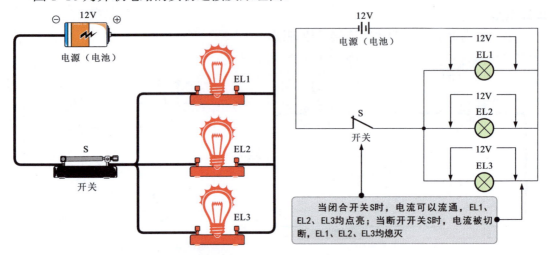

图1-10 并联电路的实物连接及原理图

资料与提示

在并联状态下,每个负载的工作电压都等于电源电压,不同支路会有不同的电流通路,当支路中的某一点出现问题时,该支路将处于断路状态,其他支路依然可以正常工作,不受影响。

在并联电路中,每个负载的电压都相同,每个负载流过的电流因阻值不同而不同,阻值越大,流经负载的电流越小。

图1-11为并联电路的电压分配。

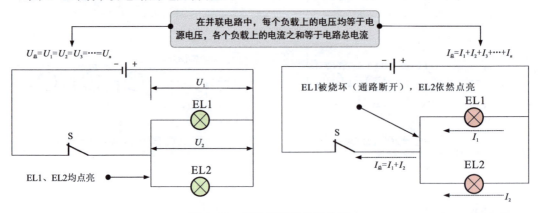

图1-11 并联电路的电压分配

资料与提示

在并联电路中,每个负载相对于其他负载都是独立的,有多少个负载就有多少条电流通路。例如,在图1-11中,由于两盏白炽灯并联,有两条电流通路,当其中一盏白炽灯被烧坏时,其电流通路断开,另一条电流通路是独立的,不会受到影响,因此另一盏白炽灯依然点亮。

1.2.3 混联

如果电路中的负载有串联连接和并联连接，则称负载的连接关系为混联，电路为混联电路。

图 1-12 为混联电路的实物连接及原理图。

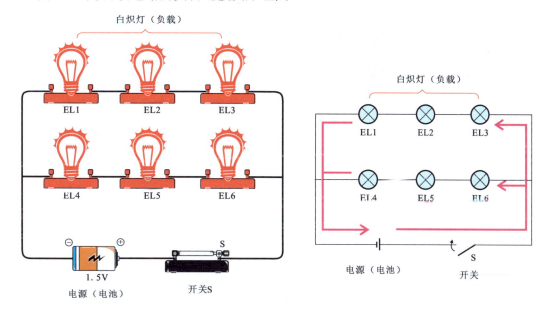

图 1-12 混联电路的实物连接及原理图

资料与提示

欧姆定律可反映电压（U）、电流（I）及电阻（R）之间的关系，即流过电阻的电流（I）与电阻两端的电压（U）成正比，与电阻的阻值（R）成反比，即 $I=U/R$，如图 1-13 所示。

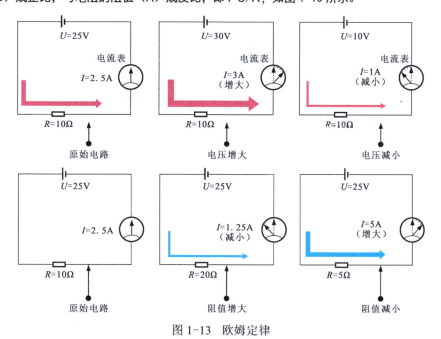

图 1-13 欧姆定律

第2章 电工电路中的符号标识

2.1 电工电路中的文字符号标识

2.1.1 电工电路中的基本文字符号

电工电路中的基本文字符号一般标注在电气设备、装置和元器件的近旁,用来标识种类和名称。

图 2-1 为电工电路中的基本文字符号举例。

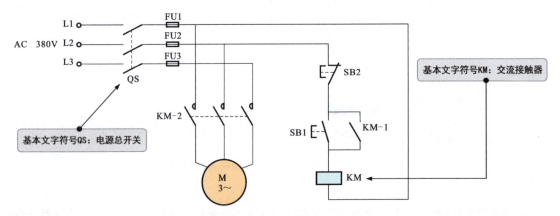

图 2-1 电工电路中的基本文字符号举例

资料与提示

通常,基本文字符号一般分为单字母符号和双字母符号。其中,单字母符号是按拉丁字母将各种电气设备、装置、元器件划分为 23 类,每类用一个大写字母表示,如 R 表示电阻器类、S 表示开关选择器类。在电工电路中,单字母优先选用。

双字母符号由一个表示种类的单字母符号与另一个字母组成,通常为单字母符号在前、另一个字母在后。例如,F 表示保护器件类,FU 表示熔断器;G 表示电源类,GB 表示蓄电池;T 表示变压器类,TA 表示电流互感器。

图 2-2 为电工电路中的基本文字符号。

基本文字符号	A/AB	A/AD	A/AF	A/AG	A/AJ	A/AM	A/AV	A/AP	A/AT	A/ATR	A/AR
含义	电桥	晶体管放大器	频率调节器	给定积分器	集成电路放大器	磁放大器	电子管放大器	印制电路板、脉冲放大器	抽屉柜触发器	转矩调节器	支架盘

图 2-2 电工电路中的基本文字符号

基本文字符号	A					B					B/BC	B/BO
含义	分立元件放大器	激光器	调节器	热电传感器、热电池、光电池	测功计、晶体换能器、送话器	拾音器、扬声器、耳机	自整角机、旋转变压器	印制电路板、脉冲放大器	模拟和多级数字变换器或传感器		电流变换器	光电耦合器

基本文字符号	B/BP	B/BPF	B/BQ	B/BR	B/DT	B/BU	B/BUF	B/BV	C	C/CD	C/CH	D
含义	压力变换器	触发器	位置变换器	旋转变换器	温度变换器	电压变换器	电压-频率变换器	速度变换器	电容器	电流微分环节	斩波器	数字集成电路和器件

基本文字符号	D					D/DA	D/D(A)N	D/DN	D/DO	D/DPS		E/EH
含义	延迟线、双稳态元件、磁芯存储器	单稳态元件	寄存器、磁带记录机	盘式记录机	光器件、热器件	与门	与非门	非门	或门	数字信号处理器		发热器件

基本文字符号	E/EL	E/EV	F	F/FA	F/FB	F/FF	F/FR	F/FS	F/FU	F/FV	G	G/GS
含义	照明灯	空气调节器	过电压放电器件、避雷器	具有瞬时动作的限流保护器件	反馈环节	快速熔断器	具有延时动作的限流保护器件	具有延时和瞬时动作的限流保护器件	熔断器	限压保护器件	旋转发电机、振荡器	发生器、同步发电机

基本文字符号	G/GA	G/GB	G/GF	G/GD	G/G-M	G/GT	H	H/HA	H/HL	H/HR	K	K/KA
含义	异步发电机	蓄电池	旋转式或固定式变频机、函数发生器	驱动器	发电机-电动机组	触发器（装置）	信号器件	声响指示器	光指示器、指示灯	热脱口器	继电器	瞬时接触继电器、瞬时有或无继电器

基本文字符号	K/KA	K/KC	K/KG	K/KL	K/KM	K/KFM	K/KFR	K/KP	K/KT	K/KTP	K/KR	K/KVC
含义	交流接触器、电流继电器	控制继电器	气体继电器	闭锁接触继电器、双稳态继电器	接触器、中间继电器	正向接触器	反向接触器	极化继电器、簧片继电器、功率继电器	延时有或无继电器、时间继电器	温度继电器、跳闸继电器	逆流继电器	欠电流继电器

基本文字符号	KVV	L	L	L/LA	L/LB	M	M/MC	M/MD	M/MS	M/MG	M/MT	M/MW(R)
含义	欠电压继电器	感应线圈、线路陷波器	电抗器（并联和串联）	桥臂电抗器	平衡电抗器	电动机	笼型电动机	直流电动机	同步电动机	可作为发电机或电动机用的电动机	力矩电动机	绕线转子电动机

基本文字符号	N	P	P	P/PA	P/PC	P/PJ	P/PLC	P/PRC	P/PS	P/PT	P/PV	P/PWM
含义	运算放大器、模拟/数字混合器件	指示器件、记录器件	计算测量器件、信号发生器	电流表	（脉冲）计数器	电度表（电能表）	可编程控制器	环型计数器	记录仪、信号发生器	时钟、操作时间表	电压表	脉冲调制器

基本文字符号	X	X	X/XB	X/XJ	X/XP	X/XS	X/XT	Y	Y/YA	Y/YB	Y/YC	Y/YH
含义	连接插头和插座、接线柱	电缆封端和接头、焊接端子板	连接片	测试塞孔	插头	插座	端子板	气阀	电磁铁	电磁制动器	电磁离合器	电磁吸盘

图 2-2　电工电路中的基本文字符号（续1）

基本文字符号	Q/QF	Q/QK	Q/QL	Q/QM	Q/QS	R	R	R/RP	R/RS	R/RT	R/RV	S
含义	断路器	刀开关	负荷开关	电动机保护开关	隔离开关	电阻器	变阻器	电位器	测量分路表	热敏电阻器	压敏电阻器	拨号接触器、连接极

基本文字符号	S	S/SA	S/SB	S/SL	S/SM	S/SP	S/SQ	S/SR	S/ST	T/TA	T/TAN	T/TC
含义	机电式有或无传感器	控制开关、选择开关、电子模拟开关	按钮开关、停止按钮	液体标高传感器	主令开关、伺服电动机	压力传感器	位置传感器	转数传感器	温度传感器	电流互感器	零序电流互感器	控制电路电源用变压器

基本文字符号	T/TI	T/TM	T/TP	T/TR	T/TS	T/TU	T/TV	U	U/UR	U/UI	U/UPW	U/UD
含义	逆变变压器	电力变压器	脉冲变压器	整流变压器	磁稳压器	自耦变压器	电压互感器	鉴频器、编码器、交流器、电报译码器	变流器、整流器	逆变器	脉冲调制器	解调器

基本文字符号	U/UF	V	V/VC	V/VD	V/VE	V/VZ	V/VT	V/VS	W	W	W/WB	W/WF
含义	变频器	气体放电管、二极管、三极晶闸管	控制电路用电源的整流器	二极管	电子管	稳压二极管	三极管、场效应晶体管	晶闸管	导线、电缆、波导、波导定向耦合器	偶极天线、波面天线	母线	闪光信号小母线

基本文字符号	Y/YM	Y/YV	Z	Z	Z	Z
含义	电动阀	电磁阀	电缆平衡网络	晶体滤波器	压缩扩张器	网络

图 2-2 电工电路中的基本文字符号（续2）

2.1.2 电工电路中的辅助文字符号

电气设备、装置和元器件的功能、状态和特征用辅助文字符号表示。电工电路中的辅助文字符号举例如图 2-3 所示。

辅助文字符号通常由功能、状态和特征的英文单词前一个或前两个字母构成，也可由缩略语或约定俗成的习惯用法构成，一般不超过三个字母。例如，IN 表示输入，ON 表示闭合，STE 表示步进，STD 表示停止。辅助文字符号也可放在表示种类的单字母符号后边组合成双字母符号，此时辅助文字符号一般采用功能、状态和特征的英文单词第一个字母，如 ST 表示启动、YB 表示电磁制动器等。

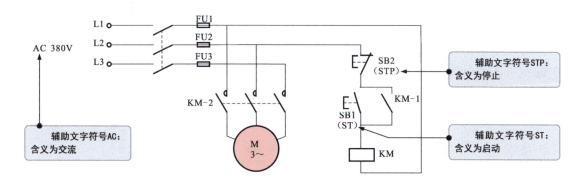

图 2-3　电工电路中的辅助文字符号举例

某些辅助文字符号本身具有独立的、确切的意义，可以单独使用。例如，N 表示交流电源的中性线、DC 表示直流电、AC 表示交流电、PE 表示保护接地等。电工电路中的辅助文字符号如图 2-4 所示。

辅助文字符号	A	A	AC	A, AUT	ACC	ADD	ADJ	AUX	ASY	B, BRK	BK
中文名称	电流	模拟	交流	自动	加速	附加	可调	辅助	异步	制动	黑

辅助文字符号	BL	BW	C	CW	CCW	D	D	D	D	DC	DEC
中文名称	蓝	向后	控制	顺时针	逆时针	延时（延迟）	差动	数字	降	直流	减

辅助文字符号	E	EM	F	FB	FW	GN	H	IN	IND	INC	N
中文名称	接地	紧急	快速	反馈	正、向前	绿	高	输入	感应	增	中性线

辅助文字符号	L	L	L	LA	M	M	M	M, MAN	ON	OFF	RD
中文名称	左	限制	低	闭锁	主	中	中间线	手动	闭合	断开	红

辅助文字符号	OUT	P	P	PE	PEN	PU	R	R	R	RES	R,RST
中文名称	输出	压力	保护	保护接地	保护接地与中性线共用	不接地保护	记录	右	反	备用	复位

辅助文字符号	V	RUN	S	SAT	ST	S,SET	STE	STP	SYN	T	T
中文名称	真空	运转	信号	饱和	启动	位置定位	步进	停止	同步	温度	时间

辅助文字符号	TE	V	V	YE	WH
中文名称	无噪声（防干扰）接地	电压	速度	黄	白

图 2-4　电工电路中的辅助文字符号

2.1.3 电工电路中的组合文字符号

组合文字符号通常由字母+数字构成,是目前最常采用的一种文字符号。其中,字母表示各种电气设备、装置和元器件的种类或名称(基本文字符号);数字表示对应的编号(序号)。

图 2-5 为电工电路中的组合文字符号举例。

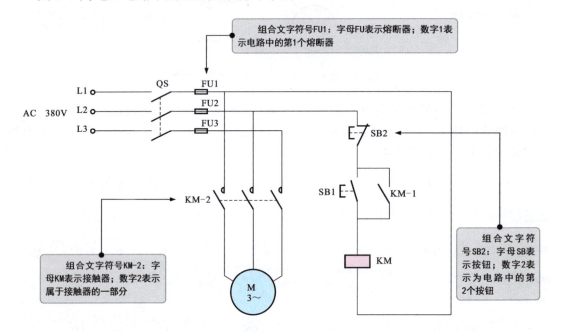

图 2-5　电工电路中的组合文字符号举例

> **资料与提示**
>
> 图 2-5 中,以字母 FU 作为基本文字符号的元器件有 3 个,即 FU1、FU2、FU3,分别表示第 1 个熔断器、第 2 个熔断器、第 3 个熔断器;KM-1、KM-2 的基本文字符号均为 KM,说明与 KM 属于同一个元器件,是 KM 所包含的两个部分,即接触器 KM 的两个触点。

2.1.4 电工电路中的专用文字符号

电工电路中的接线端子、特定导线类型、颜色、用途等通常用专用文字符号表示。

1. 特殊用途的专用文字符号

图 2-6 为特殊用途的专用文字符号。

2. 表示颜色的专用文字符号

由于大多数电工电路图等技术资料均为黑白的,很多导线的颜色无法正确区分,因此在电工电路图上通常用字母表示导线的颜色,用来区分导线的功能。

图 2-7 为表示颜色的专用文字符号。

专用文字符号	L1	L2	L3	N	U	V	W	L+	L−	M	E	PE
中文名称	交流系统中电源第一相	交流系统中电源第二相	交流系统中电源第三相	中性线	交流系统中设备第一相	交流系统中设备第二相	交流系统中设备第三相	直流系统电源正极	直流系统电源负极	直流系统电源中间线	接地	保护接地

专用文字符号	PU	PEN	TE	MM	CC	AC	DC
中文名称	不接地保护	保护接地线和中间线共用	无噪声接地	机壳或机架	等电位	交流电	直流电

图 2-6　特殊用途的专用文字符号

专用文字符号	RD	YE	GN	BU	VT	WH	GY	BK	BN	OG	GNYE	SR
颜色	红	黄	绿	蓝	紫、紫红	白	灰、蓝灰	黑	棕	橙	绿黄	银白

专用文字符号	TQ	GD	PK
颜色	青绿	金黄	粉红

图 2-7　表示颜色的专用文字符号

资料与提示

其他常见的专用文字符号如图 2-8 所示。

专用文字符号	A	mA	μA	kA	Ah	V	mV	kV	W	kW	var	Wh
中文名称	安培表(电流表)	毫安表	微安表	千安表	安培小时表	福特表(电压表)	毫伏表	千伏表	瓦特表(功率表)	千瓦表	乏表(无功功率表)	电度表(瓦时表)

专用文字符号	varh	Hz	λ	cosφ	φ	Ω	MΩ	n	h	θ(t°)	±	ΣA
中文名称	乏时表	频率表	波长表	功率因数表	相位表	欧姆表	兆欧表	转速表	小时表	温度表(计)	极性表	测量仪表(如电量测量表)

专用文字符号	DCV	DCA	ACV	OHM (OHMS)	BATT	OFF	MDOEL	HEF	COM	ON/OFF	HOLD	MADE IN CHINA
中文名称	直流电压	直流电流	交流电压	欧姆	电池	关、关机	型号	三极管直流电流放大倍数测量插孔及挡位	模拟地公共插口	开/关	数据保持	中国制造
专用文字符号	直流电压测量	直流电流测量	交流电压测量	欧姆阻值的测量								
备注	用V或V−表示	用A或A−表示	用V或V~表示	用Ω或R表示								

图 2-8　其他常见的专用文字符号

2.2 常用电气部件的电路图形符号

2.2.1 开关的电路图形符号

开关是用来控制仪器、仪表或设备等装置的电气部件，可以使被控制装置在开和关两种状态下相互转换。

开关的类型多种多样。常见开关的电路图形符号如图 2-9 所示。

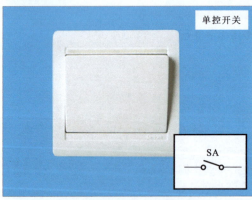

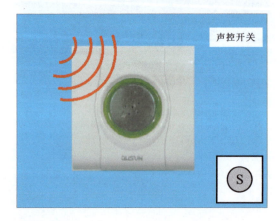

图 2-9　常见开关的电路图形符号

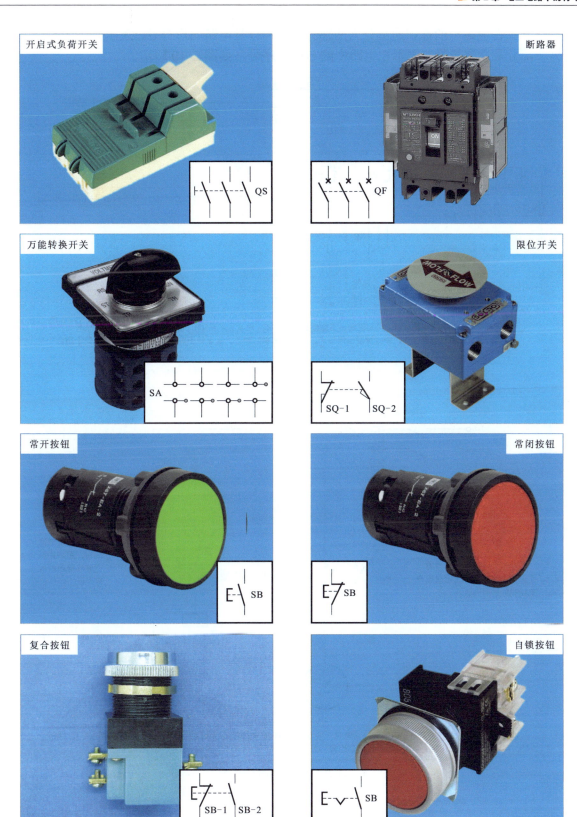

图 2-9 常见开关的电路图形符号（续）

开关在电路中的标识通常分为两部分：一部分是电路图形符号，表示开关的类型；另一部分是文字符号，表示在电路中的名称和序号，如图 2-10 所示。

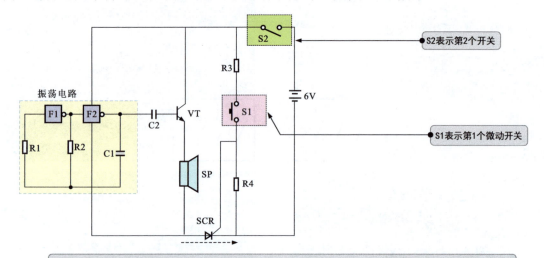

（a）轻触式报警电路

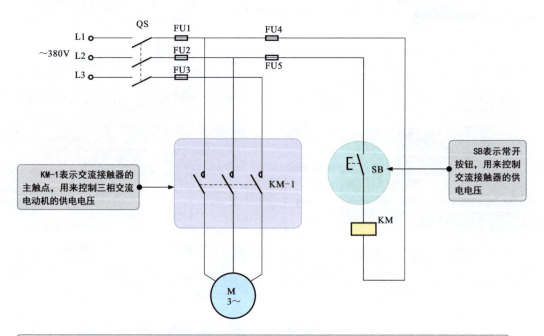

（b）三相交流电动机点动控制电路

图 2-10 识读电路中的开关标识

2.2.2 接触器的电路图形符号

接触器是指通过电磁机构动作,可频繁地接通和分断主电路的远距离操纵装置,在电路中常用作电动机供电电路的控制部件。

接触器分为直流接触器和交流接触器。常见接触器的电路图形符号如图2-11所示。

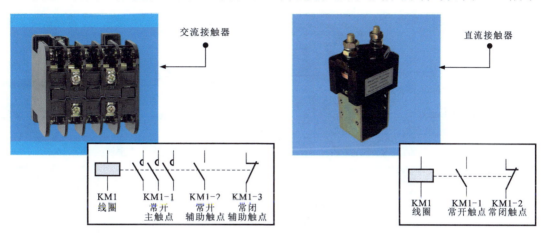

图 2-11 常见接触器的电路图形符号

接触器在电路中的标识通常分为两部分:一部分是电路图形符号,表示接触器的线圈和触点;另一部分是文字符号,表示线圈和触点在电路中的名称和序号,如图2-12所示。

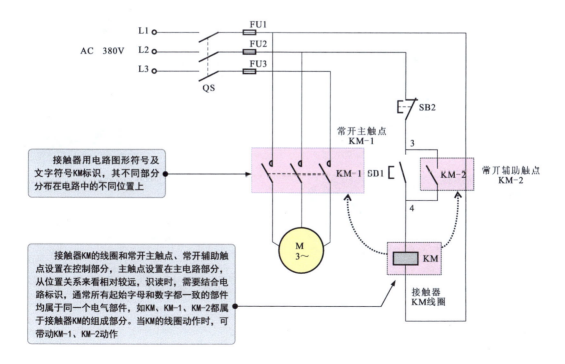

图 2-12 识读电路中的接触器标识

2.2.3 继电器的电路图形符号

继电器是一种可根据外界输入量来控制电路"接通"或"断开"的电气部件,当输入量的变化增大到规定要求时,控制量将发生预定的阶跃变化。

继电器的类型多种多样。常见继电器的电路图形符号如图2-13所示。

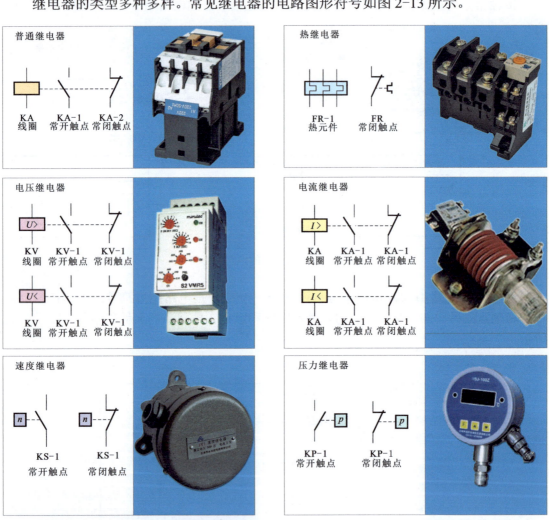

图2-13 常见继电器的电路图形符号

继电器在电路中的标识通常分为两部分：一部分是电路图形符号，表示继电器的类型；另一部分是文字符号，表示名称和序号，如图2-14所示。

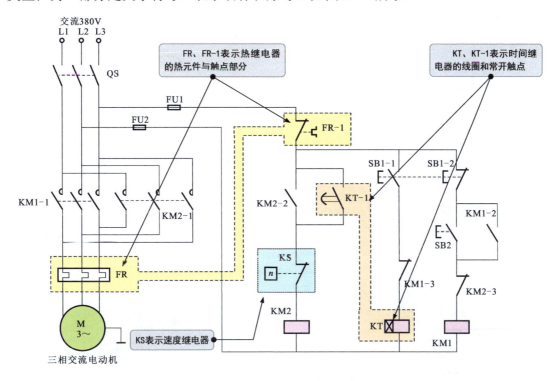

图2-14　识读电路中的继电器标识

资料与提示

时间继电器是一种具有延时控制功能的电气部件，在很多电动机控制电路中，常采用时间继电器的延时功能完成对电动机启、停运转的智能控制。相比其他继电器而言，时间继电器的工作过程较复杂。

图2-15为时间继电器的工作过程示意图。

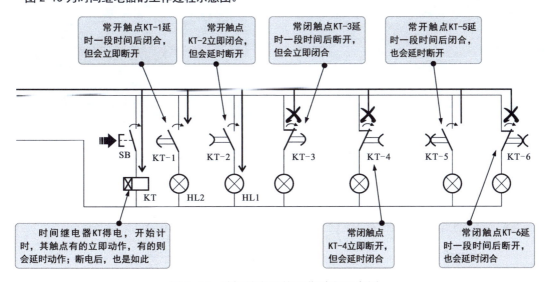

图2-15　时间继电器的工作过程示意图

2.2.4 电动机的电路图形符号

电动机是一种可以将电能转换为机械能的电气设备。电动机的类型多种多样。常见电动机的电路图形符号如图 2-16 所示。

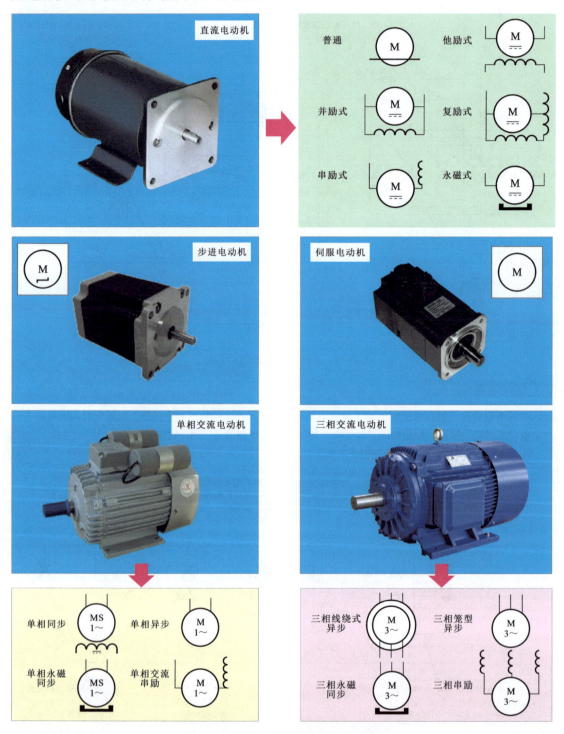

图 2-16 常见电动机的电路图形符号

电动机在电路中的标识通常分为两部分：一部分是电路图形符号，表示电动机的类型；另一部分是文字符号，表示在电路中的名称和序号，如图 2-17 所示。

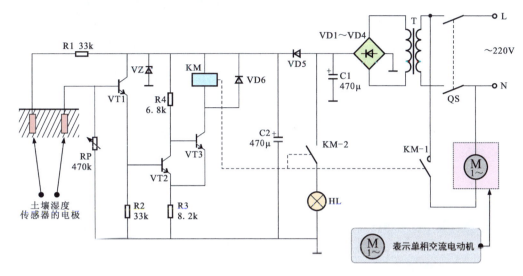

图 2-17　识读电路中的电动机标识

> **资料与提示**
>
> 在图 2-17 中，合上电源总开关 QS，接通单相电源，交流 220V 电压经变压器 T 降压、桥式整流堆 VD1～VD4 整流、电容器 C1 滤波后，输出直流电压，再经二极管 VD5 整流、电容器 C2 滤波送到控制电路中。
>
> 当土壤湿度较小时，土壤湿度传感器的两电极间阻抗较大，电流无法流过。三极管 VT1 的基极为低电平，VT1 截止；三极管 VT2 的基极为低电平，VT2 截止；直流电压经电阻 R4 送到三极管 VT3 的基极，VT3 导通。交流接触器 KM 线圈得电，常开辅助触点 KM-2 闭合，喷灌指示灯 HL 点亮，常开主触点 KM-1 闭合，单相交流电动机接通单相电源启动运转，开始喷灌作业。
>
> 当土壤湿度较大时，土壤湿度传感器的两电极间阻抗较小，电流可以流过。三极管 VT1 的基极为高电平，VT1 导通；三极管 VT2 的基极为高电平，VT2 导通；三极管 VT3 的基极为低电平，VT3 截止，交流接触器 KM 线圈失电，其触点全部复位，HL 熄灭，单相交流电动机停止运转。

2.3　常用电子元器件的电路图形符号

2.3.1　电阻器的电路图形符号

电阻器是电路中最基本、最常用的电子元器件，可起限流、分压的作用。电阻器的类型多种多样。常见电阻器的电路图形符号如图 2-18 所示。

图 2-18　常见电阻器的电路图形符号

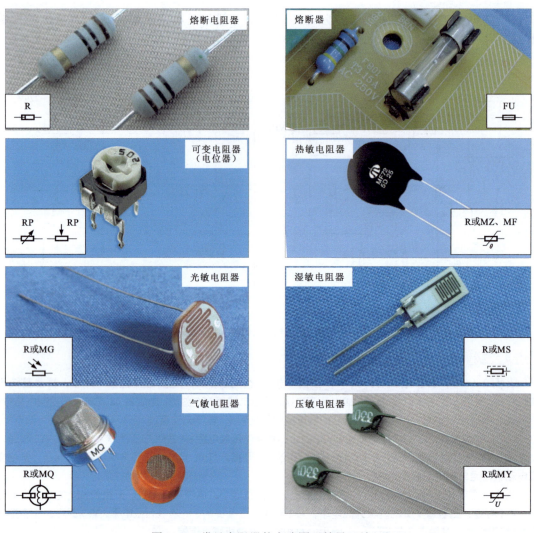

图 2-18 常见电阻器的电路图形符号（续）

电阻器在电路中的标识通常分为两部分：一部分是电路图形符号，表示电阻器的类型；另一部分是文字符号，表示在电路中的序号及主要参数。

图 2-19 为识读电路中电阻器的标识。

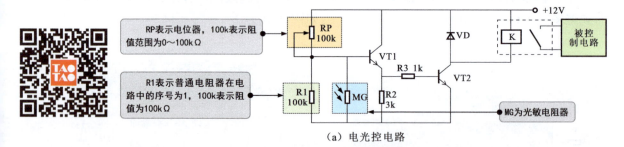

(a) 电光控电路

图 2-19 识读电路中电阻器的标识

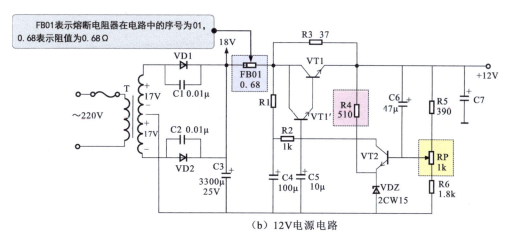

（b）12V电源电路

图 2-19 识读电路中电阻器的标识（续）

2.3.2 电容器的电路图形符号

电容器是一种可储存电能的元器件，在电路中常用于滤波，可与电感器构成谐振电路。电容器的类型多种多样。常见电容器的电路图形符号如图 2-20 所示。

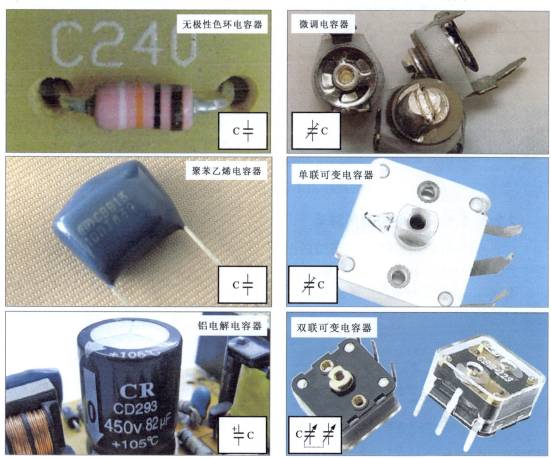

图 2-20 常见电容器的电路图形符号

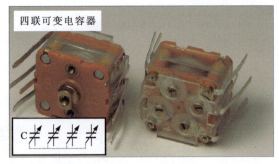

图 2-20 常见电容器的电路图形符号（续）

电容器在电路中的标识通常分为两部分：一部分是电路图形符号，表示电容器的类型；另一部分是文字符号，表示在电路中的序号及主要参数。

图 2-21 为识读电路中电容器的标识。

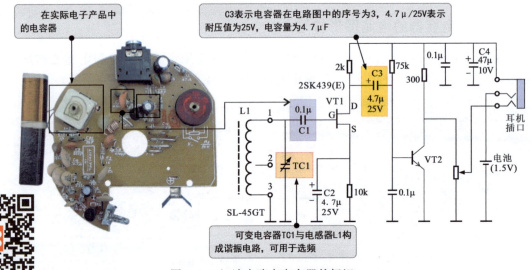

图 2-21 识读电路中电容器的标识

2.3.3 电感器的电路图形符号

电感器可利用线圈产生的磁场阻碍电流变化，起到通直流、阻交流的作用，在电路中主要用于分频、滤波、谐振和磁偏转等。

电感器的类型多种多样。常见电感器的电路图形符号如图 2-22 所示。

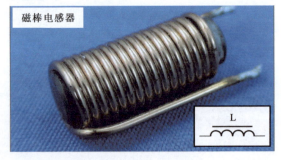

图 2-22 常见电感器的电路图形符号

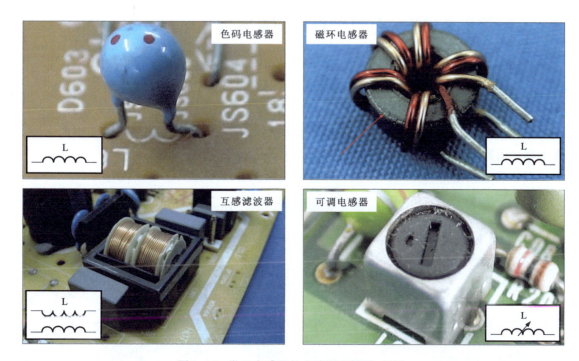

图 2-22 常见电感器的电路图形符号（续）

电感器在电路中的标识通常分为两部分：一部分是电路图形符号，表示电感器的类型；另一部分是字母+数字，表示在电路中的序号及主要参数。

图 2-23 为识读电路中电感器的标识。

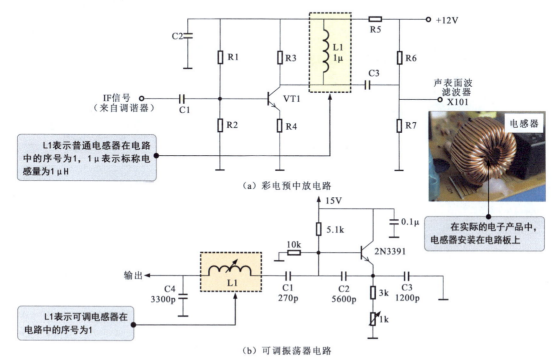

图 2-23 识读电路中电感器的标识

2.4 常用半导体元器件的电路图形符号

常用半导体元器件包括二极管、三极管、场效应晶体管、晶闸管和集成电路等。

2.4.1 二极管的电路图形符号

二极管是一种具有一个 PN 结的半导体元器件，具有单向导电性，根据类型的不同，在电路中可起到整流、稳压、触发、发光指示等多种不同的作用。

二极管的类型多种多样。常见二极管的电路图形符号如图 2-24 所示。

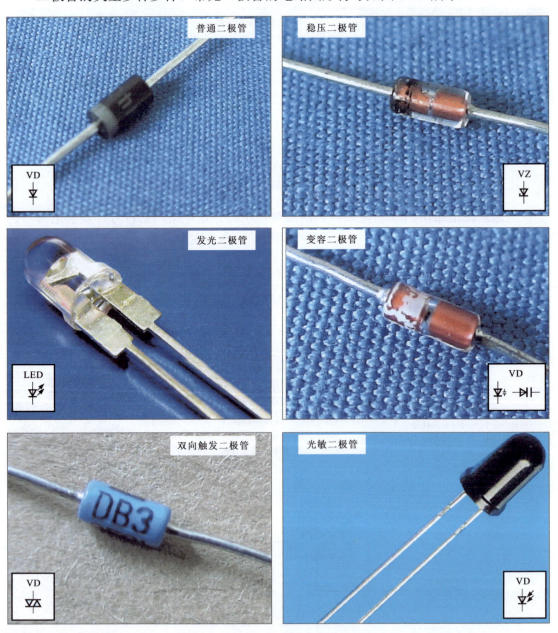

图 2-24 常见二极管的电路图形符号

二极管在电路中的标识通常分为两部分：一部分是电路图形符号，表示二极管的类型；另一部分是文字符号，表示在电路中的序号及型号。

图 2-25 为识读电路中二极管的标识。

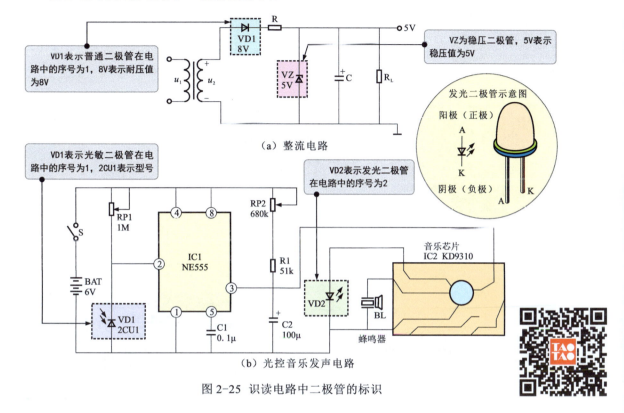

图 2-25 识读电路中二极管的标识

◆ 2.4.2 三极管的电路图形符号

三极管是在一块半导体基片上制作两个距离很近的 PN 结，这两个 PN 结把半导体基片分成三部分：中间部分为基极（b），两侧部分分别为集电极（c）和发射极（e）。

三极管有不同的类型。常见三极管的电路图形符号如图 2-26 所示。

小功率三极管

中功率三极管

大功率三极管

图 2-26 常见三极管的电路图形符号

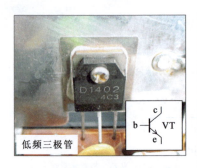

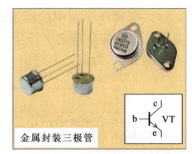

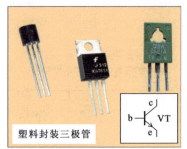
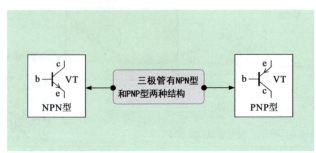
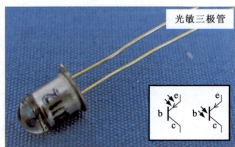

图 2-26　常见三极管的电路图形符号（续）

三极管在电路中的标识通常分为两部分：一部分是电路图形符号，表示三极管的类型；另一部分是文字符号，表示在电路中的序号及型号。

图 2-27 为识读电路中三极管的标识。

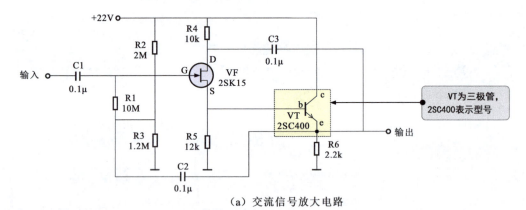

（a）交流信号放大电路

图 2-27　识读电路中三极管的标识

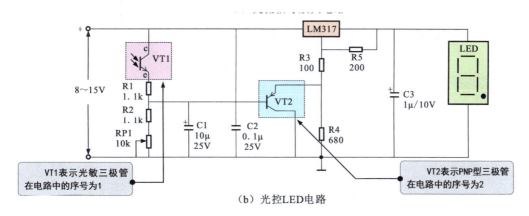

（b）光控LED电路

图 2-27 识读电路中三极管的标识（续）

❖ 2.4.3 场效应晶体管的电路图形符号

场效应晶体管（Field Effect Transistor，FET）是一种典型的电压控制型半导体元器件，具有输入阻抗高、噪声小、热稳定性好、便于集成等特点，容易被静电击穿。

场效应晶体管有不同的类型。常见场效应晶体管的电路图形符号如图 2-28 所示。

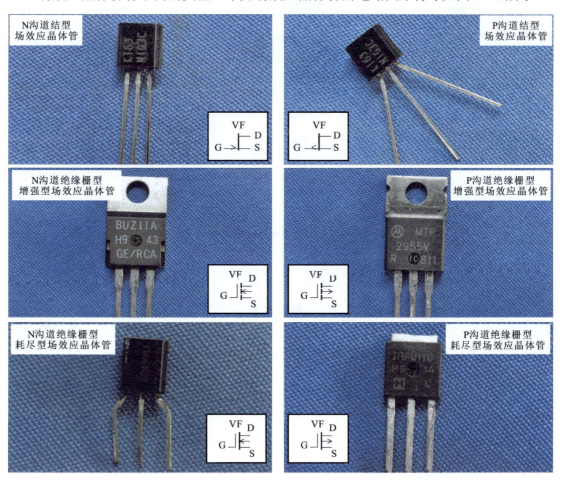

图 2-28 常见场效应晶体管的电路图形符号

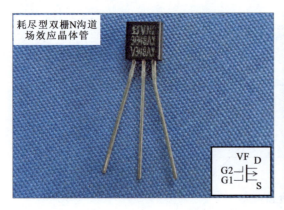
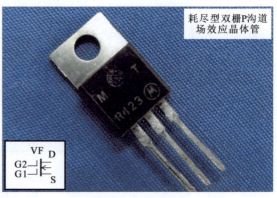

图 2-28 常见场效应晶体管的电路图形符号（续）

场效应晶体管在电路中的标识通常分为两部分：一部分是电路图形符号，表示场效应晶体管的类型；另一部分是文字符号，表示在电路中的序号及型号。

图 2-29 为识读电路中场效应晶体管的标识。

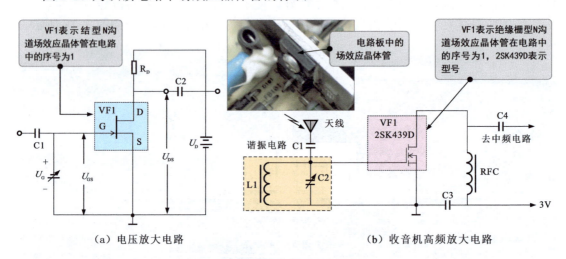

图 2-29 识读电路中场效应晶体管的标识

2.4.4 晶闸管的电路图形符号

晶闸管是晶体闸流管的简称，是一种可控整流半导体元器件，也称为可控硅。晶闸管在一定的电压条件下，只要有一触发脉冲就可导通，触发脉冲消失，晶闸管仍能维持导通状态，常作为驱动、调速、开关、调压、控温等控制器件。

晶闸管有不同的类型。常见晶闸管的电路图形符号如图 2-30 所示。

晶闸管在电路中的标识通常分为两部分：一部分是电路图形符号，表示晶闸管的类型；另一部分是文字符号，表示在电路中的序号及型号。

图 2-31 为识读电路中晶闸管的标识。

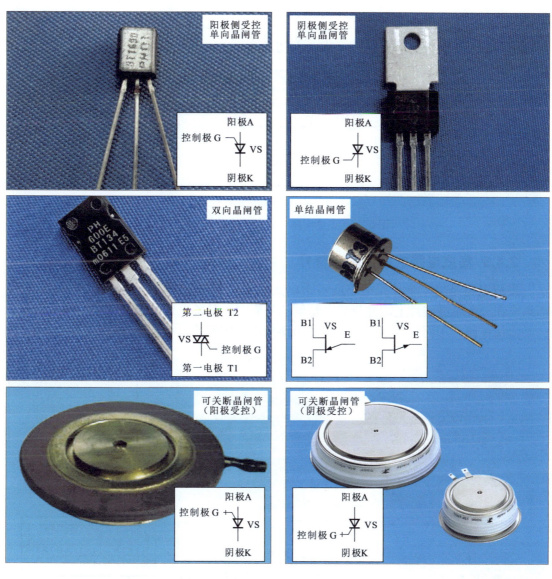

图 2-30 常见晶闸管的电路图形符号

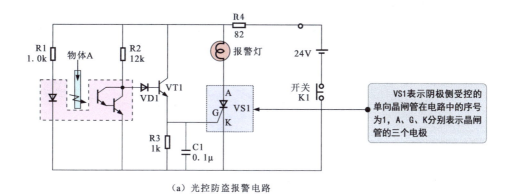

（a）光控防盗报警电路

图 2-31 识读电路中晶闸管的标识

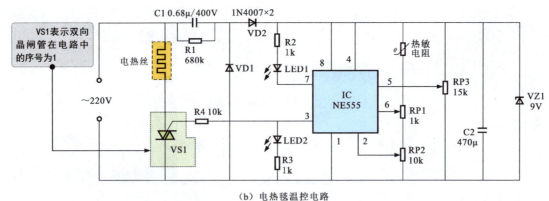

(b)电热毯温控电路

图 2-31 识读电路中晶闸管的标识（续）

2.4.5 集成电路的电路图形符号

集成电路是将一个单元电路或多个单元电路的主要电子元器件或全部电子元器件都集成在一个单晶硅片上，并封装在特制的外壳中，具备一定功能的完整电路。

集成电路有不同的类型。常见集成电路的电路图形符号如图 2-32 所示。

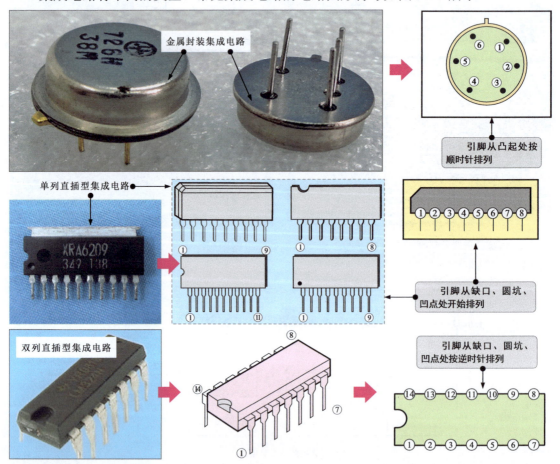

图 2-32 常见集成电路的电路图形符号

图 2-32 常见集成电路的电路图形符号（续）

集成电路在电路中的标识通常分为两部分：一部分是电路图形符号，表示集成电路的类型；另一部分是文字符号，表示在电路中的序号、型号、引脚个数及功能，如图2-33所示。

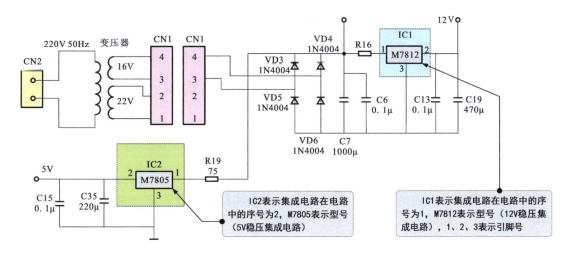

图 2-33 识读电路中集成电路的标识

第3章
电工电路中的控制关系

3.1 开关在电工电路中的控制关系

3.1.1 电源开关在电工电路中的控制关系

电源开关在电工电路中主要用来接通用电设备的供电电源，实现电路的闭合与断开。图 3-1 为电源开关（三相断路器）的连接关系。

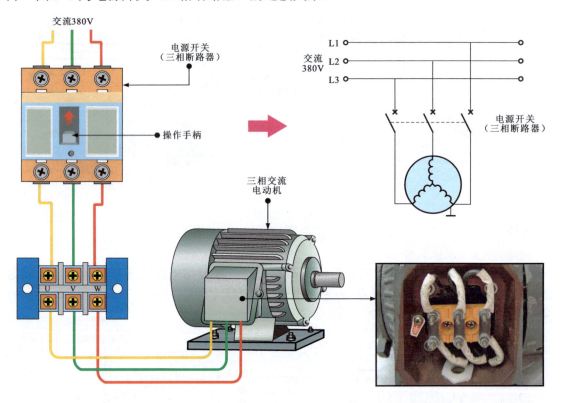

图 3-1　电源开关（三相断路器）的连接关系

资料与提示

图 3-1 中的电源开关采用的是三相断路器，通过控制交流 380V 电压的接通和断开，实现对三相交流电动机的运转和停机控制。

在电工电路中，电源开关有两种状态，即不动作（断开）时和动作（闭合）时：当电源开关不动作时，其内部触点处于断开状态，三相交流电动机不能启动；拨动电源开关后，其内部触点处于闭合状态，三相交流电动机得电后启动运转。图 3-2 为电源开关在电工电路中的控制关系。

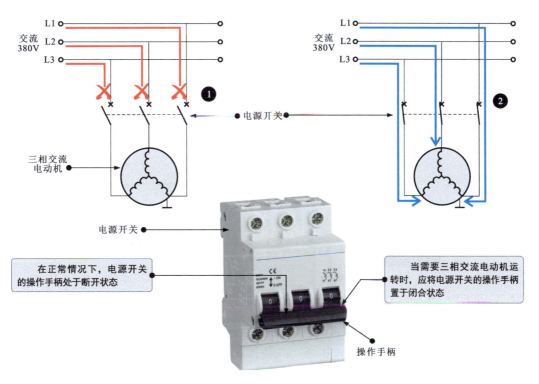

图 3-2　电源开关在电工电路中的控制关系

资料与提示

图 3-2 中，❶电源开关未动作时，其内部三组常开触点处于断开状态，切断三相交流电动机的交流 380V 电压，三相交流电动机不能启动运转。

❷拨动电源开关的操作手柄，其内部三组常开触点处于闭合状态，交流 380V 电压为三相交流电动机供电，三相交流电动机启动运转。

3.1.2 按钮开关在电工电路中的控制关系

按钮开关在电工电路中主要用来实现控制电路的接通与断开，对负载设备进行控制。

按钮开关根据内部结构的不同可分为不闭锁按钮开关和可闭锁按钮开关。

不闭锁按钮开关是指按下按钮开关时，内部触点动作，松开按钮开关时，内部触点自动复位；可闭锁按钮开关是指按下按钮开关时，内部触点动作，松开按钮开关时，内部触点不能自动复位，需要再次按下按钮开关，内部触点才能复位。

按钮开关是电工电路中的关键控制部件，无论不闭锁按钮开关还是闭锁按钮开关，均有常开、常闭和复合三种形式。下面以不闭锁按钮开关为例介绍三种形式的控制功能。

1. 不闭锁常开按钮开关

不闭锁常开按钮开关是指在操作前内部触点处于断开状态，按下后内部触点处于闭合状态，松开后内部触点自动复位断开，在电工电路中常用作启动控制开关。图 3-3 为不闭锁常开按钮开关的连接关系。

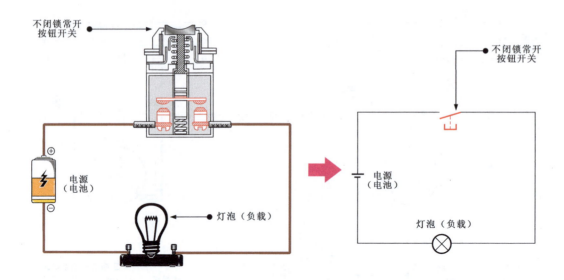

图 3-3　不闭锁常开按钮开关的连接关系

由图 3-3 可以看出，不闭锁常开按钮开关连接在电池与灯泡之间控制灯泡的点亮与熄灭，未操作时，灯泡处于熄灭状态，具体控制关系如图 3-4 所示。

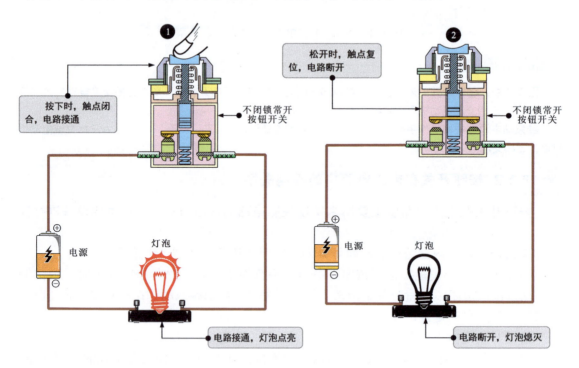

图 3-4　不闭锁常开按钮开关的控制关系

资料与提示

图 3-4 中，❶按下不闭锁常开按钮开关时，其内部常开触点闭合，电源为灯泡供电，灯泡点亮。
❷松开不闭锁常开按钮开关时，其内部常开触点复位断开，切断灯泡的供电，灯泡熄灭。

2. 不闭锁常闭按钮开关

不闭锁常闭按钮开关是指操作前内部触点处于闭合状态，按下后，内部触点处于断开状态，松开后，内部触点自动复位闭合，在电工电路中常用作停止控制开关。图 3-5 为不闭锁常闭按钮开关的连接关系。

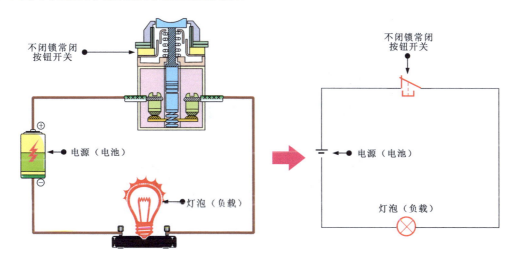

图 3-5 不闭锁常闭按钮开关的连接关系

不闭锁常闭按钮开关在电工电路中的控制关系如图 3-6 所示。

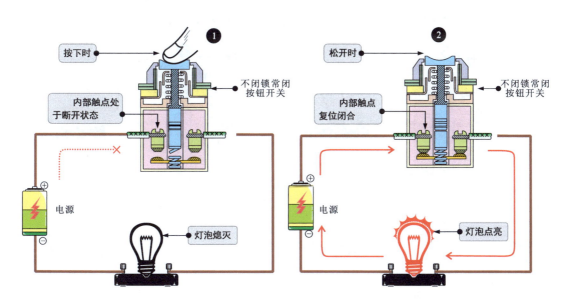

图 3-6 不闭锁常闭按钮开关在电工电路中的控制关系

资料与提示

图 3-6 中，❶按下不闭锁常闭按钮开关时，内部常闭触点断开，切断灯泡的供电，灯泡熄灭。❷松开不闭锁常闭按钮开关时，内部常闭触点复位闭合，接通灯泡的供电，灯泡点亮。

3. 不闭锁复合按钮开关

不闭锁复合按钮开关是指内部设有两组触点，分别为常开触点和常闭触点。操作前，常闭触点闭合，常开触点断开；按下时，常闭触点断开，常开触点闭合；松开时，常闭触点复位闭合，常开触点复位断开。该按钮开关在电工电路中常用作启动连锁控制按钮开关。

图 3-7 为不闭锁复合按钮开关的连接关系。

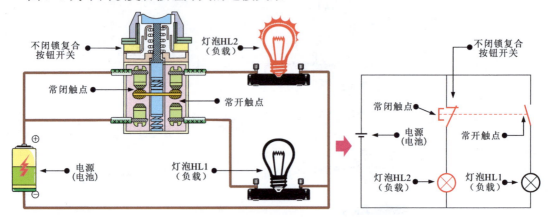

图 3-7 不闭锁复合按钮开关的连接关系

资料与提示

图 3-7 中，不闭锁复合按钮开关连接在电池与灯泡之间，分别控制灯泡 HL1 和灯泡 HL2 的点亮与熄灭。未按下不闭锁复合按钮开关时，灯泡 HL2 处于点亮状态，灯泡 HL1 处于熄灭状态。

不闭锁复合按钮开关在电工电路中的控制关系如图 3-8 所示。

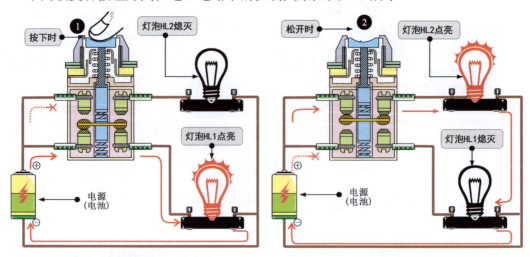

图 3-8 不闭锁复合按钮开关在电工电路中的控制关系

资料与提示

图 3-8 中，❶按下不闭锁复合按钮开关时，内部常开触点闭合，接通灯泡 HL1 的供电电源，灯泡 HL1 点亮；常闭触点断开，切断灯泡 HL2 的供电，灯泡 HL2 熄灭。

❷松开不闭锁复合按钮开关时，内部常开触点复位断开，切断灯泡 HL1 的供电电源，灯泡 HL1 熄灭；常闭触点复位闭合，接通灯泡 HL2 的供电电源，灯泡 HL2 点亮。

3.2 继电器在电工电路中的控制关系

3.2.1 继电器常开触点在电工电路中的控制关系

继电器是电工电路中常用的电气部件，主要是由铁芯、线圈、衔铁、触点等组成的。图3-9为继电器的内部结构。

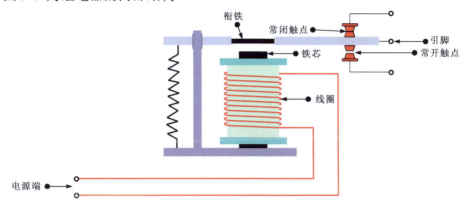

图 3-9 继电器的内部结构

资料与提示

继电器工作时，通过加在线圈两端的电压产生电流，从而产生电磁效应，在电磁引力的作用下，常闭触点断开，常开触点闭合；线圈失电后，电磁引力消失，在复位弹簧的作用下，常开触点断开，返回到原来的位置。

继电器常开触点的含义是继电器内部的动触点和静触点通常处于断开状态，当线圈得电时，动触点和静触点闭合，接通电路；当线圈失电时，动触点和静触点复位，切断电路。图3-10为继电器常开触点的连接关系。

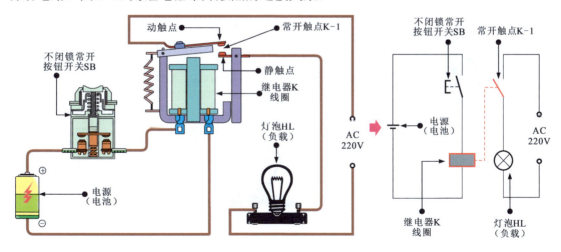

图 3-10 继电器常开触点的连接关系

资料与提示

图3-10中，继电器K线圈连接在不闭锁常开按钮开关与电池之间，常开触点K-1连接在电源与灯泡HL（负载）之间，用来控制灯泡的点亮与熄灭，在未接通电路时，灯泡HL处于熄灭状态。

图3-11为继电器常开触点在电工电路中的控制关系。

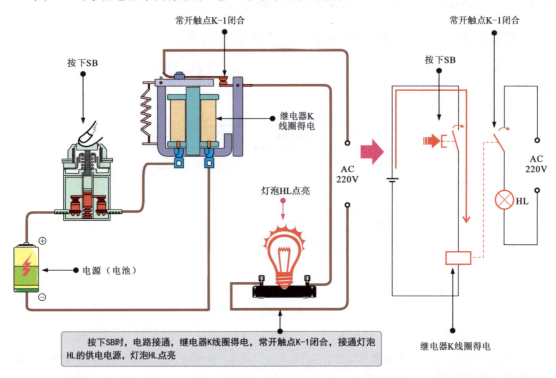

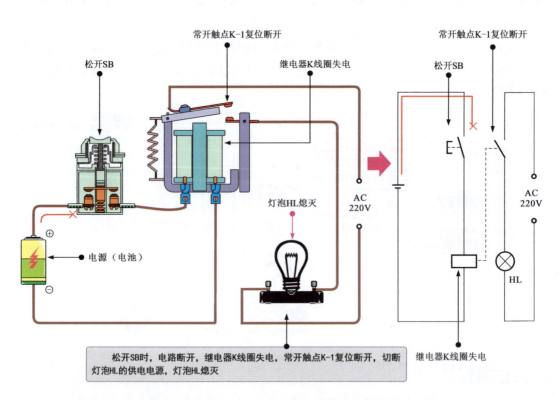

图3-11 继电器常开触点在电工电路中的控制关系

3.2.2 继电器常闭触点在电工电路中的控制关系

继电器的常闭触点是指当继电器线圈断电时，其内部的动触点和静触点处于闭合状态，接通电路；当线圈得电时，动触点和静触点立即断开，切断电路。图3-12为继电器常闭触点在电工电路中的控制关系。

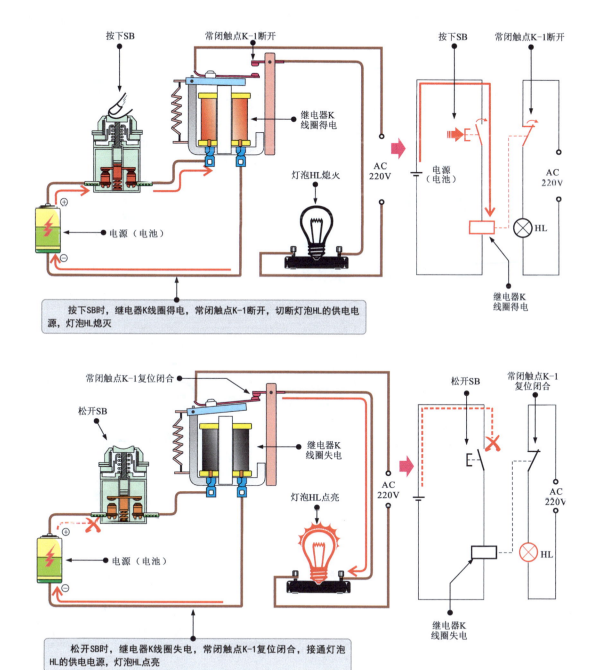

图3-12 继电器常闭触点在电工电路中的控制关系

3.2.3 继电器转换触点在电工电路中的控制关系

继电器的转换触点是指继电器内部设有的一个动触点和两个静触点。其中，动触点与静触点1处于闭合状态，称为常闭触点；动触点与静触点2处于断开状态，称为常开触点。图3-13为继电器转换触点的结构图。

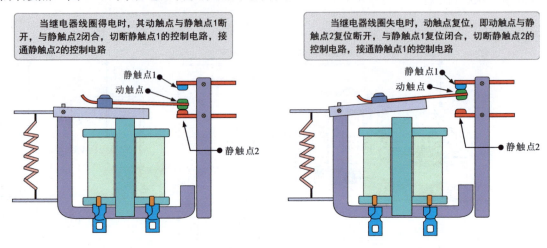

图3-13 继电器转换触点的结构图

图3-14为继电器转换触点的连接关系。

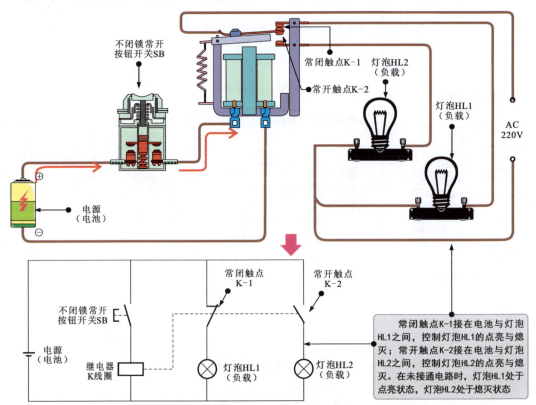

图3-14 继电器转换触点的连接关系

图3-15为继电器转换触点在不同状态下的控制关系。

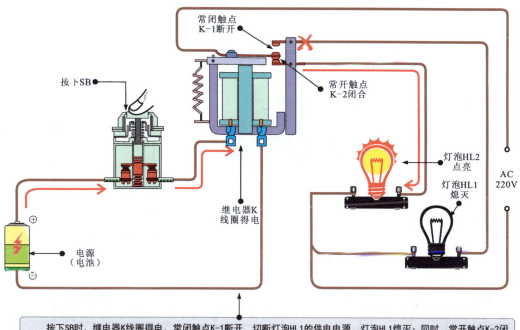

按下SB时，继电器K线圈得电，常闭触点K-1断开，切断灯泡HL1的供电电源，灯泡HL1熄灭；同时，常开触点K-2闭合，接通灯泡HL2的供电电源，灯泡HL2点亮

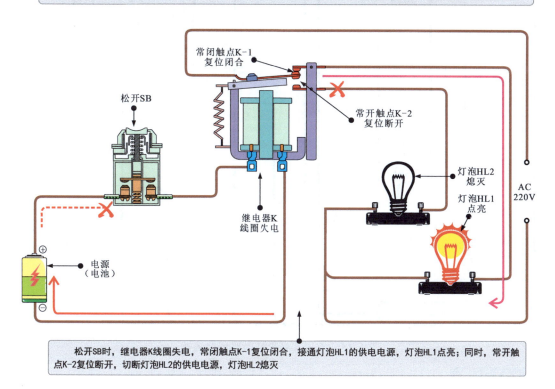

松开SB时，继电器K线圈失电，常闭触点K-1复位闭合，接通灯泡HL1的供电电源，灯泡HL1点亮；同时，常开触点K-2复位断开，切断灯泡HL2的供电电源，灯泡HL2熄灭

图3-15 继电器转换触点在不同状态下的控制关系

3.3 接触器在电工电路中的控制关系

3.3.1 直流接触器在电工电路中的控制关系

直流接触器主要用于远距离接通与分断直流电路。在控制电路中,直流接触器由直流电源为线圈提供工作条件,从而控制触点动作。其电路控制关系如图3-16所示。

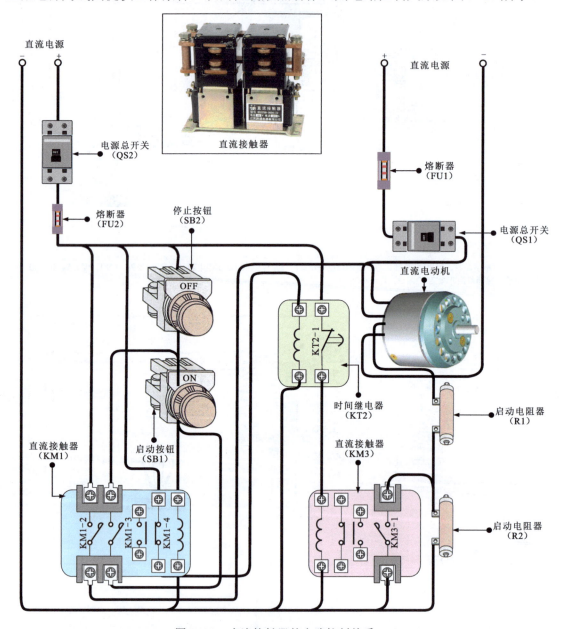

图 3-16 直流接触器的电路控制关系

资料与提示

直流接触器是由直流电源驱动的,当线圈得电时,常开触点闭合,常闭触点断开;当线圈失电时,常开触点复位断开,常闭触点复位闭合。

3.3.2 交流接触器在电工电路中的控制关系

交流接触器主要用于远距离接通与分断交流供电电路。图3-17为交流接触器的内部结构。

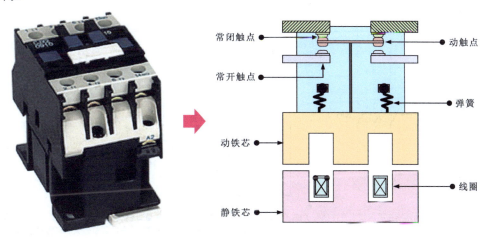

图3-17 交流接触器的内部结构

资料与提示

交流接触器的内部主要由常闭触点、常开触点、动触点、线圈、动铁芯、静铁芯及弹簧等部分构成。

图3-18为交流接触器的连接关系。

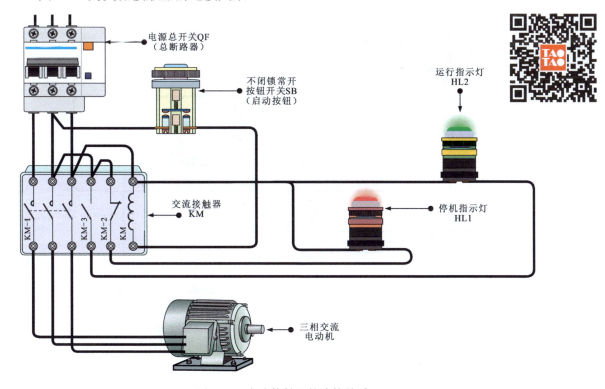

图3-18 交流接触器的连接关系

图3-19为交流接触器在电工电路中的控制关系。

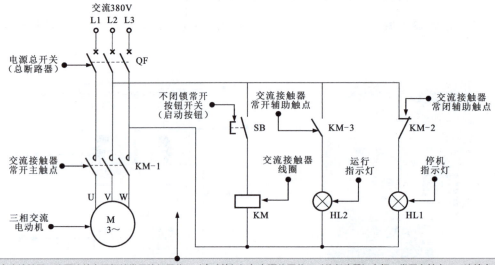

交流接触器KM线圈连接在不闭锁常开按钮开关SB（启动按钮）与电源总开关QF（总断路器）之间；常开主触点KM-1连接在电源总开关QF与三相交流电动机之间控制三相交流电动机的启动与停机；常闭辅助触点KM-2连接在电源总开关QF与停机指示灯HL1之间控制指示灯HL1的点亮与熄灭；常开辅助触点KM-3连接在电源总开关QF与运行指示灯HL2之间控制指示灯HL2的点亮与熄灭

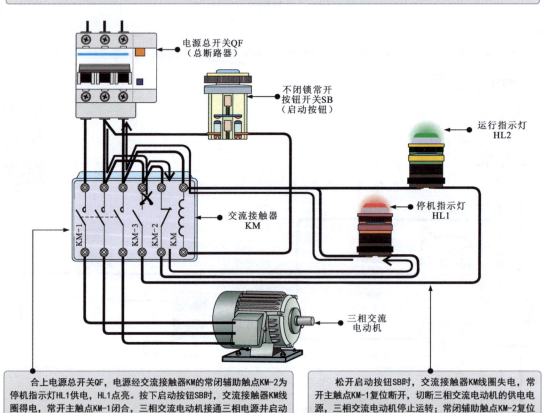

合上电源总开关QF，电源经交流接触器KM的常闭辅助触点KM-2为停机指示灯HL1供电，HL1点亮。按下启动按钮SB时，交流接触器KM线圈得电，常开主触点KM-1闭合，三相交流电动机接通三相电源并启动运转；常闭辅助触点KM-2断开，切断停机指示灯HL1的供电电源，HL1熄灭；常开辅助触点KM-3闭合，运行指示灯HL2点亮，指示三相交流电动机处于工作状态

松开启动按钮SB时，交流接触器KM线圈失电，常开主触点KM-1复位断开，切断三相交流电动机的供电电源，三相交流电动机停止运转；常闭辅助触点KM-2复位闭合，停机指示灯HL1点亮，指示三相交流电动机处于停机状态；常开辅助触点KM-3复位断开，切断运行指示灯HL2的供电电源，HL2熄灭

图 3-19　交流接触器在电工电路中的控制关系

3.4 传感器在电工电路中的控制关系

3.4.1 温度传感器在电工电路中的控制关系

温度传感器是可将温度信号变成电信号的电气部件,是利用电阻值随温度的变化而变化这一特性来测量温度的,主要用在需要对温度进行测量、监视、控制及补偿的场合,如图 3-20 所示。

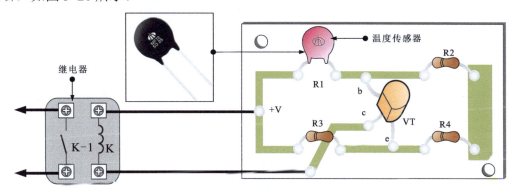

图 3-20 温度传感器的连接关系

资料与提示

温度传感器根据感应特性的不同可分为 PTC 传感器和 NTC 传感器。PTC 传感器为正温度系数传感器,阻值随温度的升高而增大,随温度的降低而减小;NTC 传感器为负温度系数传感器,阻值随温度的升高而减小,随温度的降低而增大。

图 3-21 为温度传感器在不同温度环境下的控制关系。

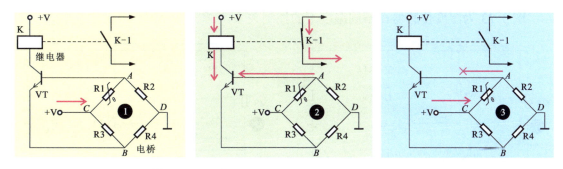

图 3-21 温度传感器在不同温度环境下的控制关系

资料与提示

在图 3-21 中,❶在正常温度下,$R_1/R_2=R_3/R_4$,电桥平衡,A、B 两点之间电位相等,A 与 B 之间没有电流流过,三极管 VT 的基极 b 与发射极 e 之间的电位差为零,VT 截止,继电器 K 线圈不能得电。

❷当温度逐渐上升时,温度传感器 R1 的阻值不断减小,电桥失去平衡,A 点电位逐渐升高,三极管 VT 基极 b 的电压逐渐增大,当高于发射极 e 的电压时,VT 导通,继电器 K 线圈得电,常开触点 K-1 闭合,接通负载设备的供电电源,负载设备即可启动。

❸当温度逐渐下降时,温度传感器 R1 的阻值不断增大,A 点电位逐渐降低,三极管 VT 基极 b 的电压逐渐减小,当低于发射极 e 的电压时,VT 截止,继电器 K 线圈失电,常开触点 K-1 复位断开,切断负载设备的供电电源,负载设备停止工作。

3.4.2 湿度传感器在电工电路中的控制关系

湿度传感器是一种可将湿度信号转换为电信号的电气部件，主要在工业生产、天气预报、食品加工等行业中对湿度进行控制、测量和监视。湿度传感器的电路连接关系如图3-22所示。

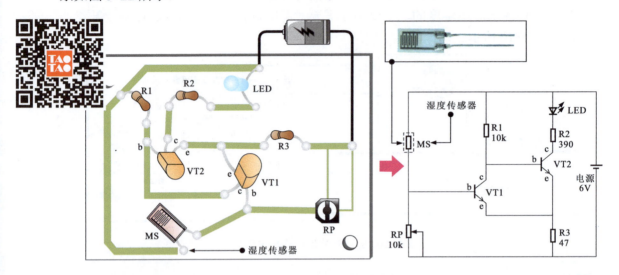

图3-22　湿度传感器的电路连接关系

资料与提示

湿度传感器采用湿敏电阻器作为湿度测控部件，利用湿敏电阻器的阻值随湿度的变化而变化这一特性测量湿度。

图3-23为湿度传感器在不同湿度下的控制关系。

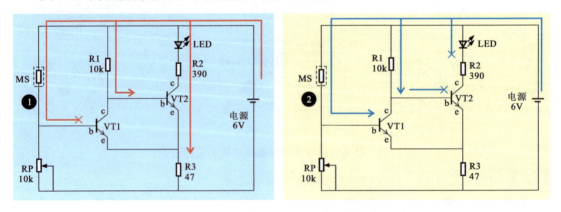

图3-23　湿度传感器在不同湿度下的控制关系

资料与提示

图3-23中，❶当环境湿度较小时，湿度传感器MS的阻值变大，使三极管VT1的基极b电压低于发射极e电压，VT1截止，三极管VT2的基极b电压高于发射极e电压，VT2导通，发光二极管LED点亮。

❷当环境湿度增大时，湿度传感器MS的阻值变小，使三极管VT1的基极b电压高于发射极e电压，VT1导通，三极管VT2的基极b电压低于发射极e电压，VT2截止，发光二极管LED熄灭。

3.4.3 光电传感器在电工电路中的控制关系

光电传感器是一种能够将可见光信号转换为电信号的电气部件，主要用在光控开关、光控照明、光控报警等领域。图3-24为光电传感器的电路连接关系。

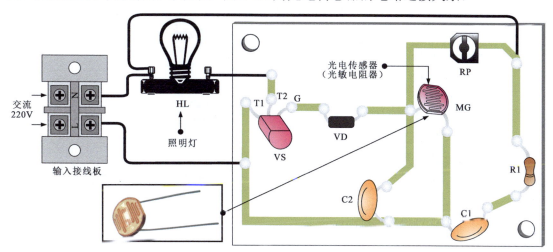

图3-24 光电传感器的电路连接关系

资料与提示

光电传感器采用光敏电阻器作为光电测控部件。光敏电阻器是一种对光敏感的电子元器件。其阻值随入射光线强弱的变化而变化。

图3-25为光电传感器在不同光线环境下的控制关系。

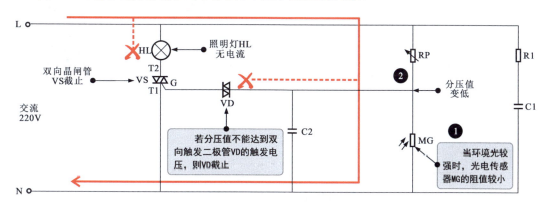

图3-25 光电传感器在不同光线环境下的控制关系

资料与提示

图3-25中，❶当环境光较强时，光电传感器MG的阻值较小，电位器RP与光电传感器MG处的分压值变低，不能达到双向触发二极管VD的触发电压，双向触发二极管VD截止，不能触发双向晶闸管，VS处于截止状态，照明灯HL不亮。

❷随着环境光逐渐减弱，光电传感器MG的阻值逐渐变大，当电位器RP与光电传感器MG处的分压值达到双向触发二极管VD的触发电压时，双向二极管VD导通，进而触发双向晶闸管VS也导通，照明灯HL点亮。

3.4.4 气敏传感器在电工电路中的控制关系

气敏传感器是一种可将某种气体的有无或浓度转换为电信号的电气部件,主要用在可燃或有毒气体泄漏的报警电路中。图3-26为气敏传感器的电路连接关系。

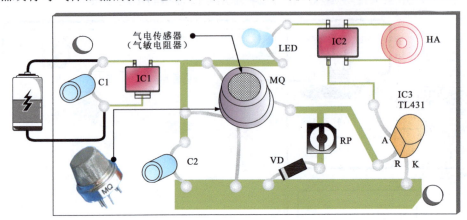

图3-26 气敏传感器的电路连接关系

资料与提示

气敏传感器采用气敏电阻器作为气体检测部件。气敏电阻器是利用阻值随气体浓度的变化而变化这一特性来进行气体浓度的测量的。

图3-27为气敏传感器在不同气体环境下的控制关系。

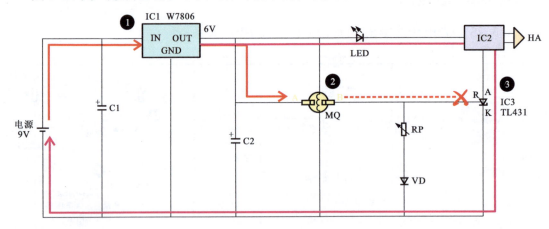

图3-27 气敏传感器在不同气体环境下的控制关系

资料与提示

图3-27中,❶电路开始工作时,9V直流电压经滤波电容器C1滤波后,由三端稳压器IC1稳压,输出6V直流电压,经滤波电容器C2滤波后,为气体检测控制电路提供工作条件。

❷在空气中,气敏传感器MQ中A、B电极之间的阻值较大,B端为低电平,误差检测电路IC3的输入极R电压较低,IC3不能导通,发光二极管LED不能点亮,报警器HA无报警声。

❸当有害气体泄漏时,气敏传感器MQ中A、B电极之间的阻值变小,B端电压逐渐升高,当B端电压升高到预设的电压值(可通过电位器RP调节)时,误差检测电路IC3导通,接通IC2的接地端,IC2工作,发光二极管LED点亮,报警器HA发出报警声。

3.5 保护器在电工电路中的控制关系

3.5.1 熔断器在电工电路中的控制关系

熔断器是一种用于保护电路的电气部件，只允许安全电流通过，当电流超过额定电流时，熔断器会自动切断电路，对电路中的负载设备进行保护。图3-28为熔断器的电路连接关系。

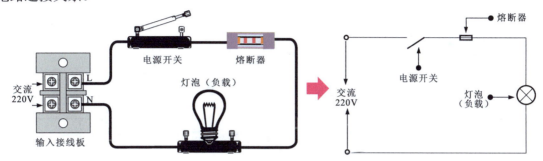

图3-28 熔断器的电路连接关系

资料与提示

熔断器在电路中的作用主要是用于检测电流，当电流超过规定值一段时间时，熔断器会以自身产生的热量熔化熔体，使电路断开，起到保护电路的作用。

图3-29为熔断器在电工电路中的控制关系。

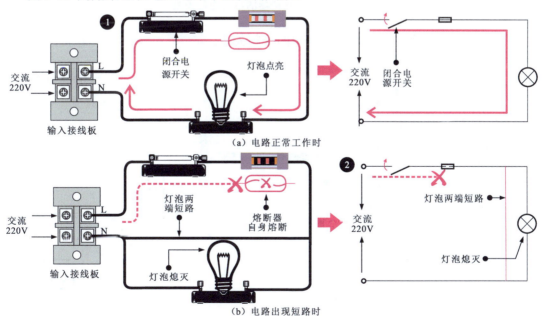

（a）电路正常工作时

（b）电路出现短路时

图3-29 熔断器在电工电路中的控制关系

资料与提示

图3-29中，❶闭合电源开关，接通灯泡电源，在正常情况下，灯泡点亮，电路正常工作。

❷当灯泡由于某种原因短路时，电源被短路，电流由短路的路径通过，不再流过灯泡，此时回路中仅有很小的电源内阻，因此电路中的电流很大，流过熔断器的电流也很大，熔断器会熔断，切断电路，实现保护。

3.5.2 漏电保护器在电工电路中的控制关系

漏电保护器是一种具有漏电、触电、过载、短路保护功能的保护部件，对于防止触电伤亡事故、避免因漏电电流而引起火灾事故具有明显的效果。图 3-30 为漏电保护器的电路连接关系。

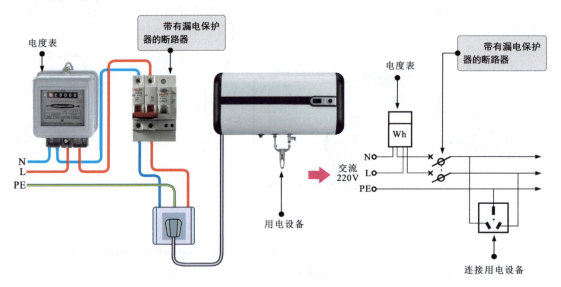

图 3-30　漏电保护器的电路连接关系

图 3-31 为漏电保护器在电工电路中的控制关系。

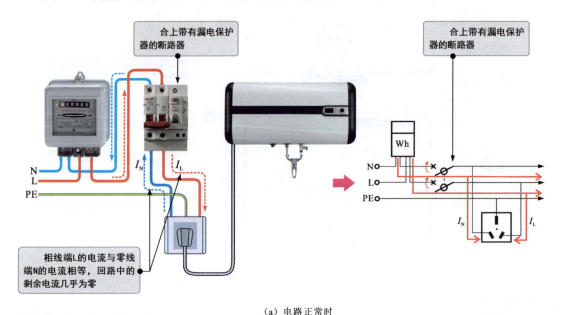

（a）电路正常时

图 3-31　漏电保护器在电工电路中的控制关系

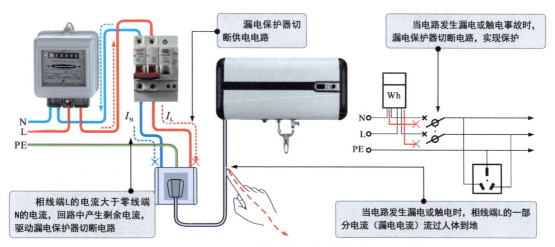

(b) 当电路发生漏电或触电时

图 3-31 漏电保护器在电工电路中的控制关系（续）

资料与提示

当漏电保护器接入线路中时，电路中的电源线将穿过漏电保护器内的环形铁芯（零序电流互感器），环形铁芯的输出端与漏电脱扣器相连，如图 3-32 所示。

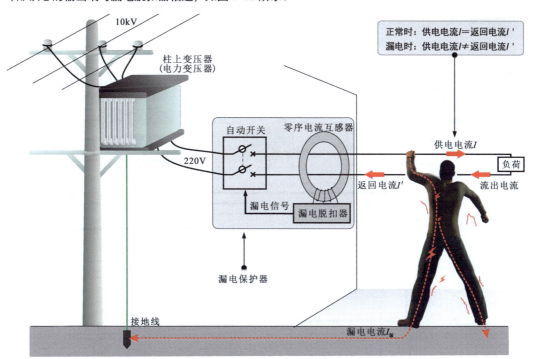

图 3-32 漏电保护器漏电检测原理

在电路正常工作时，通过零序电流互感器的电流向量和等于零，漏电保护器不动作。

当电路发生漏电或触电故障时，由于漏电电流的存在，供电电流大于返回电流，通过环形铁芯的电流向量和不再等于零，在环形铁芯中出现交变磁通。在交变磁通的作用下，环形铁芯的输出端就有感应电流产生，当达到额定值时，漏电脱扣器即可驱动漏电保护器自动跳闸，切断故障电路，实现保护。

3.5.3 过热保护器在电工电路中的控制关系

过热保护器也称热继电器，利用电流的热效应使内部触点闭合或断开，可用于电动机的过载保护、断相保护、电流不平衡保护及热保护，实物外形及内部结构如图3-33所示。

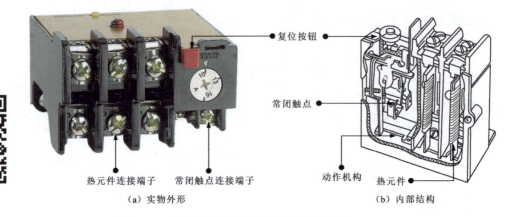

图3-33 过热保护器的实物外形及内部结构

过热保护器安装在主电路中，用于主电路的过载、断相、电流不平衡及三相交流电动机的热保护，如图3-34所示。

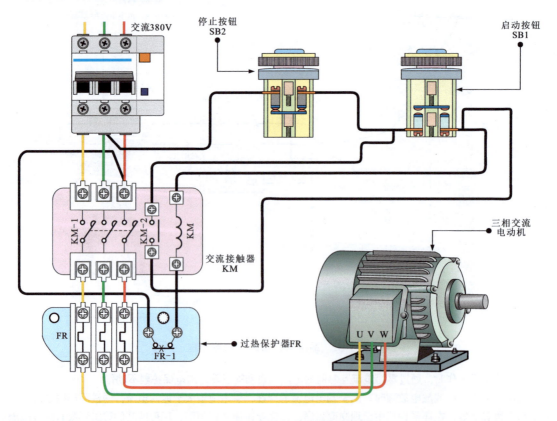

图3-34 过热保护器的电路连接关系

图3-35为过热保护器在电工电路中的控制关系。

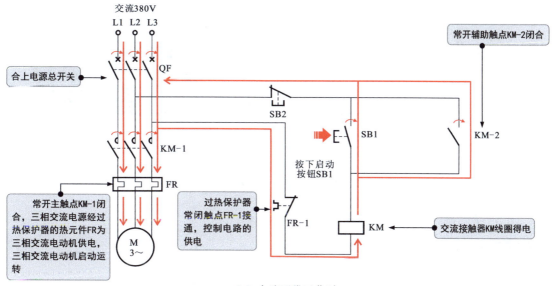

（a）电路正常工作时

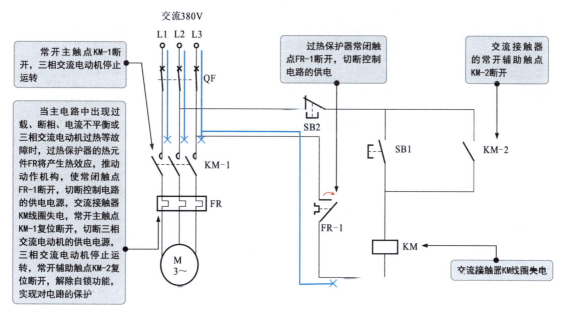

（b）电路异常工作时

图3-35 过热保护器在电工电路中的控制关系

3.5.4 温度继电器在电工电路中的控制关系

温度继电器是一种用于防止负载设备因温度过高或过电流而被烧坏的保护部件，具有过流、过压双重保护功能，通常由电阻加热丝、碟形双金属片、动/静触点及接线端子组成。图3-36为温度继电器的实物外形及内部结构。

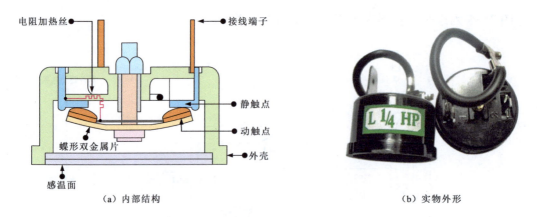

(a) 内部结构　　　　　　　　　　(b) 实物外形

图 3-36　温度继电器的实物外形及内部结构

图 3-37 为温度继电器的电路连接关系。

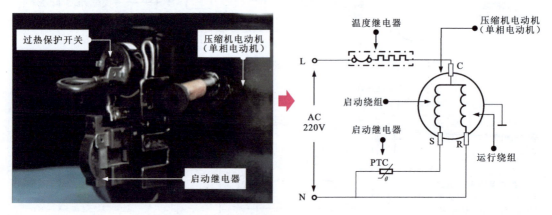

图 3-37　温度继电器的电路连接关系

在正常温度下，交流 220V 电压经温度继电器的内部闭合触点接通压缩机电动机的供电，由启动继电器启动压缩机电动机工作，待压缩机电动机转速升高到一定值时，启动继电器断开启动绕组，启动结束，压缩机电动机进入正常运转状态。

图 3-38 为在正常温度下温度继电器的控制关系。

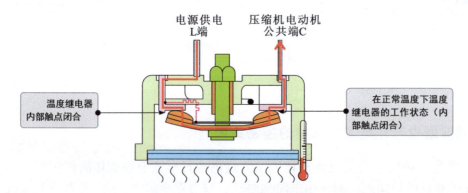

图 3-38　在正常温度下温度继电器的控制关系

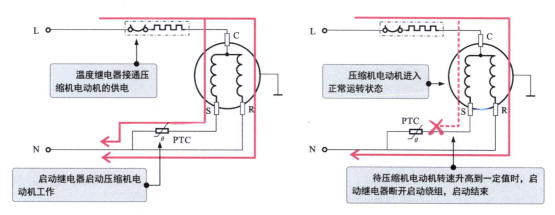

图 3-38　在正常温度下温度继电器的控制关系（续）

当压缩机电动机温度过高时，温度继电器的碟形双金属片受热反向弯曲变形，断开压缩机电动机的供电，起到保护作用。图 3-39 为温度过高时温度继电器的控制关系。

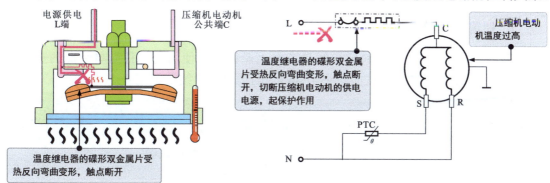

图 3-39　温度过高时温度继电器的控制关系

待压缩机电动机的温度逐渐冷却后，温度继电器的蝶形金属片又恢复到原来的形态，触点再次接通，压缩机电动机再次启动运转。

资料与提示

温度继电器除了具有过热保护功能外，还具有过流保护功能。图 3-40 为温度继电器的过流保护功能。

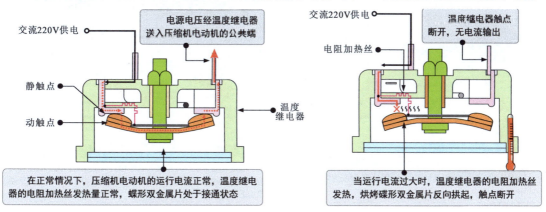

图 3-40　温度继电器的过流保护功能

第4章
电工线缆的加工连接与敷设

4.1 线缆的剥线加工

线缆的材料不同,剥线加工方法也不同。下面以塑料硬导线、塑料软导线、塑料护套线及漆包线为例介绍具体的剥线加工方法。

4.1.1 塑料硬导线的剥线加工

塑料硬导线通常使用钢丝钳、剥线钳、斜口钳及电工刀等操作工具进行剥线加工。

1. 使用钢丝钳剥线加工

使用钢丝钳剥线加工塑料硬导线是在电工操作中常使用的一种简单快捷的操作方法,一般适用于剥线加工横截面积小于 $4mm^2$ 的塑料硬导线,如图4-1所示。

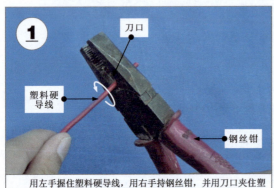

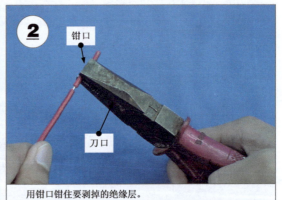

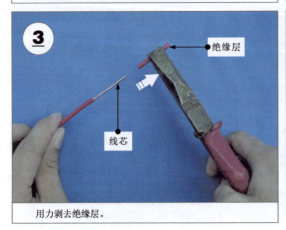

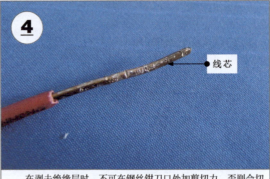

图4-1 使用钢丝钳剥线加工塑料硬导线

2. 使用剥线钳剥线加工

使用剥线钳剥线加工塑料硬导线也是电工操作中比较规范和简单的方法，一般适用于剥线加工横截面积大于 4mm² 的塑料硬导线，如图 4-2 所示。

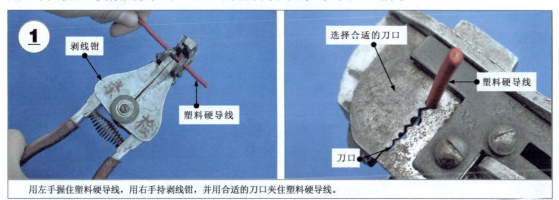
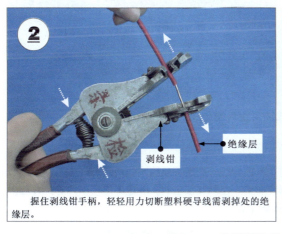
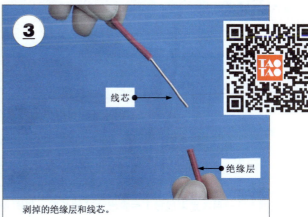

图 4-2　使用剥线钳剥线加工塑料硬导线

3. 使用电工刀剥线加工

一般横截面积大于 4mm² 的塑料硬导线可以使用电工刀剥线加工，如图 4-3 所示。

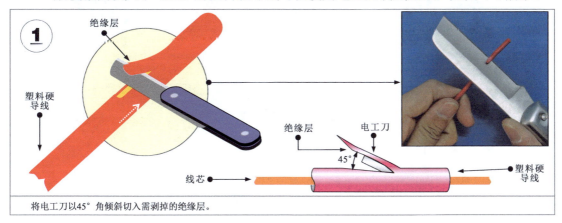

图 4-3　使用电工刀剥线加工塑料硬导线

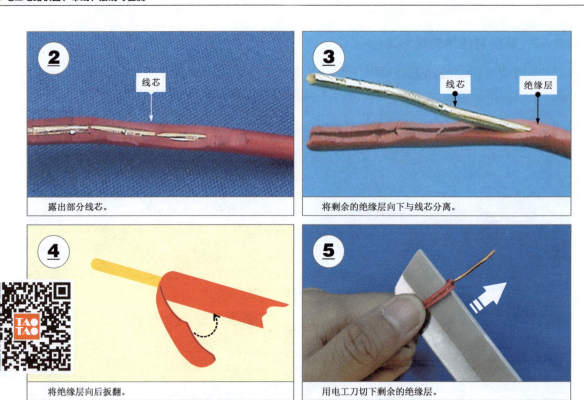

图 4-3　使用电工刀剥线加工塑料硬导线（续）

资料与提示

通过以上学习可知，横截面积为 4mm² 及其以下的塑料硬导线一般用钢丝钳或斜口钳剥线加工；横截面积为 4mm² 以上的塑料硬导线通常用电工刀或剥线钳剥线加工。在剥线加工时，一定不能损伤线芯，并应根据实际应用决定剥线加工后露出线芯的长度，如图 4-4 所示。

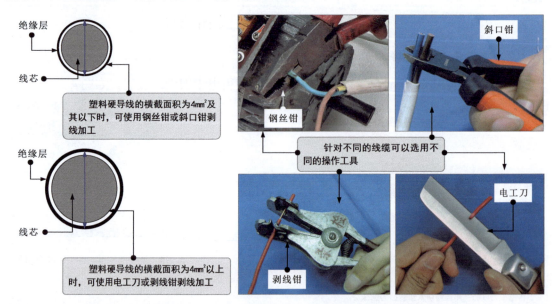

图 4-4　塑料硬导线的剥线加工方法及注意事项

4.1.2 塑料软导线的剥线加工

塑料软导线的线芯多是由多股铜（铝）丝组成的，不适宜用电工刀剥线加工，在实际操作中，多使用剥线钳和斜口钳剥线加工，具体操作方法如图4-5所示。

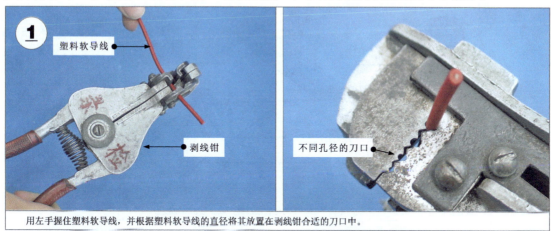

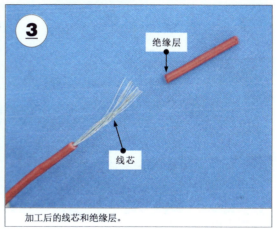

图4-5 塑料软导线的剥线加工

资料与提示

在使用剥线钳剥线加工塑料软导线时，切不可选择小于塑料软导线线芯直径的刀口，否则会导致多根线芯与绝缘层一同被剥掉，如图4-6所示。

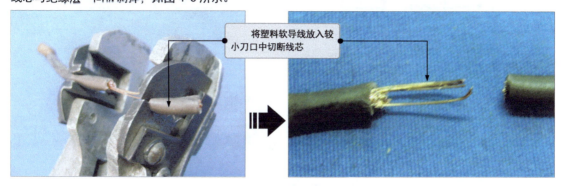

图4-6 塑料软导线剥线加工时的错误操作

4.1.3 塑料护套线的剥线加工

塑料护套线是将两根带有绝缘层的导线用护套层包裹在一起的线缆。在剥线加工时，要先剥掉护套层，再分别剥掉两根导线的绝缘层，具体操作方法如图4-7所示。

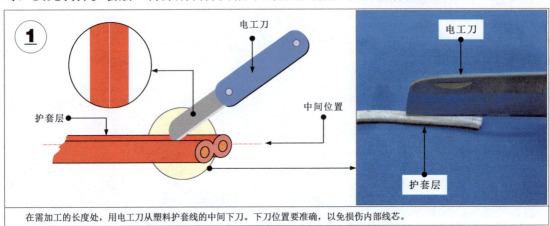

在需加工的长度处，用电工刀从塑料护套线的中间下刀。下刀位置要准确，以免损伤内部线芯。

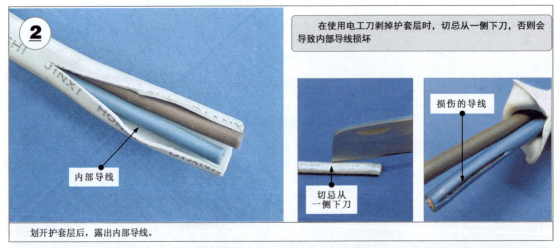

划开护套层后，露出内部导线。

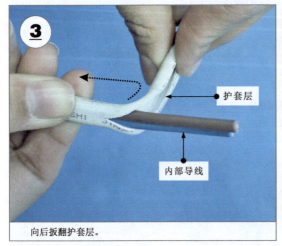

向后扳翻护套层。

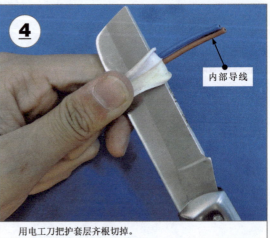

用电工刀把护套层齐根切掉。

图4-7 塑料护套线的剥线加工

4.1.4 漆包线的剥线加工

漆包线的绝缘层是喷涂在线芯上的绝缘漆。由于漆包线的直径不同,所以在加工漆包线时,应当根据直径选择合适的加工工具,具体操作方法如图4-8所示。

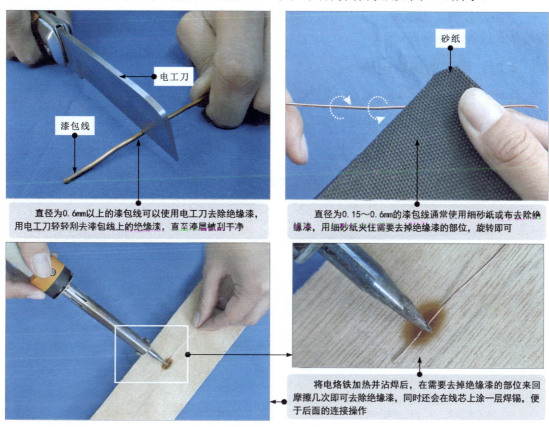

图4-8 漆包线的剥削方法

> **资料与提示**
>
> 若没有电烙铁的情况下,还可用火去掉绝缘漆,即用微火加热需要去掉绝缘漆的部位,当绝缘漆软化后,用软布擦拭即可,如图4-9所示。

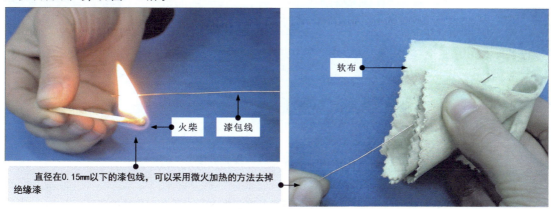

图4-9 采用微火加热漆包线去除绝缘漆

4.2 线缆的连接

电工人员在实际操作时，若线缆的长度不够或需要分接支路、连接端子时，常需要进行线缆之间的连接、线缆与连接端子之间的连接等。

下面将分别讲述线缆的缠绕连接、线缆的绞接连接、线缆的扭绞连接、线缆的绕接连接及线缆的线夹连接。

4.2.1 线缆的缠绕连接

线缆的缠绕连接包括单股导线缠绕式对接、单股导线缠绕式T形连接、两根多股导线缠绕式对接、两根多股导线缠绕式T形连接。

1. 单股导线缠绕式对接

当连接两根较粗的单股导线时，通常选择缠绕式对接方法，如图4-10所示。

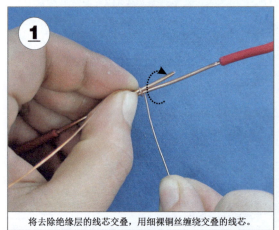
将去除绝缘层的线芯交叠，用细裸铜丝缠绕交叠的线芯。

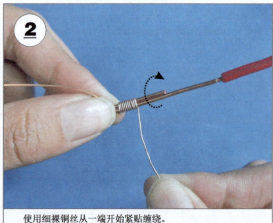
使用细裸铜丝从一端开始紧贴缠绕。

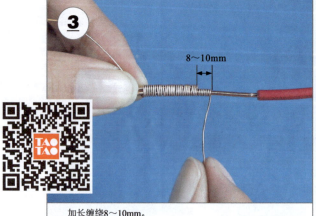
加长缠绕8～10mm。

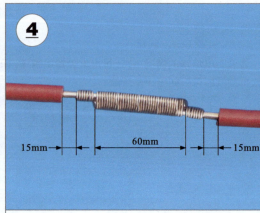
对接后的最终效果。

图4-10 单股导线缠绕式对接

资料与提示

值得注意的是，若单股导线的直径为5mm，则缠绕长度应为60mm；若单股导线的直径大于5mm，则缠绕长度应为90mm；缠绕好后，还要在两端的单股导线上各自再缠绕8～10mm。

2. 单股导线缠绕式 T 形连接

当一根支路单股导线和一根主路单股导线连接时，通常采用缠绕式 T 形连接，如图 4-11 所示。

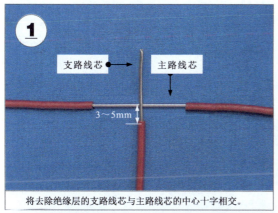
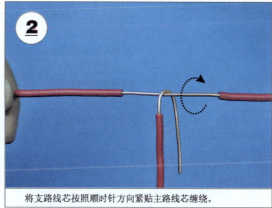
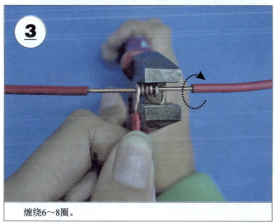
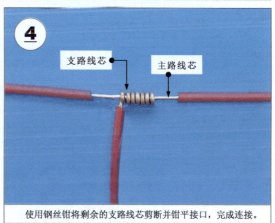

图 4-11 单股导线缠绕式 T 形连接

资料与提示

对于横截面积较小的单股塑料硬导线，可以将支路线芯在主路线芯上环绕扣结，并沿主路线芯顺时针贴绕，如图 4-12 所示。

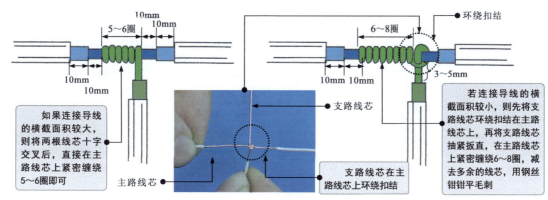

图 4-12 横截面积较小的单股塑料硬导线缠绕式 T 形连接

3. 两根多股导线缠绕式对接

当连接两根多股导线时,可采用缠绕式对接的方法,如图4-13所示。

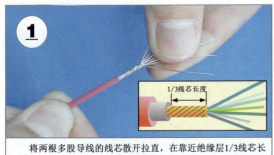
将两根多股导线的线芯散开拉直,在靠近绝缘层1/3线芯长度处绞紧线芯。

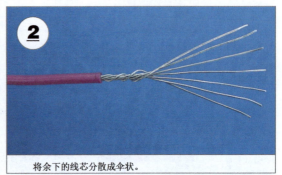
将余下的线芯分散成伞状。

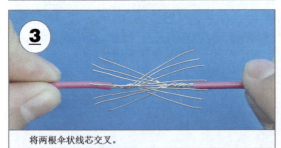
将两根伞状线芯交叉。

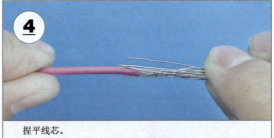
捏平线芯。

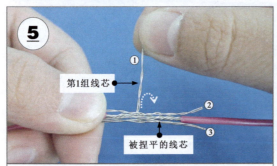
将一端交叉捏平的线芯平均分成3组,将第1组线芯扳起,按顺时针方向紧压交叉捏平的线芯缠绕两圈,将余下的线芯与其他线芯捏在一起。

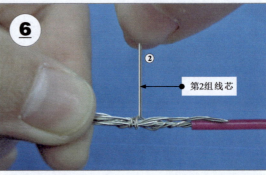
同样,将第2、3组线芯依次扳起,按顺时针方向紧压交叉捏平的线芯缠绕两圈。

将多余的线芯从根部切断,钳平线端。

使用同样的方法连接另一端线芯,即可完成两根多股导线缠绕式对接。

图4-13 两根多股导线缠绕式对接

4. 两根多股导线缠绕式 T 形连接

当一根支路多股导线与一根主路多股导线连接时,通常采用缠绕式 T 形连接,如图 4-14 所示。

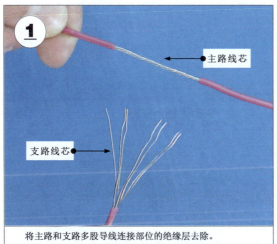
将主路和支路多股导线连接部位的绝缘层去除。

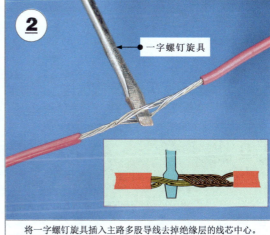
将一字螺钉旋具插入主路多股导线去掉绝缘层的线芯中心。

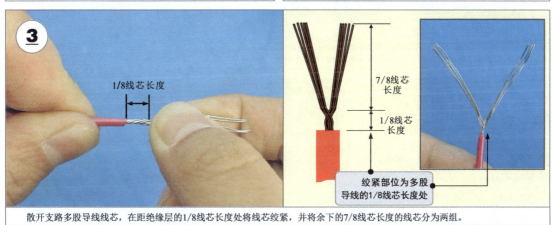
散开支路多股导线线芯,在距绝缘层的1/8线芯长度处将线芯绞紧,并将余下的7/8线芯长度的线芯分为两组。

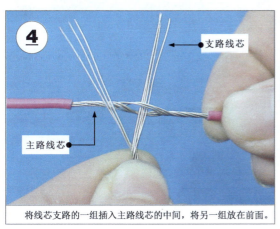
将线芯支路的一组插入主路线芯的中间,将另一组放在前面。

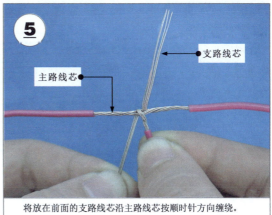
将放在前面的支路线芯沿主路线芯按顺时针方向缠绕。

图 4-14 两根多股导线缠绕式 T 形连接

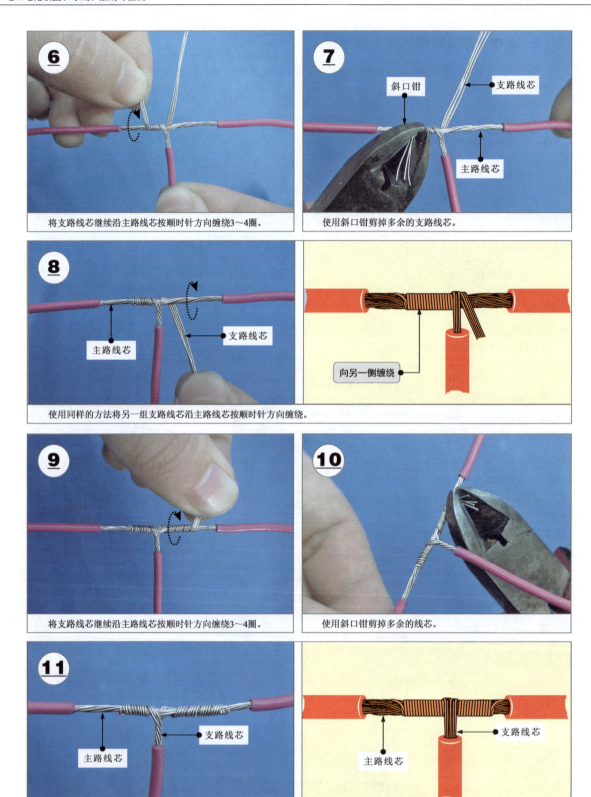

图 4-14 两根多股导线缠绕式 T 形连接（续）

4.2.2 线缆的绞接连接

当两根横截面积较小的单股导线连接时，通常采用绞接连接，如图 4-15 所示。

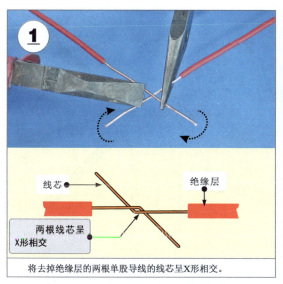
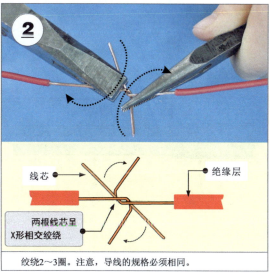
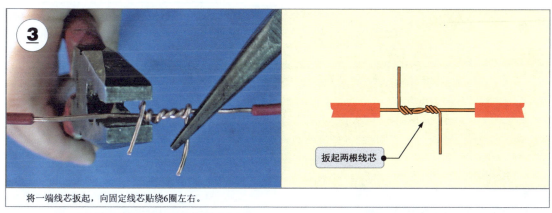
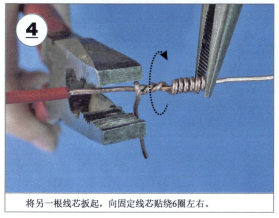
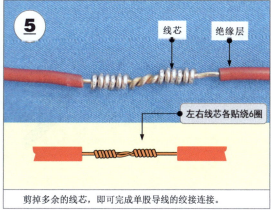

图 4-15 单股导线的绞接连接

4.2.3 线缆的扭绞连接

扭绞连接是将待连接的导线线芯平行同向放置后，将线芯同时互相缠绕，如图4-16所示。

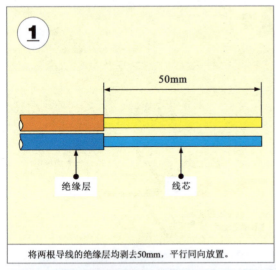
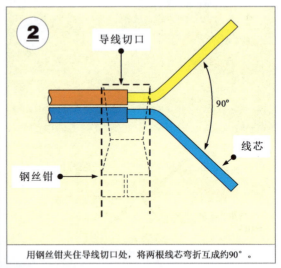
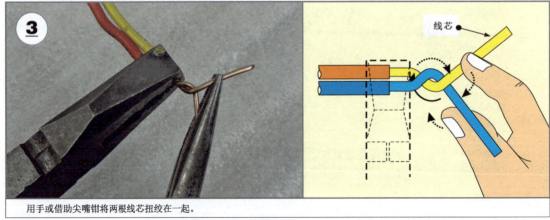
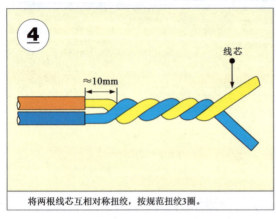
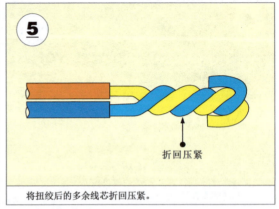

图4-16 线缆的扭绞连接

4.2.4 线缆的绕接连接

绕接也称并头连接,一般适用于三根导线的连接,将第三根导线的线芯绕接在另外两根导线的线芯上,如图4-17所示。

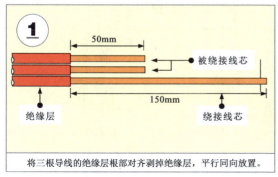
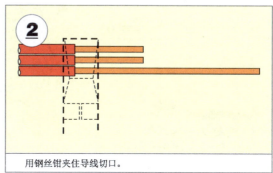
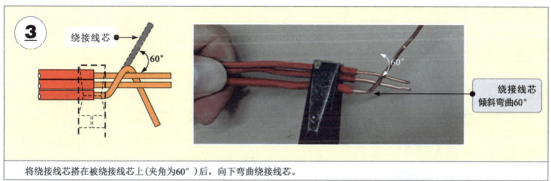
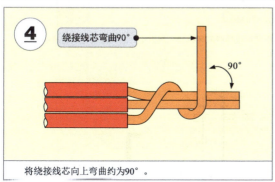
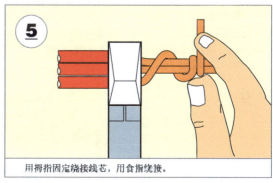
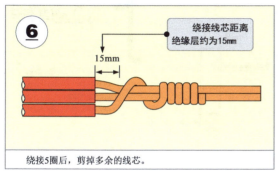
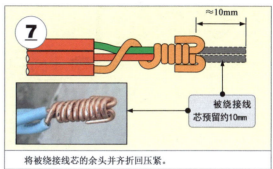

图 4-17 线缆的绕接连接

4.2.5 线缆的线夹连接

在电工操作中，常用线夹连接硬导线，操作简单，牢固可靠，如图 4-18 所示。

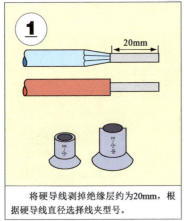

将硬导线剥掉绝缘层约为20mm，根据硬导线直径选择线夹型号。

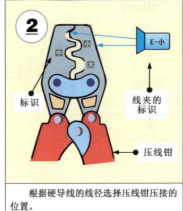

根据硬导线的线径选择压线钳压接的位置。

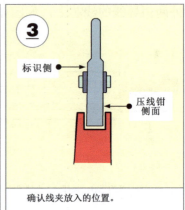

确认线夹放入的位置。

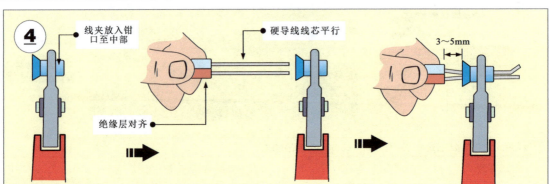

将线夹放入压线钳中，先轻轻夹持确认具体操作位置，然后将硬导线的线芯平行插入线夹中，线夹与硬导线绝缘层的间距为3~5mm，用力夹紧，使线夹牢固压接在硬导线的线芯上。

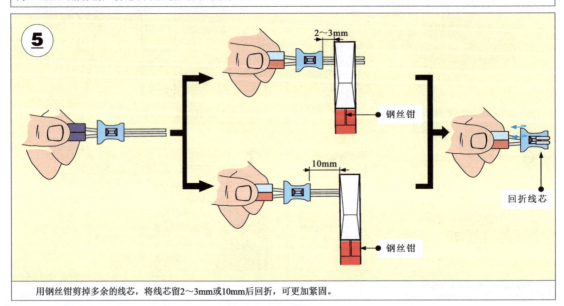

用钢丝钳剪掉多余的线芯，将线芯留2~3mm或10mm后回折，可更加紧固。

图 4-18 线缆的线夹连接

4.3 线缆连接头的加工

在线缆的连接中,加工处理线缆连接头是电工操作中十分重要的一项技能。线缆连接头的加工根据线缆类型可分为塑料硬导线连接头的加工和塑料软导线连接头的加工。

4.3.1 塑料硬导线连接头的加工

塑料硬导线一般可以直接连接,当需要平接时,就需要使用连接头,即将塑料硬导线的线芯加工为大小合适的连接环,如图4-19所示。

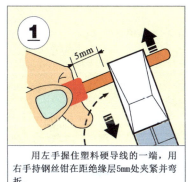
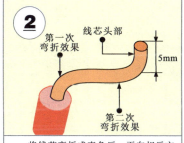
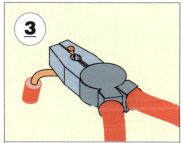
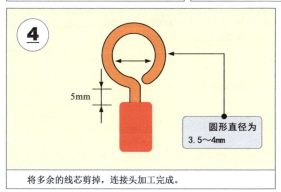

图4-19 塑料硬导线连接头的加工

资料与提示

在加工塑料硬导线的连接头时应当注意,若尺寸不规范或弯折不规范,都会影响接线质量。在实际操作过程中,若出现不合规范的连接头,则需要剪掉,重新加工,如图4-20所示。

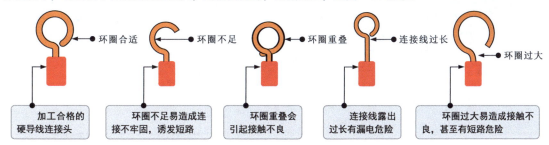

图4-20 塑料硬导线合格与不合格的连接头

4.3.2 塑料软导线连接头的加工

塑料软导线连接头的加工有绞绕式连接头的加工、缠绕式连接头的加工及环形连接头的加工。

1. 绞绕式连接头的加工

绞绕式连接头的加工是用一只手握住线缆的绝缘层处，用另一只手向一个方向捻线芯，使线芯紧固整齐，如图 4-21 所示。

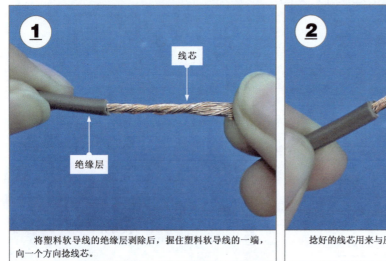
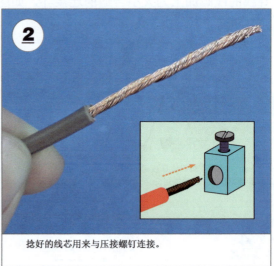

图 4-21 绞绕式连接头的加工

2. 缠绕式连接头的加工

将塑料软导线的线芯插入连接孔时，由于线芯过细，无法插入，所以需要在绞绕的基础上，将其中一根线芯沿一个方向由绝缘层处开始缠绕，如图 4-22 所示。

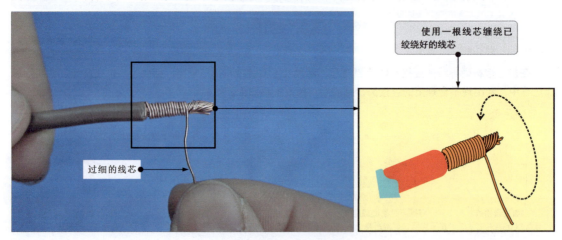

图 4-22 缠绕式连接头的加工

3. 环形连接头的加工

若要将塑料软导线的线芯加工为环形,则首先将离绝缘层根部 1/2 处的线芯绞绕,然后弯折,并将弯折的线芯与塑料软导线并紧,再将弯折线芯的 1/3 拉起,环绕其余的线芯和塑料软导线,如图 4-23 所示。

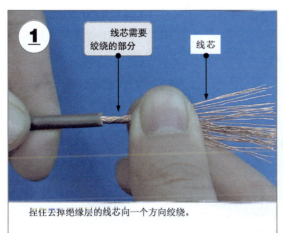

捏住去掉绝缘层的线芯向一个方向绞绕。

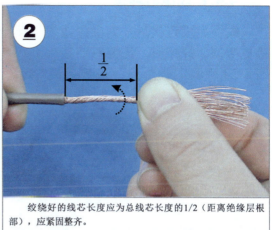

绞绕好的线芯长度应为总线芯长度的1/2(距离绝缘层根部),应紧固整齐。

将绞绕好的线芯弯折为环形。

将1/3长度的线芯弯曲成圆形。

将并紧线芯的1/3拉起。

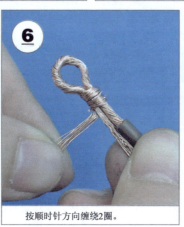

按顺时针方向缠绕2圈。

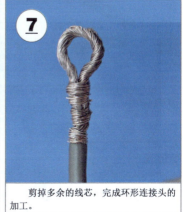

剪掉多余的线芯,完成环形连接头的加工。

图 4-23 环形连接头的加工

4.4 线缆的焊接与绝缘层的恢复

线缆的焊接主要是将两段及其以上的线缆连接在一起。绝缘层的恢复主要是将焊接部分进行绝缘处理,避免因外露造成漏电故障。

4.4.1 线缆的焊接

线缆完成连接后,为确保线缆连接牢固,需要对连接端进行焊接处理,使其连接更牢固。焊接时,需要对连接处上锡,再用加热的电烙铁将线芯焊接在一起,如图4-24所示。

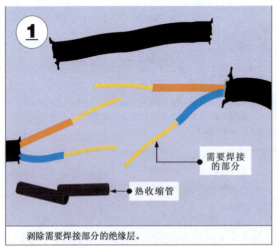
剥除需要焊接部分的绝缘层。

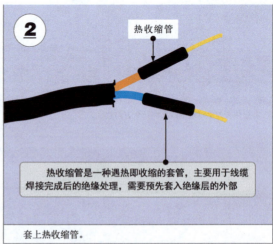
套上热收缩管。

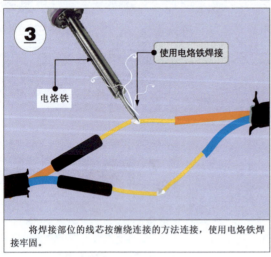
将焊接部位的线芯按缠绕连接的方法连接,使用电烙铁焊接牢固。

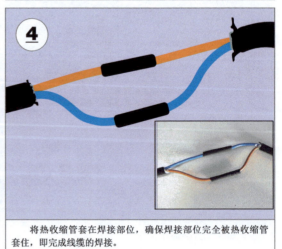
将热收缩管套在焊接部位,确保焊接部位完全被热收缩管套住,即完成线缆的焊接。

图 4-24 线缆的焊接

> **资料与提示**
>
> 线缆的焊接除了使用绕焊外,还有钩焊、搭焊。其中,钩焊是将线缆弯成钩形勾在接线端子上,用钢丝钳夹紧后再焊接,强度低于绕焊,操作简便;搭焊是用焊锡将线缆搭到接线端子上直接焊接,仅用在临时连接或不便于缠、勾的地方及某些接插件上,最方便,但强度和可靠性最差。

4.4.2 线缆绝缘层的恢复

线缆连接或绝缘层遭到破坏后，都必须恢复绝缘性能才可以正常使用，并且恢复后，绝缘强度应不低于原有绝缘层。常用绝缘层的恢复方法有两种：一种是使用热收缩管；另一种是使用绝缘材料包缠法。

1. 使用热收缩管恢复线缆的绝缘层

使用热收缩管恢复线缆的绝缘层是一种简便、高效的操作方法，如图4-25所示。

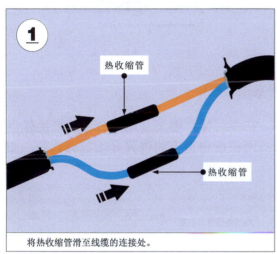
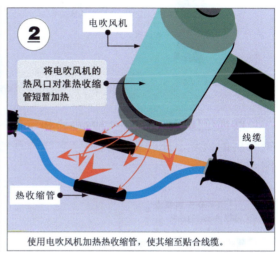

图4-25 使用热收缩管恢复线缆的绝缘层

2. 使用包缠法恢复线缆的绝缘层

包缠法是使用绝缘材料（黄蜡带、涤纶薄膜带、胶带）缠绕线缆线芯，使线缆恢复绝缘功能，如图4-26所示。

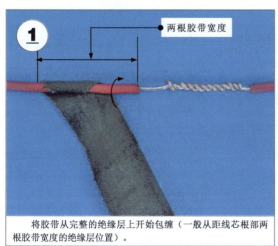

图4-26 使用包缠法恢复线缆的绝缘层

> 资料与提示

在一般情况下,在恢复220V线路线缆的绝缘性能时,应先包缠一层黄蜡带或涤纶薄膜带,再包缠一层胶带;在恢复380V线路线缆的绝缘性能时,先包缠两三层黄蜡带或涤纶薄膜带,再包缠两层胶带,如图4-27所示。

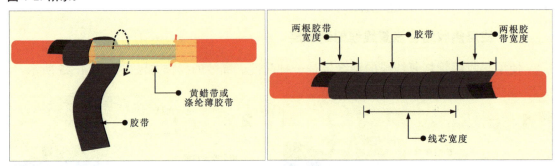

图 4-27 220V 和 380V 线路绝缘层的恢复

线缆绝缘层的恢复是较为普通和常见的,在实际操作中还会遇到分支线缆连接点绝缘层的恢复,此时需要从距分支线缆连接点两根胶带宽度的位置开始包缠胶带,如图4-28所示。

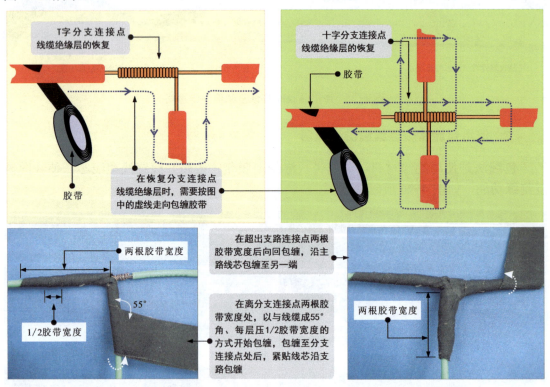

图 4-28 分支线缆连接点绝缘层的恢复

> 资料与提示

在包缠胶带时,间距应为1/2胶带宽度,当胶带包缠至分支连接点时,应紧贴线芯沿支路包缠,当超出连接点两根胶带宽度后向回包缠,沿主路线芯包缠至另一端。

4.5 线缆的敷设

4.5.1 线缆的明敷

线缆的明敷是将穿好线缆的线槽按照敷设标准安装在室内墙体表面,如沿着墙壁、天花板、桁架、柱子等。这种敷设操作一般是在土建抹灰后或房子装修完成后,需要增设线缆或更改线缆或维修线缆(替换暗敷线缆)时采用的一种敷设方式。

在明敷前,需要先了解明敷的基本操作规范和要求。由于室内线缆的明敷操作是在土建抹灰以后进行的,因此为了整齐、美观,应尽量沿房屋的踢脚、横梁、墙角等敷设。

线缆的明敷操作相对简单,对线缆的走向、线槽的间距、高度和线槽固定点的间距都有一定的要求,如图4-29所示。

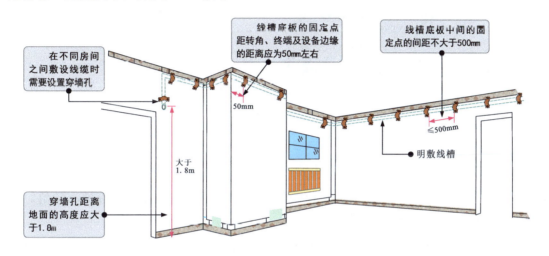

图4-29　线缆明敷的操作规范

明敷操作包括定位画线、选择线槽和附件、加工塑料线槽、钻孔安装固定塑料线槽、敷设线缆、安装附件等环节。

1. 定位画线

定位画线是根据室内线缆布线图或根据增设线缆的实际需求规划好布线的位置,并借助尺子画出线缆走线的路径及开关、灯具、插座的固定点,固定点用×标识,如图4-30所示。

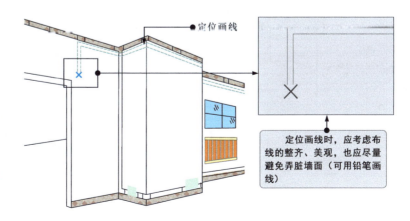

图4-30　定位画线示意图

2. 选择线槽和附件

当室内线缆采用明敷时，应借助线槽和附件实现走线，起固定、防护的作用，保证整体布线美观。目前，家装明敷采用的线槽多为PVC塑料线槽。选配时，应根据规划线缆的路径选择相应长度、宽度的线槽，并选配相关的附件，如角弯、分支三通、阳转角、阴转角和终端头等。附件的类型和数量应根据实际敷设时的需求选用，如图4-31所示。

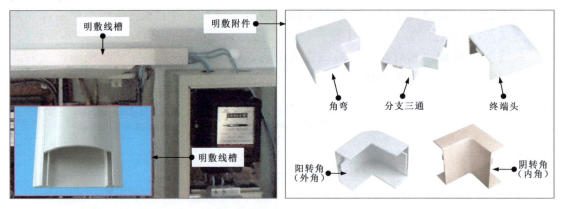

图4-31 明敷线槽和附件

3. 加工塑料线槽

塑料线槽选择好后，需要根据定位画线的位置进行裁切，并对连接处、转角、分路等位置进行加工，如图4-32所示。

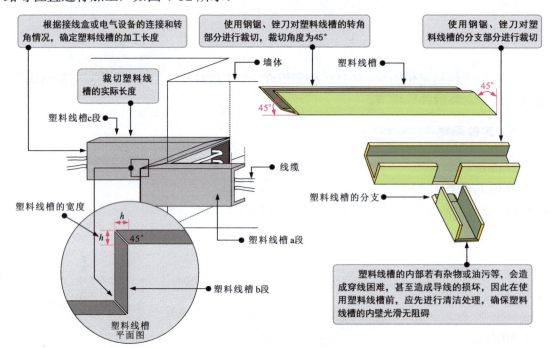

图4-32 塑料线槽的加工处理

※ 4. 钻孔安装固定塑料线槽

塑料线槽加工完成后，将其放到画线的位置，借助电钻在固定位置钻孔，并在钻孔处安装固定螺钉实现固定，如图 4-33 所示。

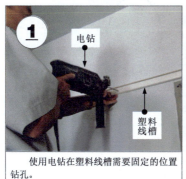

图 4-33 塑料线槽的安装固定

根据规划路径，沿定位画线将塑料线槽逐段固定在墙壁上，如图 4-34 所示。

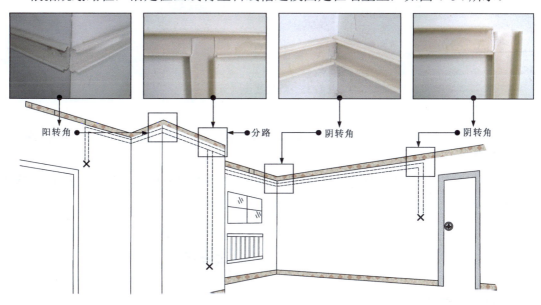

图 4-34 固定塑料线槽

※ 5. 敷设线缆

塑料线槽固定完成后，将线缆沿塑料线槽内壁逐段敷设，在敷设完成的位置扣好盖板，如图 4-35 所示。

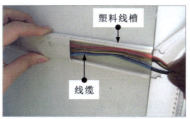
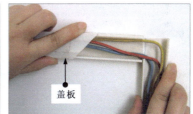

图 4-35 敷设线缆

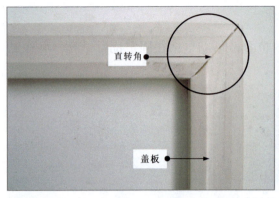
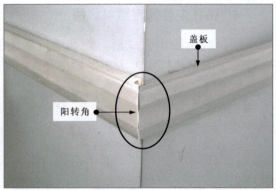
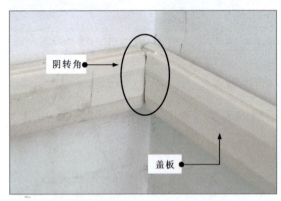
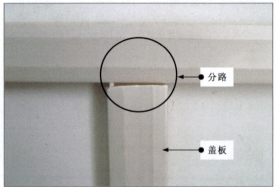

图 4-35 敷设线缆（续）

资料与提示

在明敷时，线缆在塑料线槽内部不能出现接头，如果线缆的长度不够，则应拉出线缆，使用足够长的线缆重新敷设。

线缆敷设完成，扣好盖板后，安装线槽转角和分支部分的配套附件，确保安装牢固可靠，如图 4-36 所示。

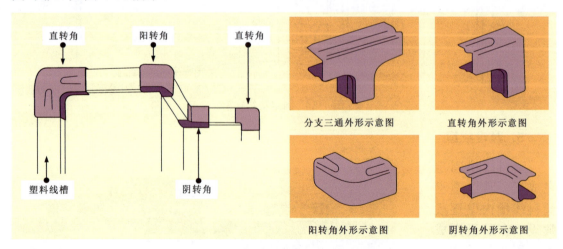

图 4-36 线缆明敷中配套附件的安装

至此，线缆的明敷操作完成。

4.5.2 线缆的暗敷

室内线缆的暗敷是将室内线缆埋设在墙内、顶棚内或地板下的敷设方式，也是目前普遍采用的一种敷设方式。线缆暗敷通常在土建抹灰之前操作。

在暗敷前，需要先了解暗敷的基本操作规范和要求，如暗敷线槽的距离要求，强、弱电线槽的距离要求，各种插座的安装高度要求等，如图4-37所示。

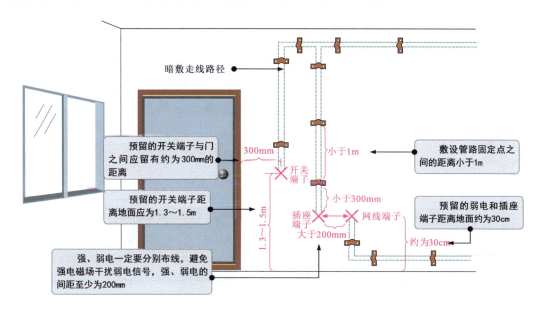

图4-37 暗敷操作规范

线缆暗敷的距离要求如图4-38所示。

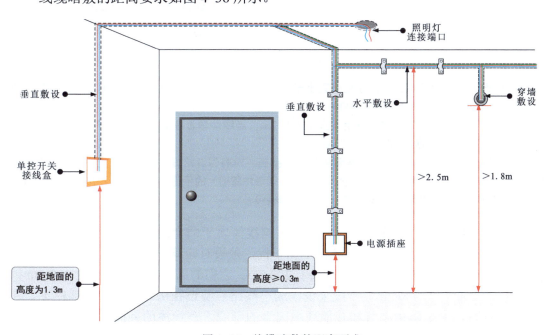

图4-38 线缆暗敷的距离要求

穿越楼板时的暗敷要求如图 4-39 所示。

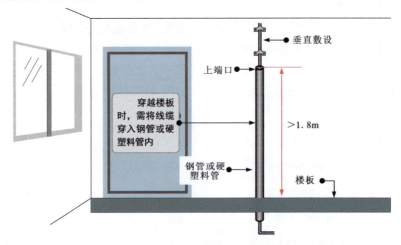

图 4-39 穿越楼板时的暗敷要求

线缆与热水管、蒸汽管在同侧敷设时的距离要求如图 4-40 所示。

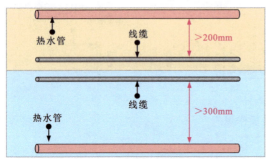
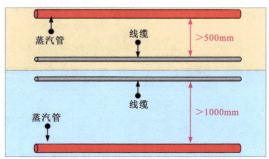

(a) 线缆同侧敷设在热水管的下面或上面时的距离要求　　(b) 线缆同侧敷设在蒸汽管的下面或上面时的距离要求

图 4-40 线缆与热水管在同侧敷设时的距离要求

资料与提示

当线缆敷设在热水管下面时，净距不宜小于 200mm；当线缆敷设在热水管上面时，净距不宜小于 300mm；当交叉敷设时，净距不宜小于 100mm。

当线缆敷设在蒸汽管下面时，净距不宜小于 500mm；当线缆敷设在蒸汽管上面时，净距不宜小于 1000mm；当交叉敷设时，净距不宜小于 300mm。

当不能符合上述要求时，应对热水管采取隔热措施。对有保温措施的热水管，上下净距均可缩短 200mm。线缆与其他管道（不包括可燃气体及易燃、可燃液体管道）的平行净距不应小于 100mm，交叉净距不应小于 50mm（《民用建筑电气设计规范 JGJ_16-2008》）。

电话线、网络线、有线电视信号线和音响线等属于弱电线路，信号电压低，如与电源线并行布线，易受 220V 电源线的电压干扰，敷设时应避开电源线。

电源线与弱电线路之间的距离应大于 200mm。它们的插座之间也应相距 200mm 以上。插座距地面约为 300mm。一般来说，弱电线路应敷设在房顶、墙壁或地板下。在地板下敷设时，为了防止湿气和其他环境因素的影响，在线缆的外面要加上牢固的无接头套管。如有接头，则必须进行密封处理。

弱电线路暗敷时的距离要求如图4-41所示。

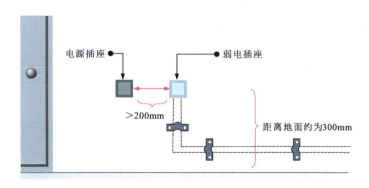

图4-41 弱电线路暗敷时的距离要求

在暗敷时，开凿线槽是一个关键环节。按照规范要求，线槽的深度应能够容纳线管或线盒，一般为将线管埋入线槽后，抹灰层的厚度为15mm，如图4-42所示。

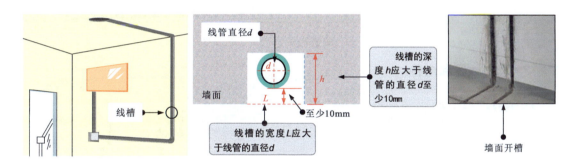

图4-42 线槽的尺寸要求

资料与提示

暗敷的其他规范要求：

◆当三根及其以上绝缘导线穿于同一根管时，总横截面积（包括外护层）不应超过管内横截面积的40%；当两根绝缘导线穿于同一根管时，管内径不应小于两根绝缘导线外径和的1.35倍（立管可取1.25倍）。

◆穿管时，应将同一回路的所有相线和中性线（如果有中性线时）的绝缘导线穿于同一根管内。除特殊情况（电压为50V及其以下的回路，同一设备或同一联动系统设备的电力回路，无干扰防护要求的控制回路，同一照明灯的几个回路）外，不同回路的绝缘导线不应穿于同一根管内。

◆敷设绝缘导线时，不可将绝缘导线直接埋入线槽内，不利于以后绝缘导线的更换，且不安全。

◆敷设绝缘导线一般选用PVC硬塑料管，线槽两侧应做45°水泥护坡，防止压扁PVC硬塑料管，造成隐患。

◆在敷设时，应沿最近的路径敷设，并保证横平竖直，在弯曲处不应有折扁、凹陷和裂缝的现象，避免穿线时损坏绝缘导线的绝缘层。

◆在弱电线路加上牢固的无接头套管时，应检查绝缘导线是否断路，保证安全敷设。

◆强、弱线缆不得穿于同一根管内。弱电线缆的预埋部位必须使用整线，接头部位应留检修孔。

◆同一路径无电磁兼容要求的绝缘导线可敷设于同一线槽内；当有电磁兼容要求的绝缘导线与其他绝缘导线敷设于同一线槽内时，应用隔板隔离或采用屏蔽电缆。

◆线路敷设完成后，必须用万能表或专用摇表进行导通试验，以保证畅通。

暗敷的实际操作包括定位画线、选择线管和附件、开槽、加工线管、线管和接线盒的安装固定、穿线等环节。

※ 1. 定位画线

定位画线是根据室内线路的布线图或施工图规划好布线的位置，确定线缆的敷设路径，并在墙壁或地面、屋顶上画出线缆的敷设路径及开关、灯具、插座的固定点，在固定中心画出 × 标识，如图 4-43 所示。

图 4-43　暗敷操作定位画线效果图

※ 2. 选择线管和附件

暗敷时，应借助线管及附件实现走线，起固定、防护作用。目前，家装暗敷采用的线管多为阻燃 PVC 线管。选配时，应根据施工图要求，确定线管的长度、所需配套附件的类型和数量等，如图 4-44 所示。

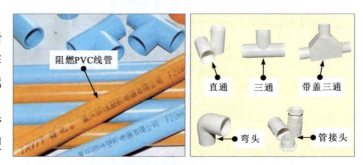

图 4-44　暗敷采用的线管及附件

资料与提示

线管应根据管径、质量、长度、使用环境等参数进行选择，应符合室内暗敷要求。不同规格导线与线管可穿入根数的关系见表 4-1。

表 4-1　不同规格导线与线管可穿入根数的关系

导线横截面积 (mm²)	镀锌钢管穿入导线根数（根）				电线管穿入导线根数（根）				硬塑料管穿入导线根数（根）			
	2	3	4	5	2	3	4	5	2	3	4	
	线管直径(mm)											
1.5	15	15	15	20	20	20	20	20	15	15	15	
2.5	15	15	20	20	20	20	25	20	15	15	20	
4	15	20	20	20	20	20	25	20	15	20	25	
6	20	20	20	25	20	25	25	25	20	20	25	
10	20	25	25	32	20	32	25	32	20	25	32	
16	25	25	32	32	32	32	40	32	25	32	32	
25	32	32	40	40	32	40	—	—	32	40	40	

3. 开槽

开槽是室内暗敷的重要环节，一般可借助切割机、锤子及冲击钻等在画好的敷设路径上进行操作，如图4-45所示。

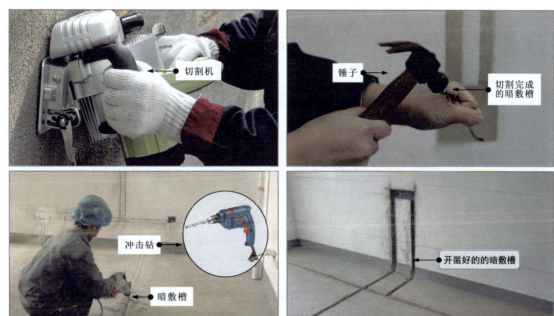

图 4-45 暗敷的开槽方法

4. 加工线管

开槽完成后，根据开槽的位置、长度等加工线管，线管的加工操作主要包括线管的清洁、裁切及弯曲等，如图4-46所示。

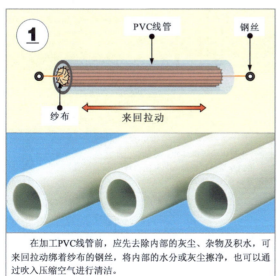

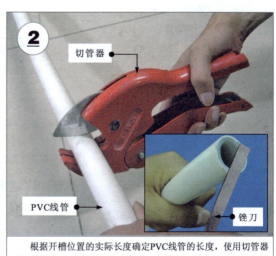

图 4-46 线管的加工

线管加工完成后，将线管和接线盒敷设在开凿好的暗敷槽中，并使用固定件固定。

资料与提示

线管和接线盒的敷设、固定和安装操作应遵循基本的操作规范，线管应规则排列，圆弧过渡应符合穿线要求，如图4-47所示。

图4-47 线管与接线盒的敷设效果

5. 穿线

穿线是暗敷最关键的步骤之一，必须在暗敷线管完成后进行。实施穿线操作可借助穿管弹簧、钢丝等，将线缆从线管的一端引至接线盒中，如图4-48所示。

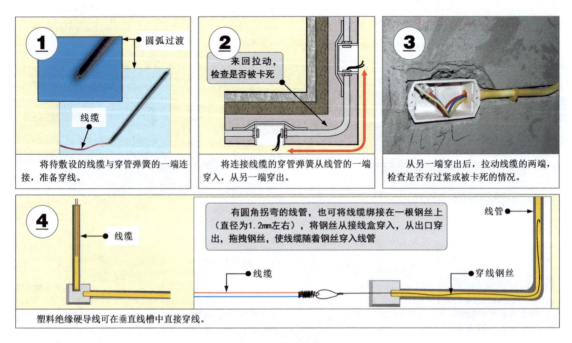

图4-48 暗敷时的穿线操作

穿线到线管的另一端后引入接线盒，此时要预留足够长度的线缆，应满足下一个阶段与插座、开关、灯具等部件的接线，如图4-49所示。

图4-49 穿线后，需要预留接线长度

资料与提示

PVC线管根据直径的不同可以分为六分和四分两种规格。其中，四分规格的PVC线管最多可穿3根横截面积为1.5mm²的导线；六分PVC线管最多可穿3根横截面积为2.5mm²的导线。

目前，照明线路多使用横截面积为2.5mm²的导线，因此在家装中应选用六分PVC线管，如图4-50所示。

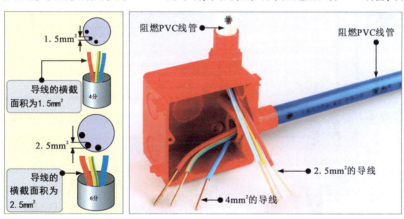

图4-50 PVC线管的规格

线管穿线完成后，暗敷基本完成，在验证线管布置无误、线缆可自由拉动后，将凿墙孔和开槽抹灰恢复，如图4-51所示。至此，室内线缆的暗敷完成。

图4-51 抹灰操作

第5章
电工电路常用电气部件的安装与接线

5.1 控制及保护器件的安装与接线

5.1.1 交流接触器的安装与接线

交流接触器也称电磁开关,一般安装在电动机、电热设备、电焊机等控制线路中,是电工行业中使用最广泛的控制器件之一。在安装前,首先要了解交流接触器的安装形式,然后进行具体的安装操作,如图 5-1 所示。

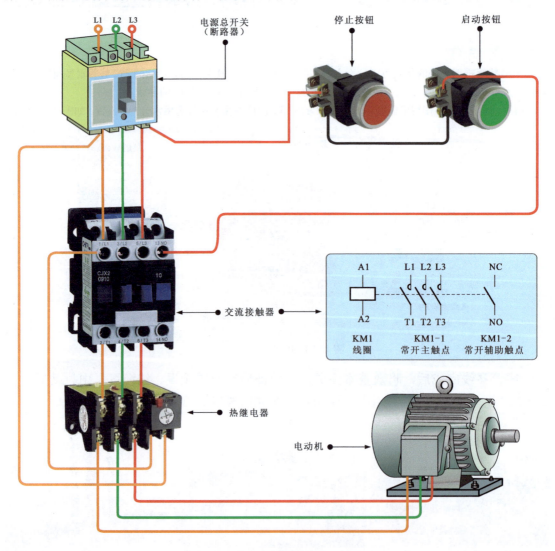

图 5-1 交流接触器的安装示意图

资料与提示

交流接触器的 A1 和 A2 为内部线圈引脚,用来连接供电端;L1 和 T1、L2 和 T2、L3 和 T3、NO 连接端分别为内部开关引脚,用来连接电动机或负载,如图 5-2 所示。

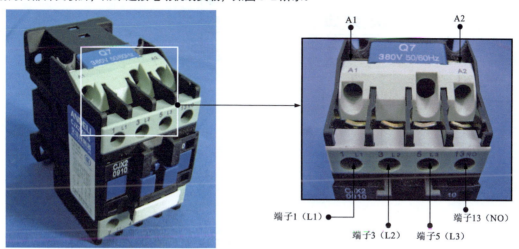

图 5-2 交流接触器的连接方式

在了解了交流接触器的安装方式后,便可以动手安装了,交流接触器的安装全过程如图 5-3 所示。

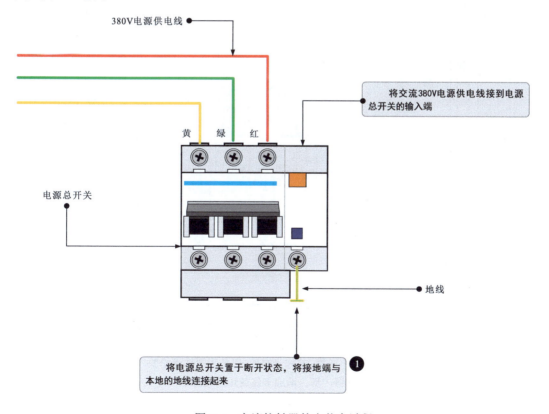

图 5-3 交流接触器的安装全过程

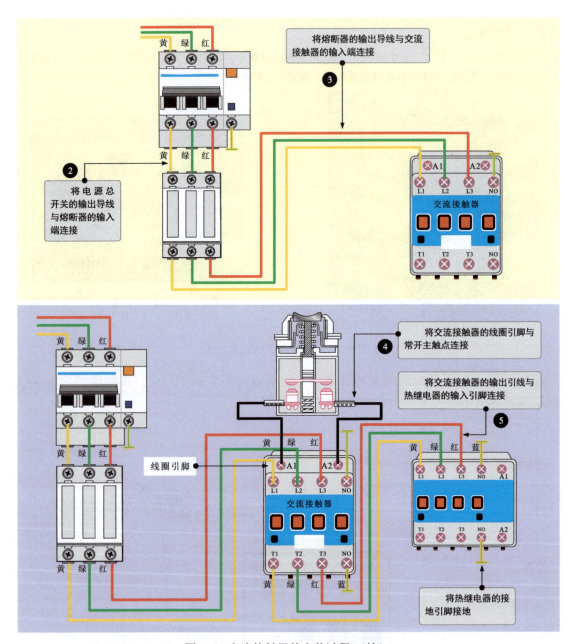

图 5-3 交流接触器的安装过程（续）

资料与提示

在安装交流接触器时应注意以下几点：

◇ 在确定安装位置时，应考虑以后检查和维修的方便性。

◇ 应垂直安装，底面与地面应保持平行。在安装 CJ0 系列的交流接触器时，应使有孔的两面处于上下方向，以利于散热，应留有适当的空间，以免烧坏相邻电气设备。

◇ 安装孔的螺栓应装有弹簧垫圈和平垫圈，并拧紧螺栓，以免因振动而松脱；在安装接线时，勿使螺栓、线圈、接线头等失落，以免落入交流接触器内部，造成卡住或短路故障。

◇ 安装完毕，检查接线正确无误后，应在主触点不带电的情况下，先将线圈通电并分合数次，检查动作是否可靠，只有在确认交流接触器处于良好状态后才可投入使用。

5.1.2 热继电器的安装与接线

热继电器是用来保护过热负载的保护器件。在安装热继电器之前,首先要了解热继电器的安装形式,然后进行具体的安装操作,如图5-4所示。

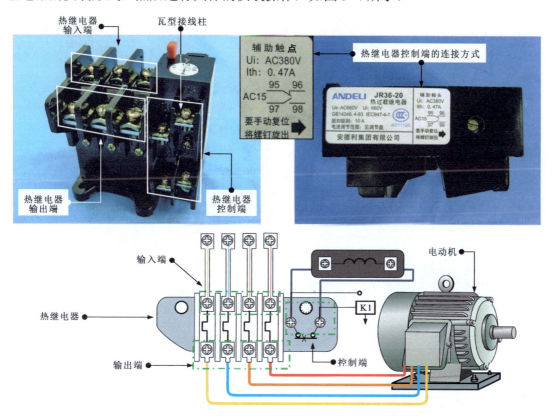

图 5-4 热继电器的安装连接示意图

在了解了热继电器的安装形式后,便可以动手安装热继电器了,热继电器安装的全过程如图5-5所示。

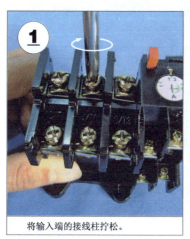
将输入端的接线柱拧松。

将输出端的接线柱拧松。

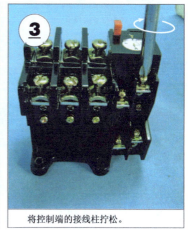
将控制端的接线柱拧松。

图 5-5 热继电器安装的全过程

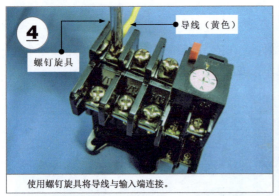
使用螺钉旋具将导线与输入端连接。

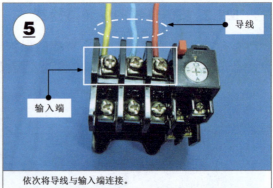
依次将导线与输入端连接。

使用螺钉旋具将导线与输出端连接。

依次将导线与输出端连接。

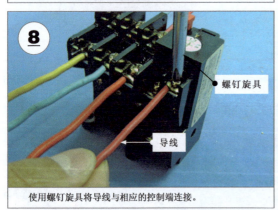
使用螺钉旋具将导线与相应的控制端连接。

依次将导线与控制端连接。

将热继电器安装在固定位置。

使用固定螺钉将热继电器固定。

图 5-5 热继电器安装的全过程（续）

5.1.3 熔断器的安装与接线

熔断器是电工线路或电气系统用于短路及过载保护的器件。在安装熔断器之前，首先要了解熔断器的安装形式，然后进行具体的安装操作，如图 5-6 所示。

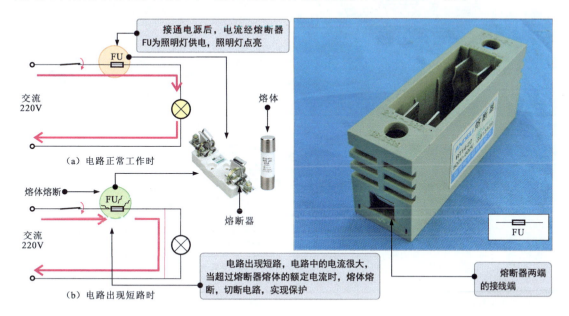

图 5-6 熔断器的安装示意图

在了解了熔断器的安装形式后，便可以动手安装熔断器了。下面以典型电工线路中常用的熔断器为例，演示一下熔断器在电工线路中安装和接线的全过程，如图 5-7 所示。

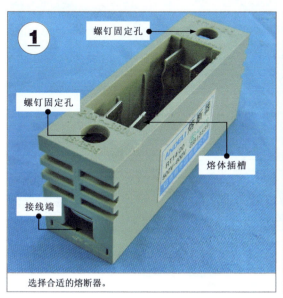

选择合适的熔断器。

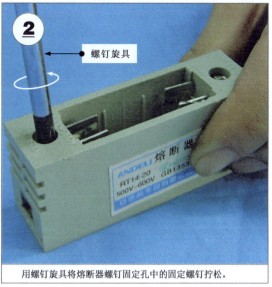

用螺钉旋具将熔断器螺钉固定孔中的固定螺钉拧松。

图 5-7 熔断器安装和接线的全过程

用剥线钳将导线的绝缘层剥除。

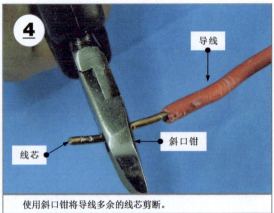

使用斜口钳将导线多余的线芯剪断。

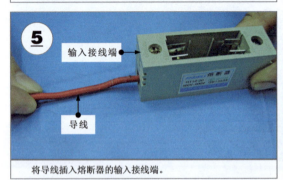

将导线插入熔断器的输入接线端。

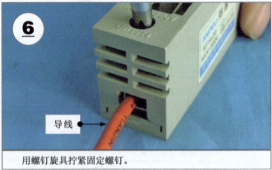

用螺钉旋具拧紧固定螺钉。

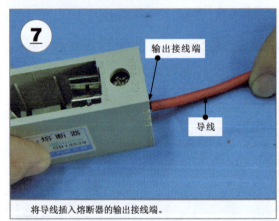

将导线插入熔断器的输出接线端。

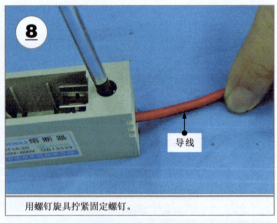

用螺钉旋具拧紧固定螺钉。

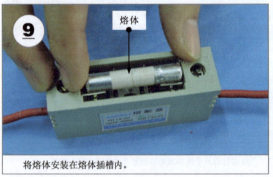

将熔体安装在熔体插槽内。

安装好的熔断器。

图 5-7 熔断器安装和接线的全过程（续）

5.2 电源插座的安装与接线

电源插座是为家用电器提供交流 220V 电压的连接部件。电源插座的种类多样，有三孔插座、五孔插座、带开关插座、组合插座、带防溅水护盖插座等，如图 5-8 所示。

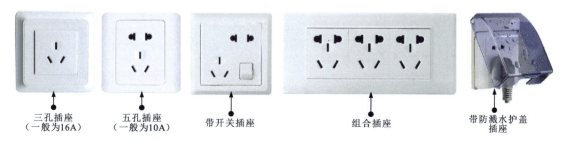

图 5-8　常见电源插座的实物外形

安装电源插座相关规范如图 5-9 所示。

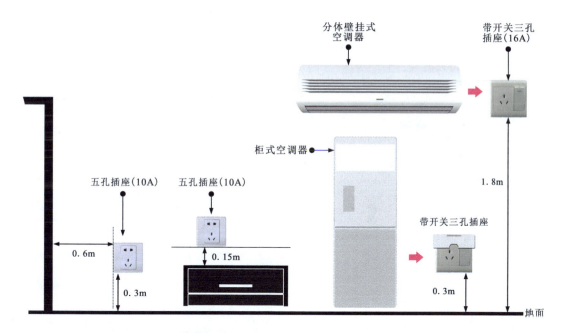

图 5-9　安装电源插座相关规范

5.2.1 三孔插座的安装与接线

三孔插座是指面板上设有相线插孔、零线插孔和接地插孔等三个插孔的电源插座。三孔插座属于大功率电源插座，规格多为 16A，主要用于连接空调器等大功率家用电器。

在安装前，首先要了解三孔插座的特点和接线关系，如图 5-10 所示。

三孔插座的安装方法如图 5-11 所示。

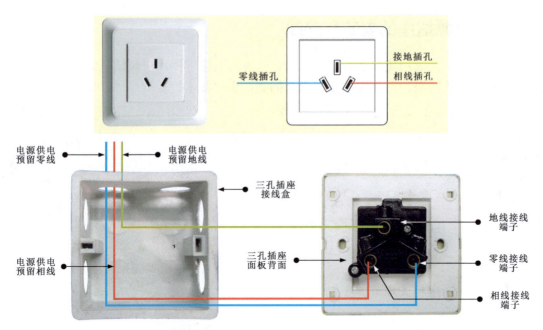

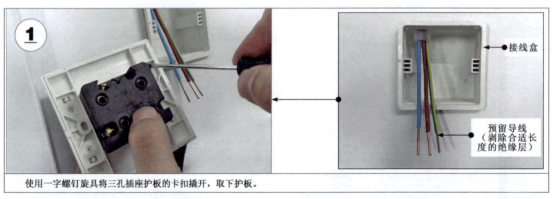

图 5-10 三孔插座的特点和接线关系

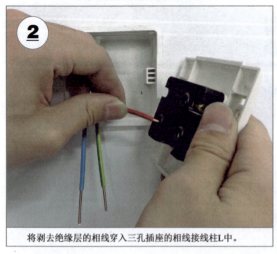

图 5-11 三孔插座的安装方法

第 5 章 电工电路常用电气部件的安装与接线

将剥去绝缘层的零线穿入三孔插座的零线接线柱N中。

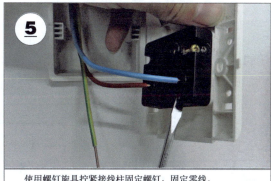

使用螺钉旋具拧紧接线柱固定螺钉，固定零线。

将剥去绝缘层的地线穿入三孔插座的地线接线柱E中。

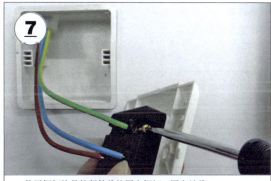

使用螺钉旋具拧紧接线柱固定螺钉，固定地线。

检查接线情况，确保准确且牢固。

将预留导线合理盘绕在接线盒中。

将三孔插座与接线盒用螺钉固定。

将护板安装到面板上，三孔插座安装完毕。

图 5-11　三孔插座的安装方法（续）

5.2.2 五孔插座的安装与接线

五孔插座是两孔插座和三孔插座的组合：上面是两孔插座，为采用两孔插头电源线的电气设备供电；下面为三孔插座，为采用三孔插头电源线的电气设备供电。

图5-12为五孔插座的特点和接线关系。

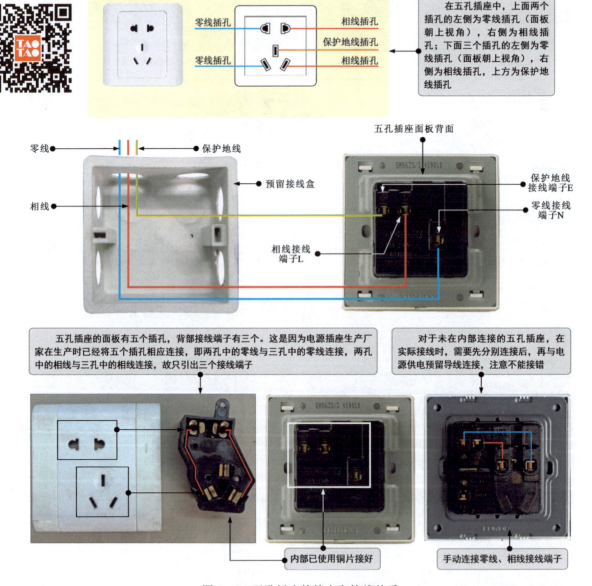

图 5-12 五孔插座的特点和接线关系

在安装前，首先区分待安装五孔插座接线端子的类型，在确保供电线路断电的状态下，将预留接线盒中的相线、零线、保护地线连接到五孔插座相应的接线端子（L、N、E）上，并用螺钉旋具拧紧固定螺钉。

图5-13为五孔插座的安装方法。

第5章 电工电路常用电气部件的安装与接线

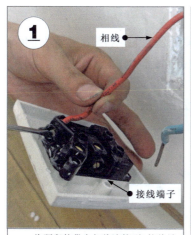
将预留的供电相线连接到L接线端子上。

将预留的电源供电零线连接到N接线端子上。

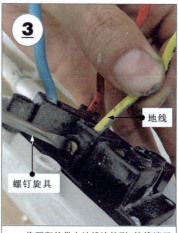
将预留的供电地线连接到E接线端子上。

使用螺钉旋具分别紧固三个接线端子的固定螺钉。

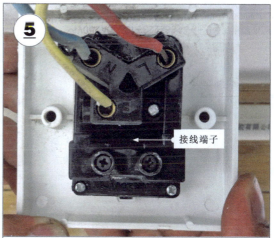
检查电缆与接线端子之间的连接是否牢固,若有松动,必须重新连接。

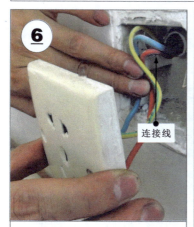
将接线盒内多余的连接线盘绕在接线盒内。

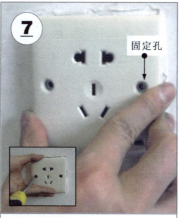
借助螺钉旋具将固定螺钉拧入五孔插座的固定孔内,使面板与接线盒固定牢固。

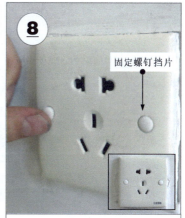
安装好插座固定螺钉挡片,完成安装。

图 5-13 五孔插座的安装方法

5.2.3 带开关插座的安装与接线

带开关插座是指在面板上设有开关的电源插座。带开关插座多应用在厨房、卫生间，应用时，可通过开关控制电源的通、断，不需要频繁拔插电气设备的电源插头，控制方便，操作安全。

安装前，首先要了解带开关插座的特点和接线关系，如图 5-14 所示。

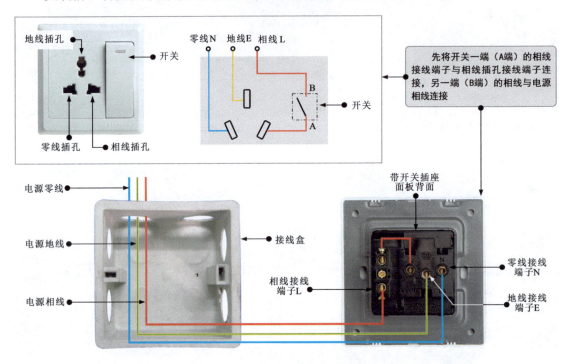

图 5-14 带开关插座的特点和接线关系

带开关插座的安装方法如图 5-15 所示。

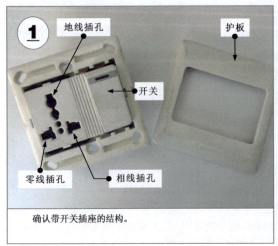
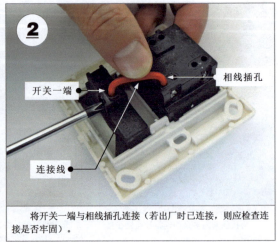

图 5-15 带开关插座的安装方法

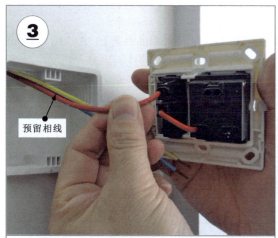
将剥去绝缘层的预留相线穿入开关另一端的接线端子中，用螺钉旋具紧固。

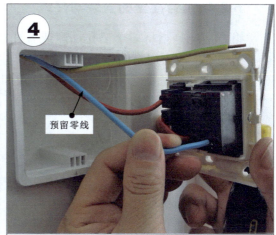
将剥去绝缘层的预留零线穿入零线接线端子N中，用螺钉旋具紧固。

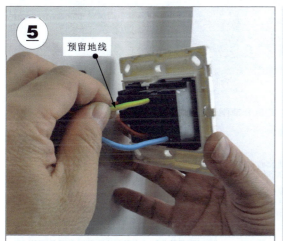
将剥去绝缘层的预留地线穿入地线接线端子E中，用螺钉旋具紧固。

检查接线无松动、无松脱。

将预留导线合理盘绕在接线盒内。

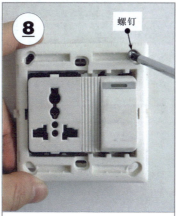
用螺钉将面板与接线盒固定。

安装护板后，完成带开关插座的安装。

图 5-15　带开关插座的安装方法（续）

5.2.4 组合插座的安装与接线

组合插座是指将多个三孔插座或五孔插座组合在一起构成的电源插座，也称插座排，结构紧凑，占用空间小。组合插座多用在电气设备比较集中的场合。

安装前，首先要了解组合插座的特点和接线关系，如图5-16所示。

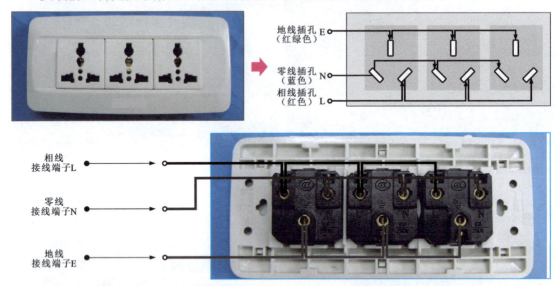

(a) 三孔组合插座

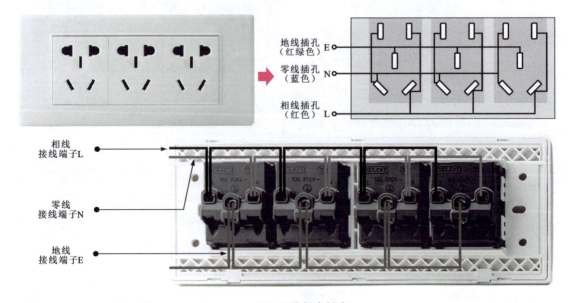

(b) 五孔组合插座

图5-16 组合插座的特点和接线关系

1. 组合插座内部接线

以三孔组合插座为例，在安装前，应先将内部插孔串联，即用连接短线将各个插孔连接起来。连接短线的制作方法如图5-17所示。

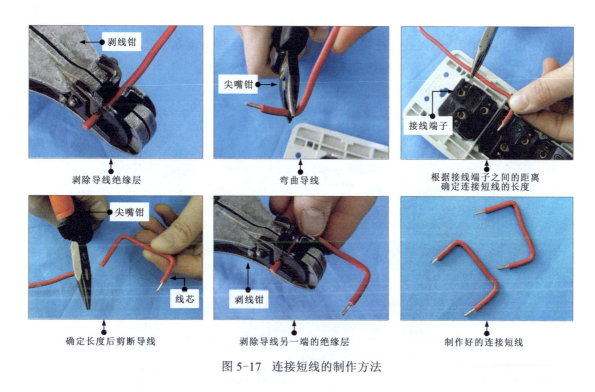

图 5-17 连接短线的制作方法

三孔组合插座内部接线如图 5-18 所示。

图 5-18 三孔组合插座内部接线

2. 组合插座的安装

三孔组合插座内部接线完成后，即可按照三孔插座的安装方法进行安装，如图 5-19 所示。

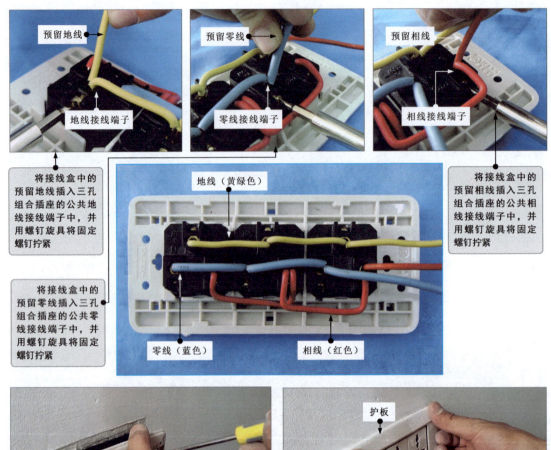

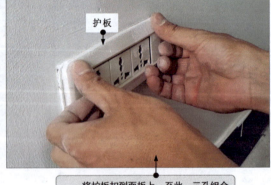

图 5-19 三孔组合插座的安装

5.3 接地装置的连接

电气设备接地是为保证电气设备正常工作及人身安全而采取的一种安全措施。接地是将电气设备的外壳或金属底盘与接地装置进行电气连接，利用大地作为电流回路，以便将电气设备上可能产生的漏电、静电荷和雷电电流引入地下，防止人体触电，保护设备安全。接地装置是由接地体和接地线组成的。其中，直接与土壤接触的金属导体被称为接地体；与接地体连接的金属导线被称为接地线。

图 5-20 为电气设备接地的保护原理。

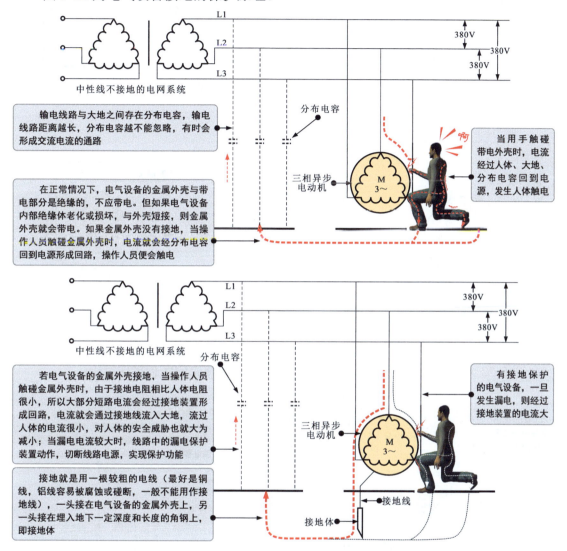

图 5-20　电气设备接地的保护原理

5.3.1　接地形式

电气设备常见的接地形式主要有保护接地、工作接地、重复接地、防雷接地、防静电接地和屏蔽接地等。

1. 保护接地

保护接地是将电气设备不带电的金属外壳接地，以防止电气设备在绝缘损坏或意外情况下使金属外壳带电，确保人身安全。

图 5-21 为保护接地的几种形式。保护接地适用于不接地的电网系统。在该系统中，

由于绝缘损坏或其他原因可能出现危险电压的金属部分均应采用保护接地措施（另有规定除外）。

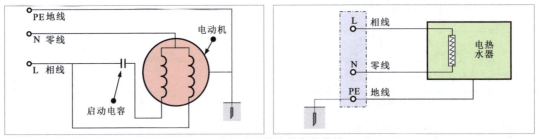

(a) 单相电源供电的保护接地

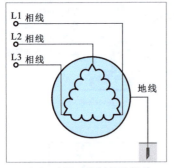

(b) 三相三线制保护接地

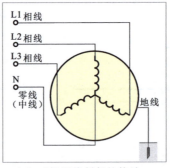

(c) 三相四线制保护接地

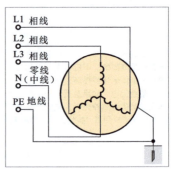

(d) 三相五线制保护接地

图 5-21　保护接地的几种形式

图 5-22 为低压配电设备金属外壳和家用电器金属外壳的保护接地措施。

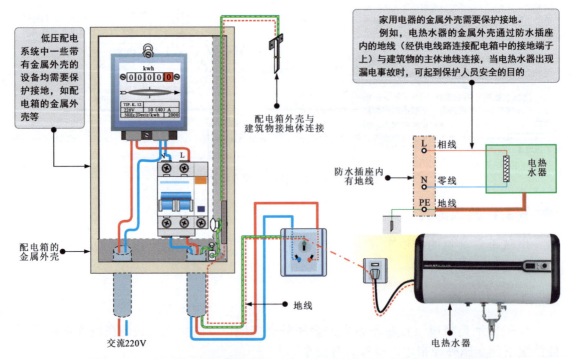

图 5-22　低压配电设备金属外壳和家用电器设备金属外壳的保护接地措施

图 5-23 为电动机金属底座和外壳的保护接地措施。

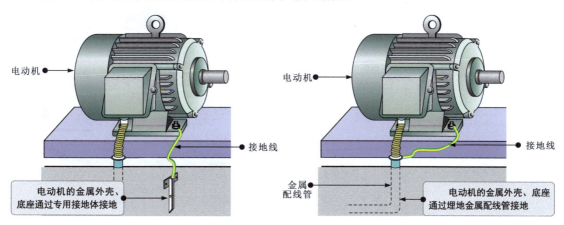

图 5-23　电动机金属底座和外壳的保护接地措施

接地可以使用专用的接地体,也可以使用自然接地线,如将底座、外壳与埋在地下的金属配线管连接。

便携式电气设备的保护接地一般不单独敷设,而是采用设备专门接地或接零线芯的橡皮护套线作为电源线,并将绝缘损坏后可能带电的金属构件通过电源线内的专门接地线芯实现保护接地。

在电工作业中,常见的便携式设备主要包括便携式电动工具,如电钻、电铰刀、电动锯管机、电动攻丝机、电动砂轮机、电刨、冲击电钻、电锤等。

图 5-24 为电钻等便携式电动工具的保护接地。

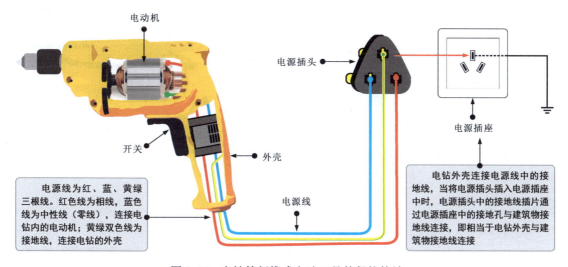

图 5-24　电钻等便携式电动工具的保护接地

便携式电动工具通过电源线内的专用接地线接地,电源线必须采用三芯(单相设备)或四芯(三相设备)多股铜芯橡皮护套软线缆,电源插座和电源插头应有专用的接地或接零插孔和插头。便携式单相设备使用三孔单相电源插头、电源插座;接线时,专用接地插孔应与专用的保护接地线相接,如图 5-25 所示。

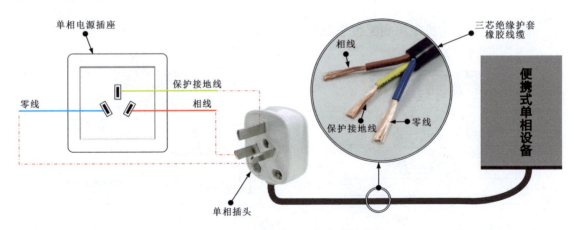

图 5-25　便携式单相设备的保护接地

便携式三相设备使用四孔三相电源插座。四孔三相电源插座有专用的保护接地触头，插头上的接地插片要长一些，在插入时可以保证插座和插头的接地触头在导电触头接触之前就先行连通，在拔出时可以保证导电触头脱离以后才会断开，如图5-26所示。

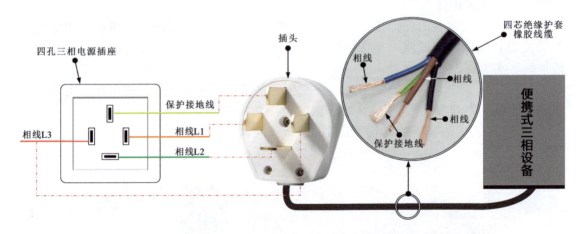

图 5-26　便携式三相设备的保护接地

便携式三相电气设备在工作条件允许的情况下，应利用设备金属外壳上的接地点和接地线进行接地保护。例如，将电焊机移到工作场地后，应将主机外壳接地，供电部分应装设保护装置，如图5-27所示。

> **资料与提示**
>
> 移动式电气设备的接地应符合固定式电气设备接地的规定。
>
> 移动式电气设备若由固定电源或移动式发电设备供电，则其金属外壳或底座应连接接地装置，在中性点不接地的电网中，可在移动式电气设备附近装设接地装置，以代替敷设接地线，并应首先利用附近的自然接地体。
>
> 当移动式电气设备与自用的发电设备在同一金属框架上，且不为其他电气设备供电时可不接地。
>
> 在不接地的电网中，以下部位也需要进行保护接地：
> ①手持式电动工具的金属外壳及其相连接的部分；
> ②室内、室外配电装置的金属架及钢筋混凝土的主筋和金属围栏；

③配电室的钢筋混凝土构架及配电柜、配电屏、控制屏的金属框架；
④穿线的钢管、金属接线盒、终端盒金属外壳、电缆金属护套等；
⑤电压和电流互感器的二次绕阻侧；
⑥装有避雷线的电力线杆塔、装在配电线路电杆上的开关设备及电容器的外壳。

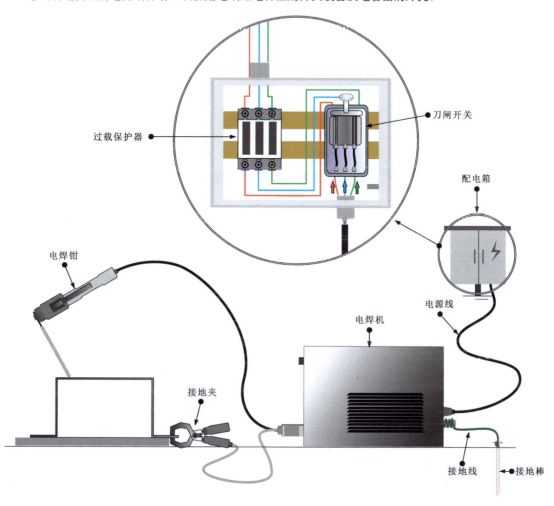

图 5-27 电焊机主机外壳的接地

※ **2. 工作接地**

工作接地是将电气设备的中性点接地，如图 5-28 所示。其主要作用是保持系统电位的稳定性。在实际应用中，电气设备的连接不能采用此种方式。

※ **3. 重复接地**

重复接地一般应用在保护接零供电系统中，为了降低保护接零线路在出现断线后的危险程度，一般要求保护接零线路采用重复接地形式。其主要作用是提高保护接零的可靠性，即将接地零线间隔一端距离后再次或多次接地。

图 5-29 为供电线路中保护零线的重复接地措施。

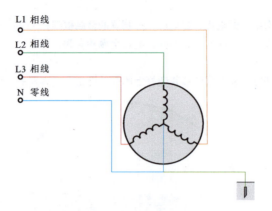

图 5-28　电气设备的工作接地

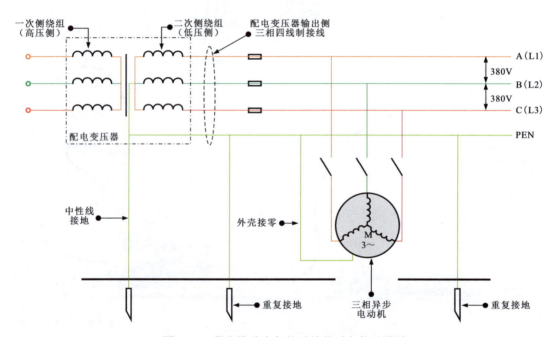

图 5-29　供电线路中保护零线的重复接地措施

在采用重复接地的接零保护线路中，当出现中性线断线时，由于断线后面的零线仍接地，因此当出现相线触碰金属外壳时，大部分电流将经零线和接地线流入大地，并触发保护装置动作，切断设备电源，流经人体的电流很小，可有效降低对接触人体的危害。图 5-30 为重复接地的功效。

> **资料与提示**
>
> 保护接零是在中性点接地系统中，将电气设备在正常运行时不带电的金属外壳及与金属外壳相连的金属构架和零线连接起来，可保护人身安全。
>
> 保护接零适用于电源中性点直接接地的配电系统中，如图 5-31 所示。
>
> 在保护接零系统中，当相线与零线形成单相短路时，在熔断器等保护装置未断开之前的很短一段时间内，如果有人触碰漏电电气设备的金属外壳时，由于线路电阻远远小于人体电阻，大量的短路电流将沿线路流动，流过人体的电流较小，因此能够实现人体的安全防护。

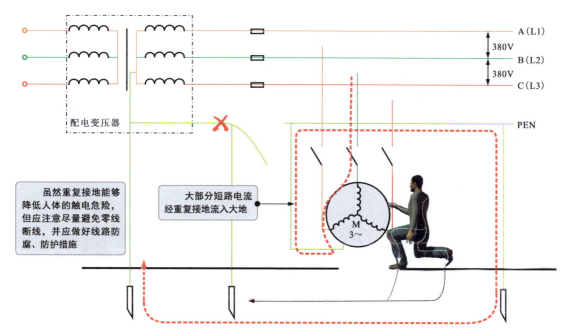

图 5-30　重复接地的功效

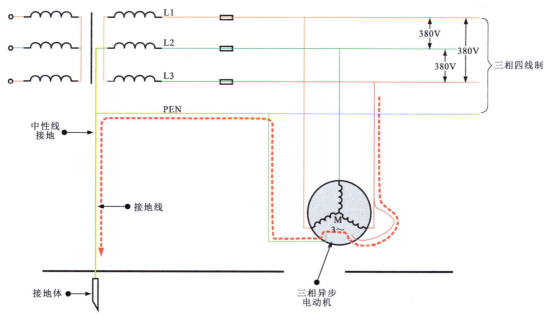

图 5-31　保护接零的特点与功效

✳ 4. 防雷接地

防雷接地主要是将避雷器的一端与被保护对象相连,另一端连接接地装置。当发生雷击时,避雷器可将雷电引向自身,并由接地装置导入大地,从而避免雷击事故的发生。

图 5-32 为防雷接地的形式。

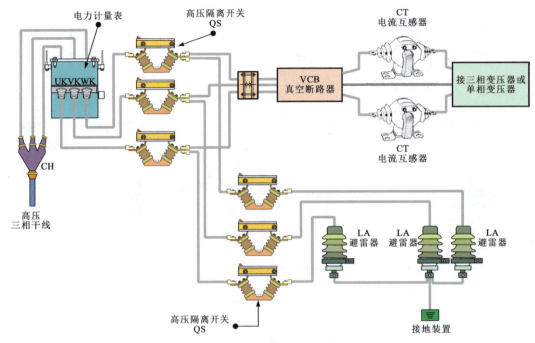

图 5-32 防雷接地的形式

❋ **5. 防静电接地**

防静电接地是将对静电防护有明确要求的供电设备、电气设备的金属外壳接地，并将金属外壳直接接触防静电地板，用于将金属外壳上聚集的静电电荷释放到大地，实现静电防范。

图 5-33 为防静电接地措施。

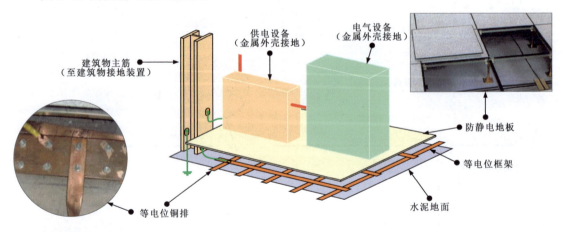

图 5-33 防静电接地措施

❋ **6. 屏蔽接地**

屏蔽接地是为防止电磁干扰而在屏蔽体与地或干扰源的金属外壳之间所采取的电气连接形式。屏蔽接地在广播电视、通信、雷达导航等领域应用十分广泛。

5.3.2 接地规范

不同应用环境下的电气设备,其接地装置所要求的接地电阻不同。电气设备的接地规范如图 5-34 所示。

接地电气设备的环境	电气设备的名称	接地电阻要求(Ω)
装有熔断器(25A以下)的电气设备	任何供电系统	$R\leqslant 10$
	高、低压电气设备	$R\leqslant 4$
	电流、电压互感器的二次绕组	$R\leqslant 10$
	电弧炉	$R\leqslant 4$
	工业电子设备	$R\leqslant 10$
处在高土壤电阻率大于500Ω·m的地区	1kV以下小电流接地系统的电气设备	$R\leqslant 20$
	发电厂和变电所的接地装置	$R\leqslant 10$
	大电流接地系统的发电厂和变电所的装置	$R\leqslant 5$
无避雷线的架空线	小电流接地系统中的水泥杆、金属杆	$R\leqslant 30$
	低压线路的水泥杆、金属杆	$R\leqslant 30$
	零线重复接地	$R\leqslant 10$
	低压进户线绝缘子角铁	$R\leqslant 30$
建筑物	30m建筑物(防直击雷)	$R\leqslant 10$
	30m建筑物(防感应雷)	$R\leqslant 5$
	45m建筑物(防直击雷)	$R\leqslant 5$
	60m建筑物(防直击雷)	$R\leqslant 10$
	烟囱接地	$R\leqslant 30$
防雷设备	保护变电所的户外独立避雷针	$R\leqslant 25$
	装设在变电所架空进线上的避雷针	$R\leqslant 25$
	装设在变电所与母线连接架空进线上的管形避雷器(与旋转电动机无联系)	$R\leqslant 10$
	装设在变电所与母线连接架空进线上的管形避雷器(与旋转电动机有联系)	$R\leqslant 5$

图 5-34 电气设备的接地规范

5.3.3 接地体的连接

直接与土壤接触的金属导体被称为接地体。接地体有自然接地体和人工接地体两种。在应用时,应尽量选择自然接地体连接,可以节约材料和费用,在不能利用自然接地体时,再选择施工专用接地体。

1. 自然接地体的安装

自然接地体包括直接与大地可靠接触的金属管道、与地连接的建筑物金属结构、钢筋混凝土建筑物的承重基础、带有金属外皮的电缆等,如图 5-35 所示。

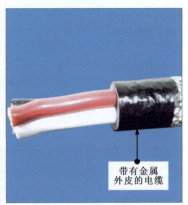

图 5-35 几种自然接地体

资料与提示

注意,包有黄麻、沥青等绝缘材料的金属管道及有可燃气体或液体的金属管道不可作为接地体。利用自然接地体时应注意以下几点:

①用不少于两根导体在不同接地点与自然接地体连接;

②在直流电路中,不应利用自然接地体接地;

③当自然接地体的接地阻值符合要求时,一般不再安装人工接地体,发电厂和变电所及爆炸危险场所除外;

④当同时使用自然、人工接地体时,应分开设置测试点。

在连接管道一类的自然接地体时,不能使用焊接的方式连接,应采用金属抱箍或夹头的压接方法连接,如图 5-36 所示。金属抱箍适用于管径较大的管道。金属夹头适用于管径较小的管道。

2. 施工专用接地体的安装

施施工专用接地体应选用钢材制作,一般常用角钢和钢管作为施工专用接地体,在有腐蚀性的土壤中,应使用镀锌钢材或增大接地体的尺寸,如图 5-37 所示。

资料与提示

施工专用接地体材料的规格:钢管接地体一般选用直径为 50mm、壁厚不小于 3.5mm 的管材;角钢接地体一般选用 40mm×40mm×5mm 或 50mm×50mm×5mm 两种规格的角钢。

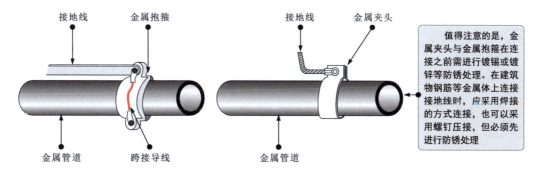

图 5-36 管道自然接地体的安装

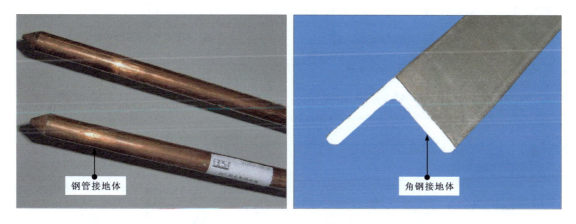

图 5-37 施工专用接地体

接地体根据使用环境和深浅不同有水平连接和垂直连接两种方式。无论垂直连接接地体还是水平连接接地体，通常都选用钢管接地体或角钢接地体。目前，施工专用接地体的连接方法多采用垂直连接。垂直连接专用接地体时多采用挖坑打桩法，如图 5-38 所示。

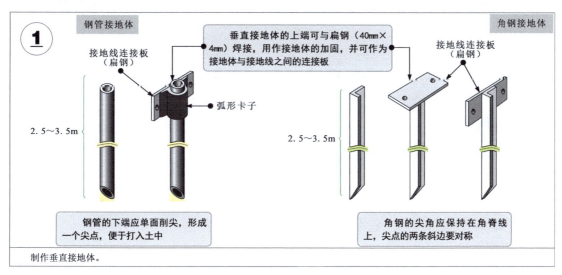

图 5-38 施工专用接地体的安装

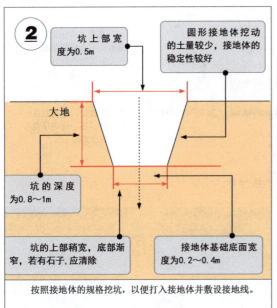
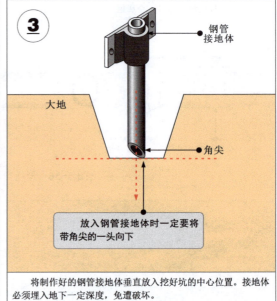
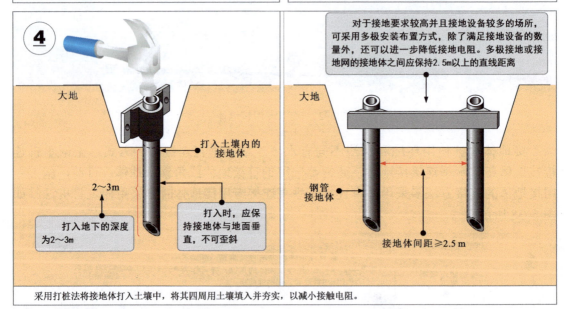

图 5-38 施工专用接地体的安装（续）

资料与提示

图 5-39 为多极安装布置方式。

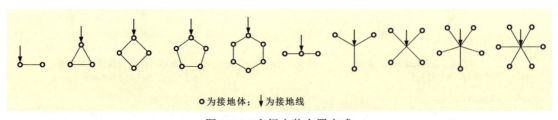

图 5-39 多极安装布置方式

5.3.4 接地线的连接

在接地体连接好后,接下来应连接接地线。接地线通常有自然接地线和施工专用接地线。在连接接地线时,应优先选择自然接地线,其次考虑施工专用接地线,可以节约接地线的费用。

1. 自然接地线的连接

接地装置的接地线应尽量选用自然接地线,如建筑物的金属结构、配电装置的构架、配线用钢管(壁厚不小于1.5mm)、电力电缆铅包皮或铝包皮、金属管道(1kV以下电气设备的管道,输送可燃液体或可燃气体的管道不得使用),如图5-40所示。

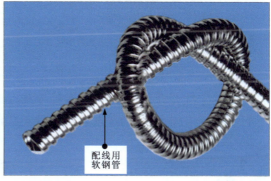

图 5-40 常见的自然接地线

自然接地线与大地接触面大,如果是为较多的电气设备提供接地,则只需增加引接点,并将所有的引接点连接成带状或网状,将每个引接点通过接地线与电气设备连接即可,如图5-41所示。

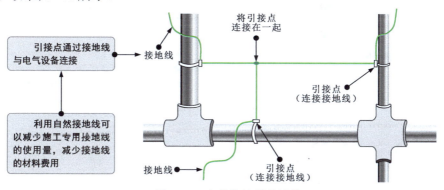

图 5-41 自然接地线的连接

资料与提示

在使用配线钢管作为自然接地线时,在接头的接线盒处应采用跨接线的连接方式。当钢管直径小于40mm时,跨接线应采用6mm直径的圆钢;当钢管直径大于50mm时,跨接线应采用25mm×24mm的扁钢,如图5-42所示。

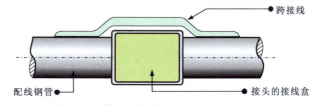

图 5-42 使用配管作为自然接地线的要求

2. 施工专用接地线的连接

施工专用接地线通常是使用铜、铝、扁钢或圆钢材料制成的裸线或绝缘线，如图 5-43 所示。

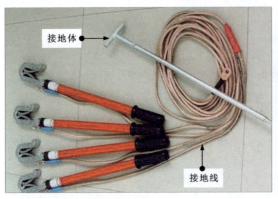
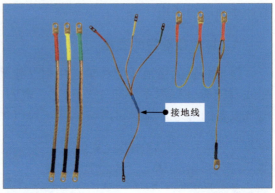

图 5-43 施工专用接地线

接地干线是接地体之间的连接导线，或者一端连接接地体，另一端连接各个接地线的连接线。图 5-44 为接地体与接地干线的连接。

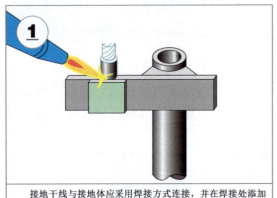
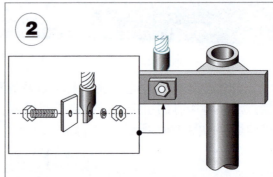
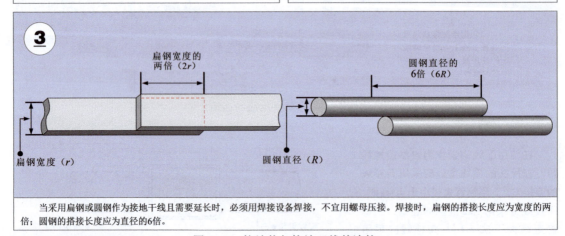

图 5-44 接地体与接地干线的连接

资料与提示

用于输配电系统的工作接地线应满足下列要求：10kV 避雷器的接地支线应采用多股导线；接地干线可选用铜芯或铝芯的绝缘导线或裸导线，其横截面积不小于 16mm²；用作避雷针或避雷器接地线的横截面积不应小于 25mm²；接地干线可用扁钢或圆钢，扁钢尺寸应不小于 4mm×12mm，圆钢直径应不小于 6mm；配电变压器低压侧中性点的接地线要采用裸铜导线，横截面积不小于 35mm²；变压器容量大于 100kV·A 时，接地线的横截面积为 25mm²。不同材料保护接地线的类别不同，其横截面积也不同，见表 5-1。

表 5-1 不同材料保护接地线的横截面积

材料	接地线类别	最小横截面积（mm²）	最大横截面积（mm²）
铜	移动电动工具引线的接地线芯	生活用：0.12	25
		生常用：1.0	
	绝缘铜线	1.5	
	裸铜线	4.0	
铝	绝缘铝线	2.5	35
	裸铝线	6.0	
扁钢	户内：厚度不小于3 mm	24.0	100
	户外：厚度不小于4 mm	48.0	
圆钢	户内：厚度不小于5 mm	19.0	100
	户外：厚度不小于6 mm	28.0	

室外接地干线与接地体连接好后，接下来可将室内接地干线与室外接地体连接。图 5-45 为室内接地干线与室外接地体的连接。

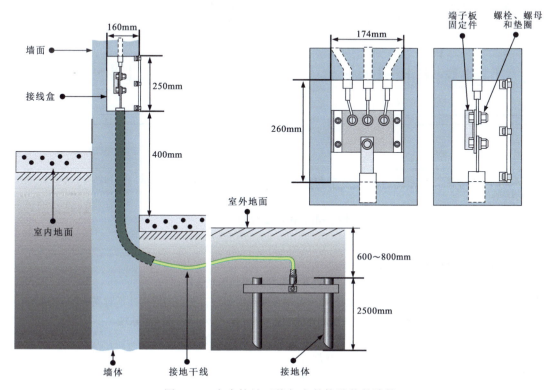

图 5-45 室内接地干线与室外接地体的连接

室内接地干线与室外接地体连接好后,接下来连接接地支线。图5-46为接地支线的连接。

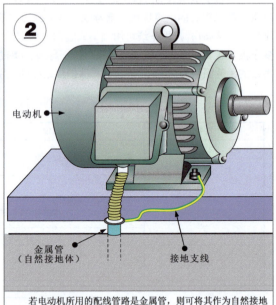

图5-46 接地支线的连接

资料与提示

接地支线的连接应注意以下几点:
◇ 每台电气设备的接地点只能用一根接地支线与接地干线单独连接。
◇ 在户内容易被触碰的地方,接地支线应采用多股绝缘绞线;在户内或户外不容易被触碰的地方,应采用多股裸绞线;移动电动工具从插头至外壳处的接地支线,应采用铜芯绝缘软线。
◇ 接地支线与接地干线或电气设备连接点的连接处应采用接线端子。
◇ 铜芯的接地支线需要延长时,要用锡焊加固。
◇ 接地支线在穿墙或穿楼板时,应套入配线钢管加以保护,并且应与相线和中性线区别。
◇ 采用绝缘导线作为接地支线时,必须恢复连接处的绝缘层。

5.3.5 接地装置的涂色与检测

接地装置连接完成后，需要测量、检验接地装置，合格后才能交付使用。

1. 接地装置的涂色

接地装置安装完毕，应对各接地干线和接地支线的外露部分涂色，并在接地固定螺钉的表面涂上防锈漆，在焊接部分的表面涂上沥青漆，如图 5-47 所示。

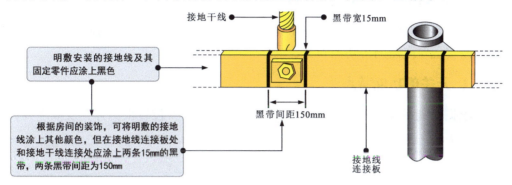

图 5-47 接地装置的涂色

2. 接地装置的检测

接地装置投入使用之前，必须检验接地装置的质量，以保证接地装置符合使用要求，检测接地装置的接地电阻是检验的重要环节。通常，使用接地电阻测量仪检测接地电阻，如图 5-48 所示。

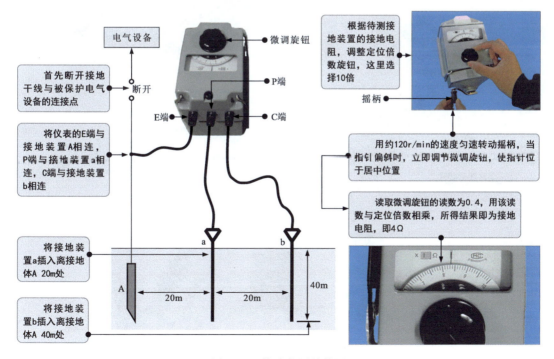

图 5-48 接地装置的检测

第6章

电工电路常用电气部件的检测

6.1 开关的功能特点与检测

开关是一种控制电路闭合、断开的电气部件,主要用于对自动控制电路发出操作指令,从而实现对电路的自动控制。

6.1.1 开关的功能特点

开关根据功能不同可分为开启式负荷开关、按钮开关、位置检测开关及隔离开关等,如图 6-1 所示。

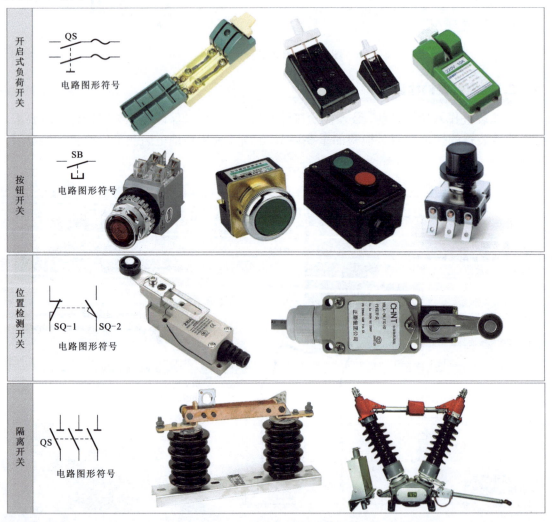

图 6-1 常用开关的实物外形

除此之外，控制电路应用的开关还有组合开关（转换开关）、万能转换开关、接近开关等。

开关的功能特点如图6-2所示。

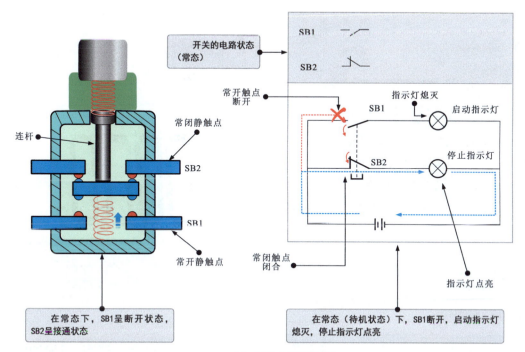

（a）常态（待机状态）

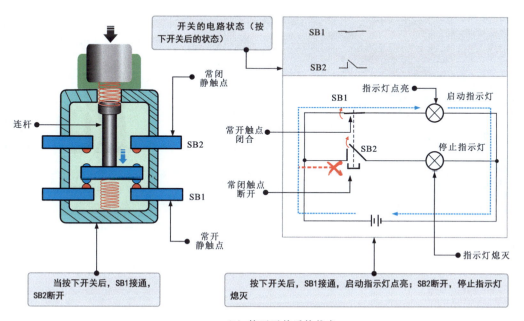

（b）按下开关后的状态

图6-2 开关的功能特点

6.1.2 开关的检测

开关的应用广泛，功能相同，因此在检测开关时，检测触点的通、断状态即可判断好坏，如图 6-3 所示。

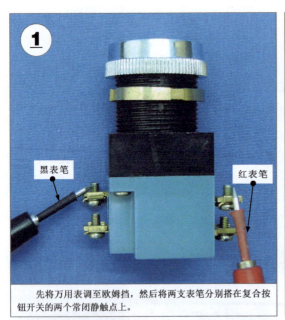

先将万用表调至欧姆挡，然后将两支表笔分别搭在复合按钮开关的两个常闭静触点上。

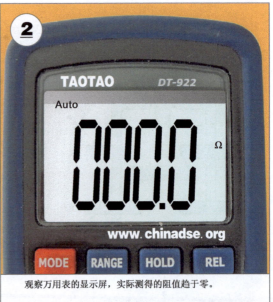

观察万用表的显示屏，实际测得的阻值趋于零。

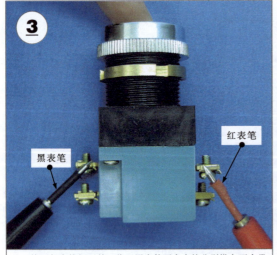

按下复合按钮开关，将万用表的两支表笔分别搭在两个常闭静触点上。

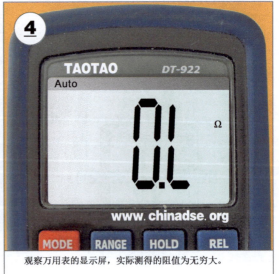

观察万用表的显示屏，实际测得的阻值为无穷大。

图 6-3 开关的检测方法（以复合按钮开关为例）

资料与提示

若检测两个常开静触点，则测量结果正好相反，即在常态时，测得的阻值趋于无穷大，按下复合按钮开关后，测得的阻值应为零。

由于开关基本都应用在交流电路中（如 220V、380V 供电线路），电路中的电流较大，因此在检测时需要注意人身安全，确保在断电的情况下进行检测，以免造成触电事故。

6.2 接触器的结构特点与检测

接触器是一种由电压控制的开关装置,适用于远距离频繁地接通和断开的交、直流电路系统。

6.2.1 接触器的结构特点

接触器属于控制类器件,是电力拖动系统、机床设备控制线路、自动控制系统使用最广泛的低压电器之一,根据接触器触点通过电流的种类,主要可以分为交流接触器和直流接触器,如图6-4所示。

交流接触器

交流接触器是一种应用在交流电源环境中的通、断开关,在各种控制线路中应用广泛,具有欠电压、零电压释放保护、工作可靠、性能稳定、操作频率高、维护方便等特点。

直流接触器

直流接触器是一种应用在直流电源环境中的通、断开关,具有低电压释放保护、工作可靠、性能稳定等特点,多用在精密机床中控制直流电动机。

图6-4 常见接触器的实物外形

交流接触器和直流接触器的工作原理和控制方式基本相同,都是通过线圈得电控制常开触点闭合、常闭触点断开,线圈失电控制常开触点复位断开、常闭触点复位闭合。

接触器的结构组成主要包括线圈、衔铁和触点等几部分。工作时,接触器的核心工作过程是在线圈得电的状态下，上下两块衔铁磁化，相互吸合，由衔铁动作带动触点动作，如常开触点闭合、常闭触点断开，如图 6-5 所示。

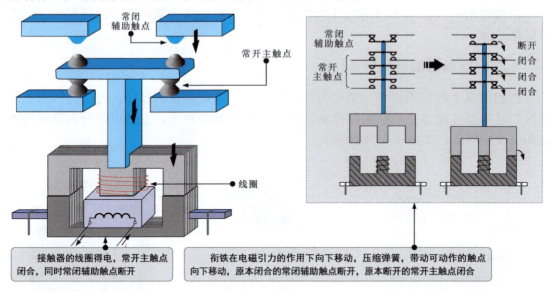

图 6-5 接触器的功能

资料与提示

在实际的控制电路中，接触器一般利用常开主触点接通或分断主电路及负载，用常闭辅助触点执行控制指令。例如，在如图 6-6 所示的水泵启、停控制电路中，交流接触器 KM 主要是由线圈、一组常开主触点 KM-1、两组常开辅助触点和一组常闭辅助触点构成的，闭合断路器 QS，接通三相电源后，380V 电压经交流接触器 KM 的常闭辅助触点 KM-3 为停机指示灯 HL2 供电，HL2 点亮；按下启动按钮 SB1，交流接触器 KM 线圈得电，常开主触点 KM-1 闭合，水泵电动机接通三相电源启动运转。

同时，常开辅助触点 KM-2 闭合实现自锁功能；常闭辅助触点 KM-3 断开，切断停机指示灯 HL2 的供电电源，HL2 随即熄灭；常开辅助触点 KM-4 闭合，运行指示灯 HL1 点亮，指示水泵电动机处于工作状态。

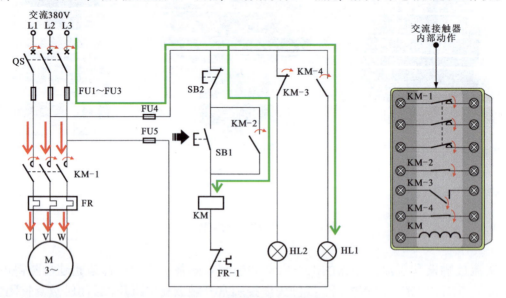

图 6-6 水泵的启、停控制电路

6.2.2 接触器的检测

检测接触器主要是检测接触器的内部线圈、开关触点之间的阻值。首先根据待测接触器的标识信息，明确各引脚的功能及主、辅触点类型（根据符号标识辨别常开触点或常闭触点）；然后分别检测线圈、触点（在闭合、断开两种状态下）的阻值。

图 6-7 为借助万用表检测接触器的实际操作方法。

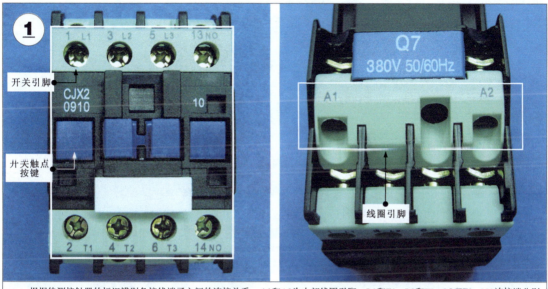

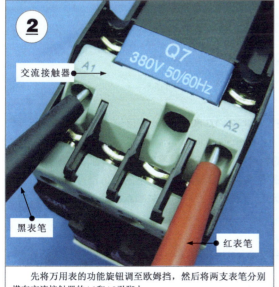

图 6-7 借助万用表检测接触器的实际操作方法

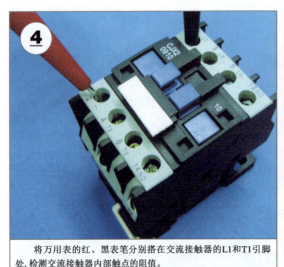

将万用表的红、黑表笔分别搭在交流接触器的L1和T1引脚处，检测交流接触器内部触点的阻值。

在正常情况下，万用表测得的阻值应为无穷大。

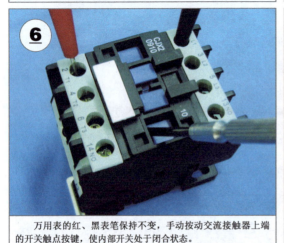

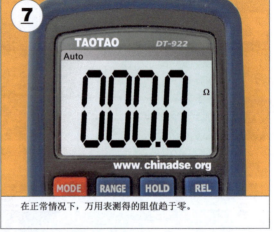

万用表的红、黑表笔保持不变，手动按动交流接触器上端的开关触点按键，使内部开关处于闭合状态。

在正常情况下，万用表测得的阻值趋于零。

图 6-7　借助万用表检测接触器的实际操作方法（续）

资料与提示

　　使用同样的方法，将万用表的两支表笔分别搭在 L2 和 T2、L3 和 T3、NO 连接端，可检测内部开关的闭合和断开状态。

　　当交流接触器的内部线圈通电时，会使内部开关的触点吸合；当内部线圈断电时，内部触点断开。因此，在检测交流接触器时，需分别对内部线圈的阻值及内部开关在开启与闭合状态下的阻值进行检测。由于是在断电的状态下检测交流接触器的好坏，因此需要按动交流接触器上端的开关触点按键，强制将开关触点闭合。

　　通过以上的检测可知，判断交流接触器好坏的方法如下：

　　①若测得内部线圈有一定的阻值，内部开关在闭合状态下的阻值为零，在断开状态下的阻值为无穷大，则可判断该接触器正常。

　　②若测得内部线圈的阻值为无穷大或零，则表明内部线圈已损坏。

　　③若测得内部开关在断开状态下的阻值为零，则表明内部触点粘连损坏。

　　④若测得内部开关在闭合状态下的阻值为无穷大，则表明内部触点损坏。

　　⑤若测得内部四组开关中有一组损坏，均表明接触器损坏。

6.3 继电器的结构特点与检测

继电器可根据外界输入量控制电路的接通或断开，当输入量的变化达到规定要求时，控制量将发生预定的阶跃变化。其输入量可以是电压、电流等电量，也可以是非电量，如温度、速度、压力等。

6.3.1 继电器的结构特点

常见的继电器主要有电磁继电器、中间继电器、电流继电器、速度继电器、热继电器及时间继电器等，如图6-8所示。

电磁继电器主要通过对较小电流或较低电压的感知实现对大电流或高电压的控制，多在自动控制电路中起自动控制、转换或保护作用。

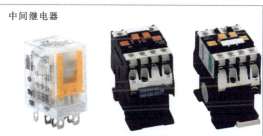

中间继电器多用于自动控制电路中，通过对电压、电流等中间信号变化量的感知实现对电路通、断的控制。

电流继电器多用于自动控制电路中，通过对电流的检测实现自动控制、安全保护及转换等功能。

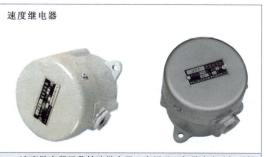

速度继电器又称转速继电器，多用于三相异步电动机反接制动电路中，通过感知电动机的旋转方向或转速实现对电路的通、断控制。

热继电器主要通过感知温度的变化实现对电路的通、断控制，主要用于电路的过热保护。

时间继电器在控制电路中多用于实现延时通电控制或延时断电控制。

图6-8 常见继电器的实物外形

图6-9为电磁继电器的功能。

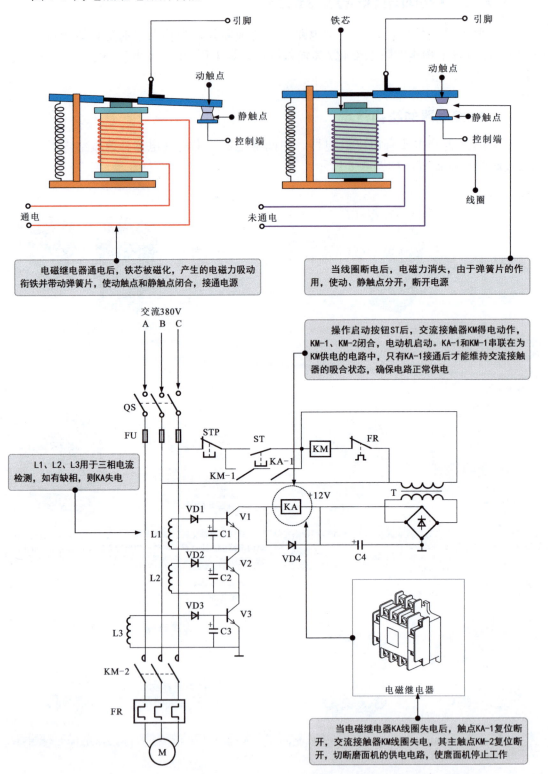

图6-9 电磁继电器的功能

图6-10为时间继电器的功能。

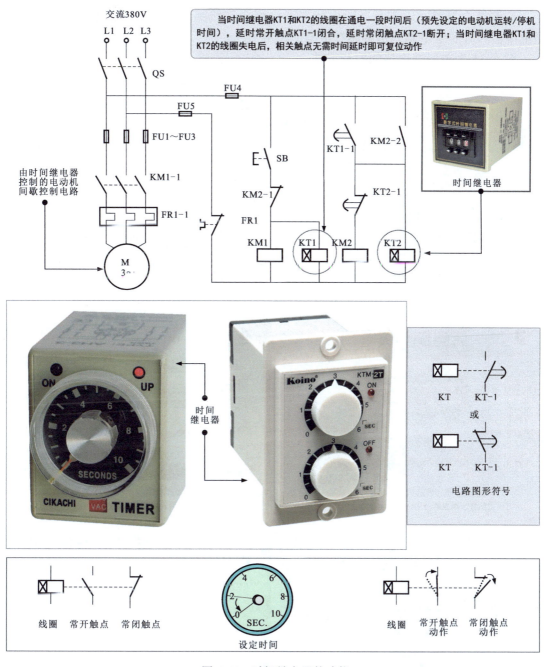

图6-10 时间继电器的功能

时间继电器是在通过感测机构接收外界动作信号后，经过一段时间的延时才产生控制动作的继电器。时间继电器主要用于需要按时间顺序控制的电路进行延时接通和切断某些控制电路，当时间继电器的感测机构（感测元件）接收外界动作信号后，其触点需要在规定的时间内进行一个延迟操作，当时间到达后，触点才开始动作（或线圈失电一段时间后，触点才开始动作），常开触点闭合，常闭触点断开。

6.3.2 继电器的检测

检测继电器时,通常是在断电状态下检测内部线圈及引脚间的阻值。下面就以电磁继电器和时间继电器为例讲述继电器的检测方法。

图6-11为电磁继电器的检测方法。

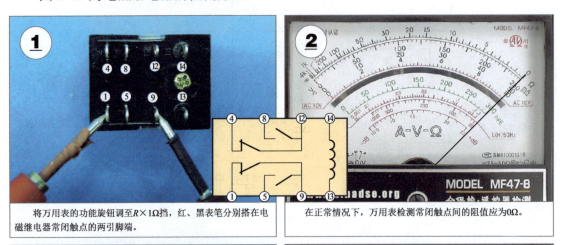

将万用表的功能旋钮调至R×1Ω挡,红、黑表笔分别搭在电磁继电器常闭触点的两引脚端。

在正常情况下,万用表检测常闭触点间的阻值应为0Ω。

将万用表的红、黑表笔分别搭在电磁继电器常开触点的两引脚端。

在正常情况下,万用表检测常开触点间的阻值应为无穷大。

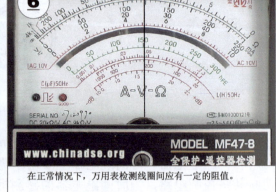

将万用表的红、黑表笔分别搭在电磁继电器线圈的两引脚端。

在正常情况下,万用表检测线圈间应有一定的阻值。

图6-11 电磁继电器的检测方法

图6-12为时间继电器的检测方法。

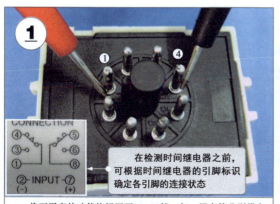
将万用表的功能旋钮调至R×1Ω挡,红、黑表笔分别搭在时间继电器的1脚和4脚。

在正常情况下,万用表检测1脚和4脚间的阻值应为0Ω。

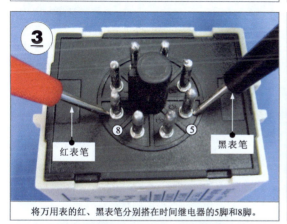
将万用表的红、黑表笔分别搭在时间继电器的5脚和8脚。

在正常情况下,万用表检测5脚和8脚间的阻值应为0Ω。

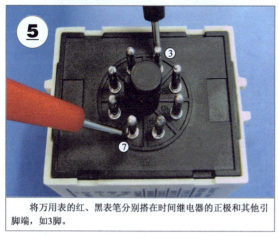
将万用表的红、黑表笔分别搭在时间继电器的正极和其他引脚端,如3脚。

在正常情况下,检测的阻值应为无穷大。

图6-12 时间继电器的检测方法

资料与提示

在未通电的状态下,时间继电器的1脚和4脚、5脚和8脚是闭合的,在通电并延迟一定的时间后,1脚和3脚、6脚和8脚是闭合的。闭合引脚间的阻值应为0Ω;未接通引脚间的阻值应为无穷大。

6.4 过载保护器的结构特点与检测

6.4.1 过载保护器的结构特点

过载保护器是在发生过电流、过热或漏电等情况下能自动实施保护功能的器件，一般采取自动切断线路实现保护功能。根据结构的不同，过载保护器主要可分为熔断器和断路器两大类。

图 6-13 为过载保护器的实物外形。

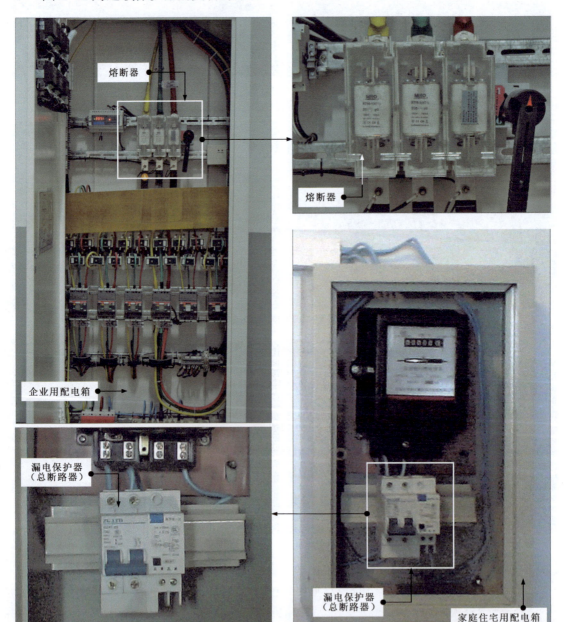

图 6-13 过载保护器的实物外形

资料与提示

熔断器是应用在配电系统中的过载保护器件。当系统正常工作时,熔断器相当于一根导线,起通路作用;当通过熔断器的电流大于规定值时,熔断器的熔体熔断,自动断开线路,对线路上的其他电气设备起保护作用。

断路器是一种可切断和接通负荷电路的开关器件,具有过载自动断路保护功能,根据应用场合主要可分为低压断路器和高压断路器。

图 6-14 为典型熔断器的工作原理示意图。

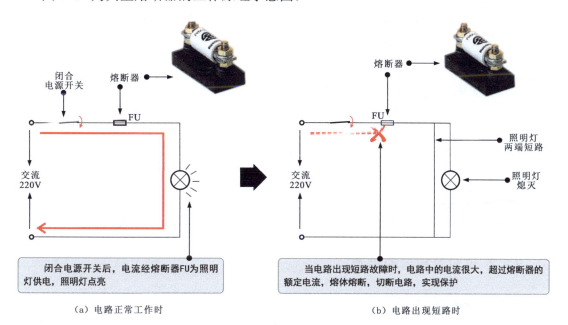

图 6-14 典型熔断器的工作原理示意图

图 6-15 为典型断路器在通、断两种状态下的工作示意图。

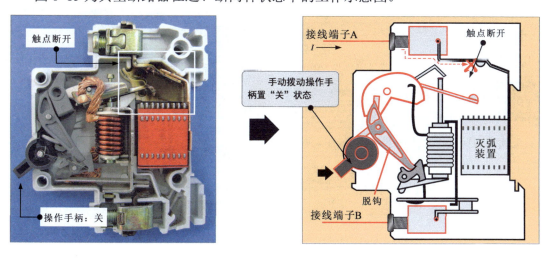

图 6-15 典型断路器在通、断两种状态下的工作示意图

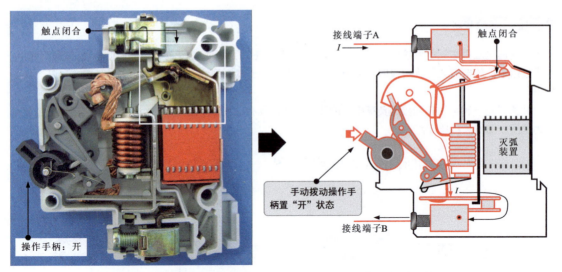

图 6-15 典型断路器在通、断两种状态下的工作示意图（续）

图中，当手动控制操作手柄置"开"状态时，操作手柄带动脱钩动作，连杆部分带动触点动作，触点闭合，电流经接线端子 A、触点、电磁脱扣器、热脱扣器后，由接线端子 B 输出。

当手动控制操作手柄置"关"状态时，操作手柄带动脱钩动作，连杆部分带动触点动作，触点断开，电流被切断。

6.4.2 过载保护器的检测

1. 熔断器的检测技能

熔断器的种类多样，检测方法基本相同。下面以插入式熔断器为例介绍检测方法，如图 6-16 所示。

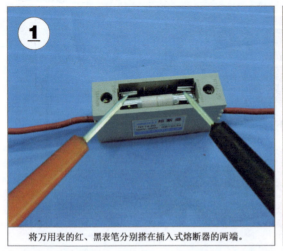
将万用表的红、黑表笔分别搭在插入式熔断器的两端。

万用表显示屏显示测得的阻值趋于零。

图 6-16 熔断器的检测方法

> **资料与提示**
>
> 检测插入式熔断器时，若测得的阻值很小或趋于零，则表明正常；若测得的阻值为无穷大，则表明内部熔丝已熔断。

2. 断路器的检测技能

断路器的种类多样，检测方法基本相同。下面以带漏电保护断路器为例介绍断路器的检测方法。在检测断路器前，首先观察断路器表面标识的内部结构图，判断各引脚之间的关系。

图 6-17 为带漏电保护断路器的检测方法。

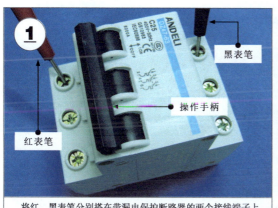

将红、黑表笔分别搭在带漏电保护断路器的两个接线端子上。

测得在断开状态下的阻值应为无穷大。

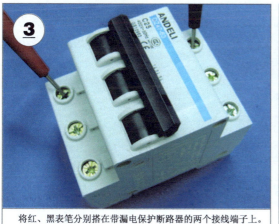

将红、黑表笔分别搭在带漏电保护断路器的两个接线端子上。

测得在闭合状态下的阻值应为0Ω。

图 6-17　带漏电保护断路器的检测方法

> **资料与提示**
>
> 在检测断路器时可通过下列方法判断好坏：
> ①若测得各组开关在断开状态下的阻值均为无穷大，在闭合状态下均为零，则表明正常。
> ②若测得各组开关在断开状态下的阻值为零，则表明内部触点粘连损坏。
> ③若测得各组开关在闭合状态下的阻值为无穷大，则表明内部触点断路损坏。
> ④若测得各组开关中有任何一组损坏，均说明该断路器已损坏。

6.5 变压器的结构特点、工作原理与检测

6.5.1 变压器的结构特点

变压器是一种利用电磁感应原理制成的,可以传输、改变电能或信号的功能部件,主要用来提升或降低交流电压、变换阻抗等。变压器的应用十分广泛,如在供配电线路、电气设备中起电压变换、电流变换、阻抗变换或隔离等作用。

图 6-18 为典型变压器的实物外形。变压器的分类方式很多,根据电源相数的不同,可分为单相变压器和三相变压器。

图 6-18 典型变压器的实物外形

变压器是将两组或两组以上的线圈绕制在同一个线圈骨架上或绕制在同一铁芯上制成的。通常,与电源相连的线圈被称为一次侧绕组,其余的线圈被称为二次侧绕组。图 6-19 为变压器的结构及电路图形符号。

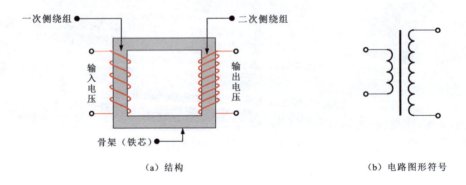

图 6-19 变压器的结构及电路图形符号

1. 单相变压器的结构特点

单相变压器是一次侧绕组为单相绕组的变压器。单相变压器的一次侧绕组和二次侧绕组均绕制在铁芯上,一次侧绕组为交流电压输入端,二次侧绕组为交流电压输出端。二次侧绕组的输出电压与线圈的匝数成正比。

图 6-20 为单相变压器的结构特点。

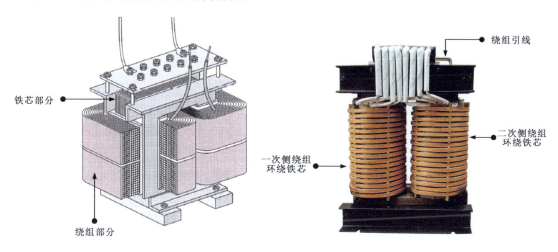

图 6-20 单相变压器的结构特点

2. 三相变压器的结构特点

三相变压器是在电力设备中应用比较多的一种变压器。三相变压器实际上是由 3 个相同容量的单相变压器组合而成的。一次侧绕组（高压线圈）为三相，二次侧绕组（低压线圈）也为三相。图 6-21 为三相变压器的结构特点。

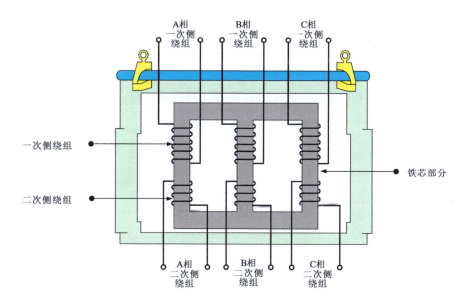

图 6-21 三相变压器的结构特点

6.5.2 变压器的工作原理

单相变压器可将单相高压变成单相低压供各种设备使用，如可将交流 6600V 高压变成交流 220V 低压为照明灯或其他设备供电。单相变压器具有结构简单、体积小、损耗低等优点，适宜在负荷较小的低压配电线路（60 Hz以下）中使用。

图 6-22 为单相变压器的工作原理示意图。

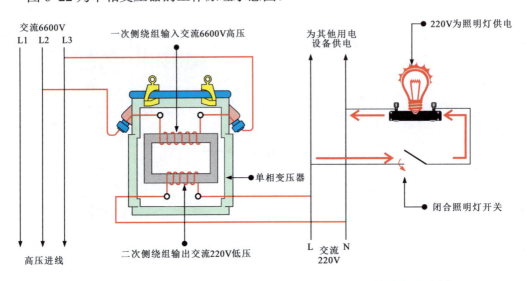

图 6-22　单相变压器的工作原理示意图

三相变压器主要用于三相供电系统中的升压或降压，常用的就是将几千伏的高压变为 380V 的低压，为用电设备提供动力电源。

图 6-23 为三相变压器的工作原理示意图。

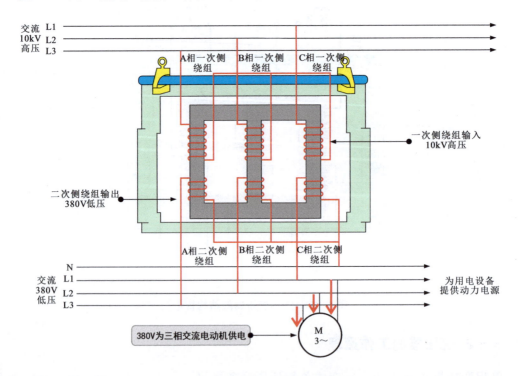

图 6-23　三相变压器的工作原理示意图

变压器利用电感线圈靠近时的互感原理，可将电能或信号从一个电路传向另一个电路。图 6-24 为变压器电压变换工作原理示意图。

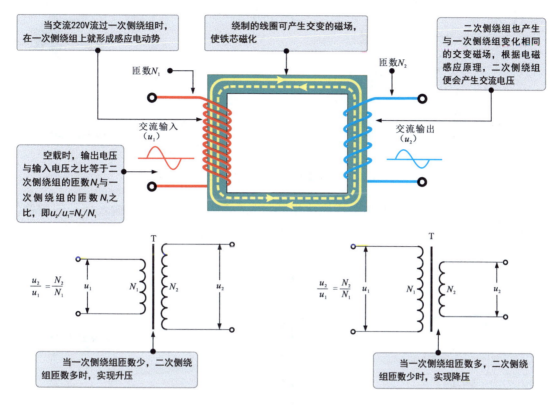

图 6-24　变压器电压变换工作原理示意图

变压器通过一次侧绕组、二次侧绕组可实现阻抗变换，即一次侧绕组与二次侧绕组的匝数比不同，输入与输出的阻抗也不同。图 6-25 为变压器阻抗变换工作原理示意图。

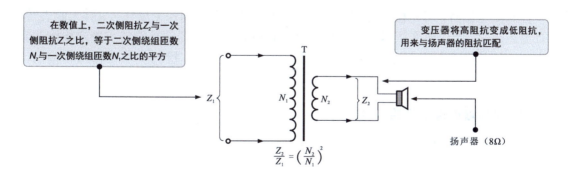

图 6-25　变压器阻抗变换工作原理示意图

根据变压器的变压原理，一次侧绕组上的交流电压是通过电磁感应原理"感应"到二次侧绕组上的，没有进行实际的电气连接，因而变压器具有电气隔离功能。

图 6-26 为变压器电气隔离工作原理示意图。

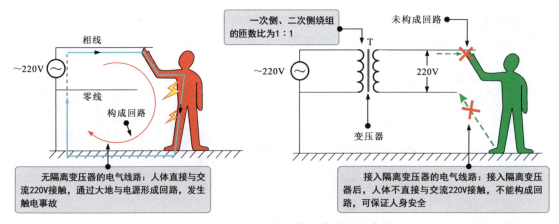

图 6-26　变压器电气隔离工作原理示意图

通过改变变压器一次侧和二次侧绕组的接法，可以很方便地将输入信号的相位倒相。图 6-27 为变压器相位变换工作原理示意图。

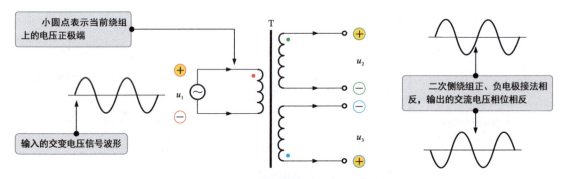

图 6-27　变压器相位变换工作原理示意图

6.5.3　变压器的检测

检测变压器时，可先检查待测变压器的外观是否损坏，确保无烧焦、引脚无断裂等，如有上述情况，则说明变压器已经损坏；然后根据待测变压器的功能特点确定检测的参数类型，如检测变压器的绝缘电阻、检测变压器绕组电阻、检测变压器输入和输出电压等。

1. 变压器绝缘电阻的检测方法

使用兆欧表测量变压器的绝缘电阻是检测绝缘状态的最基本方法，能有效发现设备受潮、部件局部脏污、绝缘击穿、瓷件破裂、引线接外壳及老化等问题。

三相变压器绝缘电阻的测量主要分为低压绕组对外壳绝缘电阻的测量、高压绕组对外壳绝缘电阻的测量和高压绕组对低压绕组绝缘电阻的测量。以低压绕组对外壳绝缘电阻的测量为例，如图 6-28 所示，将低压侧绕组桩头用短接线连接，并连接好兆欧表，按 120r/min 的速度顺时针摇动兆欧表的摇杆，读取 15 秒和 1 分钟时的绝缘电阻，将实测数据与标准值比对，即可完成测量。

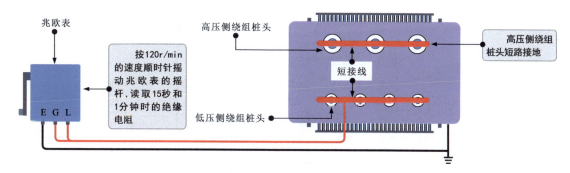

图 6-28　三相变压器低压绕组对外壳绝缘电阻的测量

高压绕组对外壳绝缘电阻的测量与图 6-28 的操作方法相同，只是将高压侧绕组桩头与兆欧表连接即可。

> **资料与提示**
>
> 在使用兆欧表测量变压器的绝缘电阻前要断开电源，并拆除或断开外接的连接线缆，使用绝缘棒等工具将变压器充分放电（约为 5 分钟）。
>
> 测量时，要确保测试线的连接准确无误，测试线必须为单股线独立连接，不得使用双股绝缘线或绞线。
>
> 在测量完毕断开兆欧表时，要先将电路端的测试线与绕组桩头分开，再降低兆欧表的摇速，否则会烧坏兆欧表。测量完毕，应在对变压器进行充分放电后方可拆下测试线。
>
> 使用兆欧表测量变压器的绝缘电阻时，要根据变压器的电压等级选择相应规格的兆欧表，见表 6-1。

表 6-1　不同变压器的电压等级应选择兆欧表的规格

变压器	100V以下	100～500V	500～3000V	3000～10000V	10000V及其以上
兆欧表	250V/50MΩ及其以上	500V/100MΩ及其以上	1000V/2000MΩ及其以上	2500V/10000MΩ及其以上	5000V/10000MΩ及其以上

※ 2. 变压器绕组电阻的检测方法

变压器绕组电阻的测量主要用来检查变压器绕组接头的焊接质量是否良好、绕组层匝间有无短路、分接开关各个位置的接触是否良好及绕组或引出线有无折断等情况。通常，中、小型三相变压器多采用直流电桥法测量，如图 6-29 所示。

在测量前，将待测变压器的绕组与接地装置连接进行放电操作，在放电完成后，拆除一切连接线，将直流电桥分别与待测变压器各相绕组连接。

估计待测变压器绕组的电阻，将直流电桥的倍率旋钮置于适当位置，将检流计灵敏度旋钮调至最低位置，将不测量的绕组接地，打开直流电桥的电源开关按钮（B）充电，充足后，按下检流计开关按钮（G），迅速调节测量臂，使检流计指针向检流计刻度中间的零位线方向移动，增大灵敏度，待指针平稳停在零位线上时记录数值（被测数值＝倍率数×测量臂数值）。

测量完毕，为防止在测量具有电感的电阻时损坏检流计，应先按下检流计开关按钮（G），再按下电源开关按钮（B）。

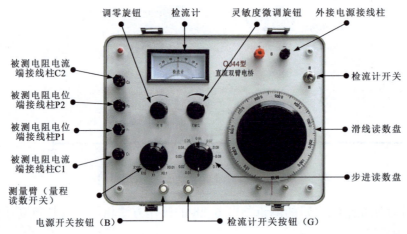

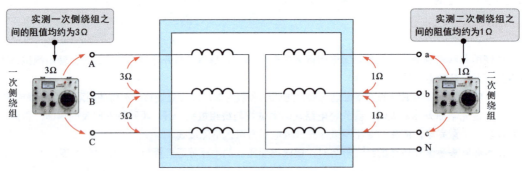

图 6-29 变压器绕组电阻的检测方法

资料与提示

由于测量精度及接线方式的误差,测出的三相绕组的电阻也不相同,此时可使用误差公式进行判别,即

$$\Delta R\% = [R_{max} - R_{min}/R_P] \times 100\%$$
$$R_P = (R_{ab} + R_{bc} + R_{ca})/3$$

式中,$\Delta R\%$ 为误差百分数;R_{max} 为实测中的最大值(Ω);R_{min} 为实测中的最小值(Ω);R_P 为三相绕组的实测平均值(Ω);R_{ab} 为 a、b 相间电阻;R_{bc} 为 b、c 相间电阻;R_{ca} 为 a、c 相间电阻。

在比对分析当次测量值与前次测量值时,一定要在相同的温度下,如果温度不同,则要按下式换算至 20°C 时的电阻,即

$$R_{20°C} = R_t K$$
$$K = (T+20)/(T+t)$$

式中,$R_{20°C}$ 为 20°C 时的电阻(Ω);R_t 为 t°C 时的电阻(Ω);T 为常数(铜导线为 234.5,铝导线为 225);t 为测量时的温度;K 为温度系数。

※ 3. 变压器输入、输出电压的检测方法

变压器输入、输出电压的检测主要是在通电情况下,检测输入电压和输出电压。

以检测电源变压器为例,在检测前,应先了解电源变压器输入电压和输出电压的具体数值和检测方法,如图 6-30 所示。

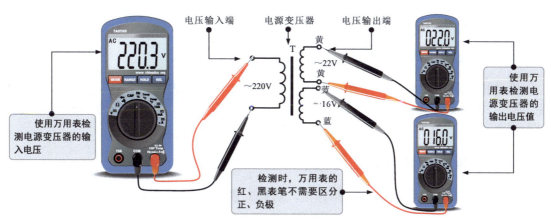

图 6-30　电源变压器输入、输出电压的具体数值和检测方法

图 6-31 为检测电源变压器输入、输出电压的实际操作。

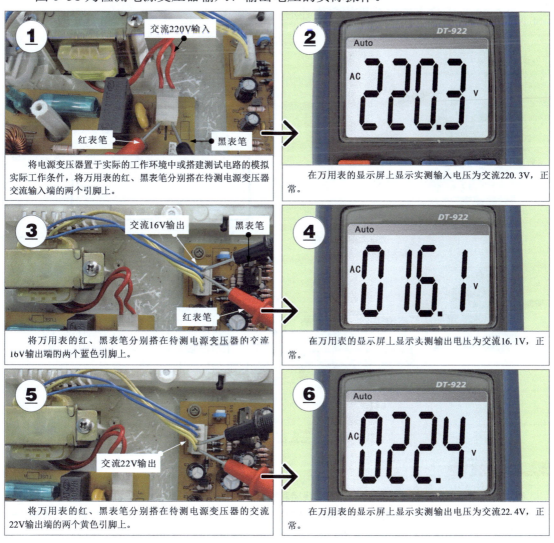

图 6-31　检测电源变压器输入、输出电压的实际操作

6.6 电动机的结构特点、工作原理、拆卸与检测

6.6.1 电动机的结构特点

电动机是利用电磁感应原理将电能转换为机械能的动力部件，广泛应用在电气设备、控制线路或电子产品中。按照电动机供电类型的不同，电动机可分为直流电动机和交流电动机。

1. 直流电动机的结构特点

直流电动机是通过直流电源（有正、负极）供给电能，并能够将电能转变为机械能的一类电动机，广泛应用在电动产品中。

常见的直流电动机可分为有刷直流电动机和无刷直流电动机。这两种直流电动机的外形相似，主要通过内部是否包含电刷和换向器进行区分。

图 6-32 为常见直流电动机的实物外形。

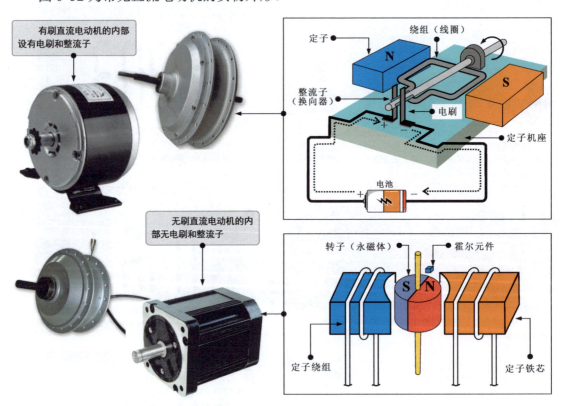

图 6-32　常见直流电动机的实物外形

资料与提示

有刷直流电动机的定子是永磁体；转子由绕组和整流子构成；电刷安装在定子机座上；通过电刷及整流子（换向器）实现电流方向的变化。无刷直流电动机将绕组安装在不旋转的定子上，由定子产生磁场驱动转子旋转；转子由永磁体制成，不需要供电，可省去电刷和整流子（换向器）；转子磁极受定子磁场的作用会转动。

2. 交流电动机的结构特点

交流电动机是通过交流电源供给电能,并将电能转变为机械能的一类电动机。交流电动机根据供电方式的不同,可分为单相交流电动机和三相交流电动机。

图 6-33 为常见交流电动机的实物外形。

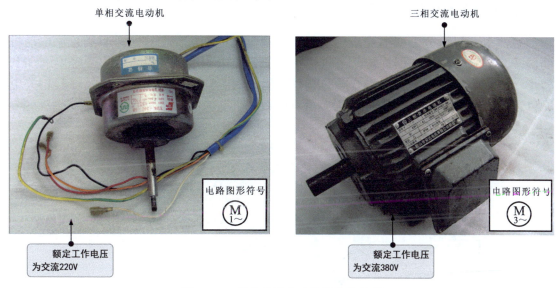

图 6-33　常见交流电动机的实物外形

6.6.2 电动机的功能特点

电动机的主要功能是实现电能向机械能的转换,即将供电电源的电能转换为电动机转子转动的机械能,最终通过转子上的转轴转动带动负载转动,实现各种传动功能。

图 6-34 为电动机的基本功能示意图。

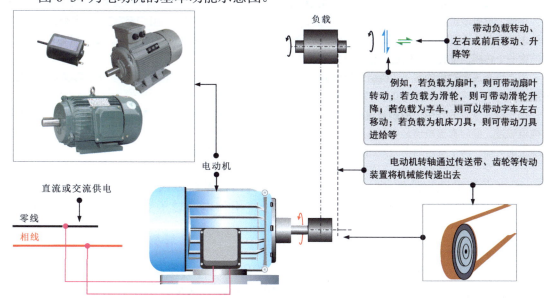

图 6-34　电动机的基本功能示意图

6.6.3 电动机的工作原理

电动机是将电能转换成机械能的电气部件，不同的供电方式，具体的工作原理也不同。下面以典型直流电动机和交流电动机为例介绍电动机的工作原理。

1. 直流电动机的工作原理

直流电动机可分为有刷直流电动机和无刷直流电动机。工作时，有刷直流电动机的转子（绕组）和换向器旋转，主磁极（定子）和电刷不旋转，直流电源经电刷加到转子（绕组）上，绕组上电流方向的交替变化是随电动机转动的换向器及与其相关电刷位置的变化而变化的。图 6-35 为典型有刷直流电动机的工作原理。

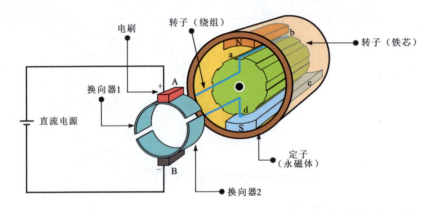

图 6-35　典型有刷直流电动机的工作原理

> **资料与提示**
>
> 在有刷直流电动机接通直流电源瞬间，直流电源的正、负两极通过电刷 A 和 B 与直流电动机的转子（绕组）接通，直流电流经电刷 A、换向器 1、绕组 ab 和 cd、换向器 2、电刷 B 返回直流电源的负极。绕组 ab 中的电流方向为由 a 到 b；绕组 cd 中的电流方向为由 c 到 d。两个绕组的受力方向均为逆时针方向。这样就产生一个转矩，使转子（铁芯）逆时针方向旋转。
>
> 当有刷直流电动机的转子（绕组）转到 90°时，两个绕组处于磁场物理中性面，电刷不与换向器接触，绕组中没有电流流过，受力为 0，转矩消失。
>
> 由于机械惯性的作用，有刷直流电动机的转子（绕组）将冲过 90°继续旋转至 180°，这时绕组中又有电流流过，此时直流电流经电刷 A、换向器 2、绕组 dc 和 ba、换向器 1、电刷 B 返回电源的负极。根据左手定则可知，两个绕组的受力方向仍是逆时针，转子（绕组）依然逆时针旋转。

无刷直流电动机的转子由永磁体构成，圆周设有多对磁极（N、S），绕组绕制在定子上，当接通直流电源时，直流电源为定子绕组供电，转子受定子磁场的作用而产生转矩并旋转。

图 6-36 为典型无刷直流电动机的工作原理。

无刷直流电动机的定子绕组必须根据转子的磁极方位切换其中的电流方向才能使转子连续旋转，因此必须设置一个转子磁极位置的传感器。这种传感器通常采用霍尔元件。

图 6-37 为典型霍尔元件的工作原理。

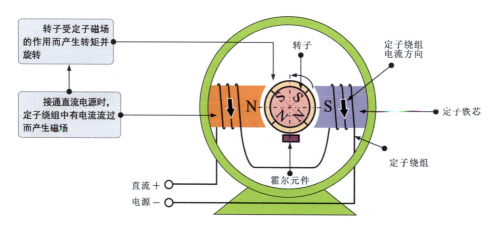

图 6-36 典型无刷直流电动机的工作原理

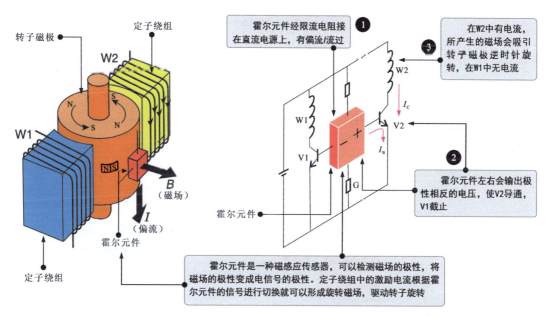

图 6-37 典型霍尔元件的工作原理

2. 交流电动机的工作原理

图 6-38 为典型交流同步电动机的工作原理。电动机的转子是一个永磁体,具有 N、S 磁极,当置于定子磁场中时,定子磁场的磁极 N 吸引转子磁极 S,定子磁极 s 吸引转子磁极 N。如果此时使定子磁极转动,则由于磁力的作用,转子会与定子磁场同步转动。

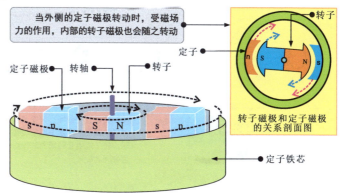

图 6-38 典型交流同步电动机的工作原理

图 6-39 为典型交流同步电动机的驱动原理。

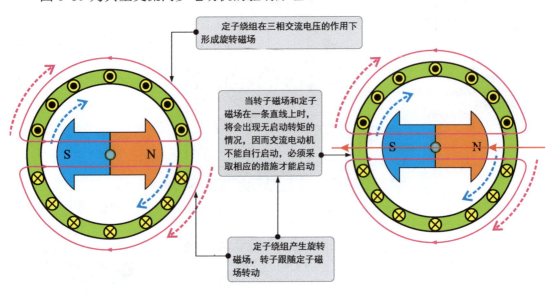

图 6-39 典型交流同步电动机的驱动原理

图 6-40 为单相交流异步电动机的工作原理。

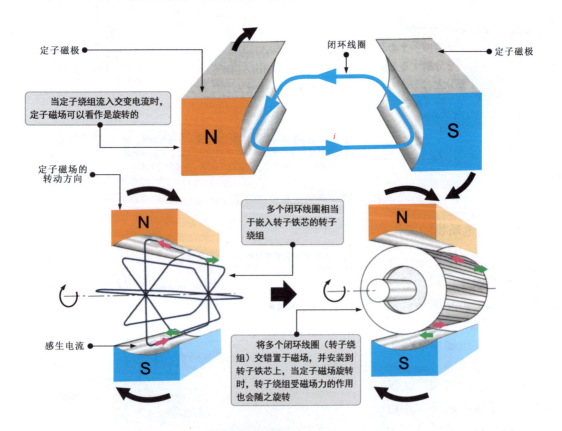

图 6-40 单相交流异步电动机的工作原理

资料与提示

单相交流电压是频率为50Hz的正弦交流电压。如果电动机的定子只有一个运行绕组，则当单相交流电压加到电动机的定子绕组上时，定子绕组就会产生交变的磁场。该磁场的强弱和方向是随时间按正弦规律变化的，但在空间上是固定的。

三相交流异步电动机在三相交流电压的供电条件下工作。图6-41为三相交流异步电动机的工作原理。三相交流异步电动机的定子是圆筒形的，套在转子的外部，转子是圆柱形的，位于定子的内部。

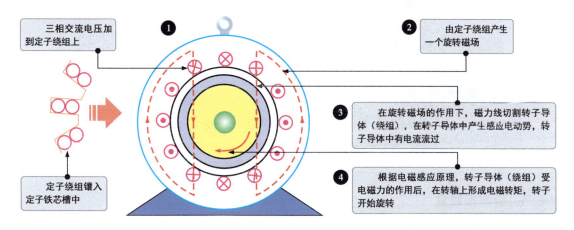

图6-41　三相交流异步电动机的工作原理

三相交流异步电动机需要三相交流电压提供工作条件。当满足工作条件后，三相交流异步电动机的转子之所以会旋转、实现能量转换，是因为转子气隙内有一个沿定子内圆旋转的磁场。

图6-42为三相交流电压的相位关系。

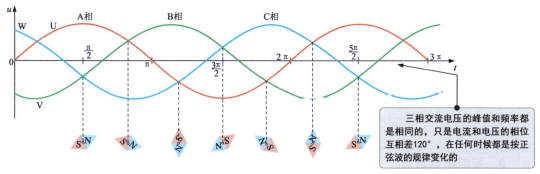

图6-42　三相交流电压的相位关系

资料与提示

在三相交流异步电动机接通三相电源后，定子绕组有电流流过，产生一个转速为 n_0 的旋转磁场。在旋转磁场的作用下，电动机的转子受电磁力的作用，以转速 n 开始旋转。这里的 n 始终不会加速到 n_0，因为只有这样，转子导体（绕组）与旋转磁场之间才会有相对运动而切割磁力线，转子导体（绕组）中才能产生感应电动势和电流，从而产生电磁转矩，使转子按照旋转磁场的方向连续旋转。定子磁场对转子的异步转矩是异步电动机工作的必要条件。"异步"的名称也由此而来。

6.6.4 电动机的拆卸方法

不同类型电动机的结构、功能各不相同。在不同的电气设备或控制系统中,电动机的安装位置、固定方式也各不相同。要检测或维修电动机,掌握电动机的拆卸技能尤为重要。下面以三相交流电动机为例介绍拆卸方法。

图 6-43 为待拆卸三相交流电动机的实物外形。

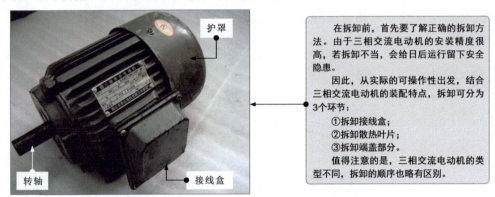

在拆卸前,首先要了解正确的拆卸方法。由于三相交流电动机的安装精度很高,若拆卸不当,会给日后运行留下安全隐患。

因此,从实际的可操作性出发,结合三相交流电动机的装配特点,拆卸可分为3个环节:
①拆卸接线盒;
②拆卸散热叶片;
③拆卸端盖部分。

值得注意的是,三相交流电动机的类型不同,拆卸的顺序也略有区别。

图 6-43 待拆卸三相交流电动机的实物外形

1. 拆卸接线盒

三相交流电动机的接线盒安装在侧端,由四个固定螺钉固定,拆卸时,将固定螺钉拧下即可取下接线盒的外壳,如图 6-44 所示。

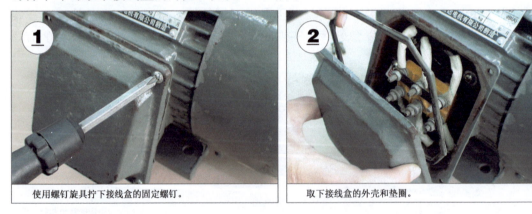

图 6-44 拆卸接线盒

2. 拆卸散热叶片

三相交流电动机的散热叶片安装在后端的散热护罩中,拆卸时,需先将护罩取下,再拆卸散热叶片,如图 6-45 所示。

3. 拆卸端盖部分

三相交流电动机的端盖部分由前端盖和后端盖构成,均用固定螺钉固定在外壳上,拆卸方法如图 6-46 所示。

第6章 电工电路常用电气部件的检测

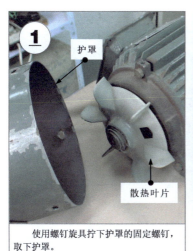

① 使用螺钉旋具拧下护罩的固定螺钉，取下护罩。

② 撬下固定散热叶片的弹簧卡圈。

③ 取下散热叶片。

图 6-45 拆卸散热叶片

① 使用扳手将前端盖的固定螺母拧下。

② 将凿子插入前端盖和定子的缝隙处，用锤子从多个方位均匀撬开前端盖，使前端盖与机身分离。

③ 取下前端盖。

④ 用扳手拧下后端盖的固定螺母，并撬动使其松动。

⑤ 从已拆卸前端盖的一端推动转轴，后端盖即可与定子座分离。

⑥ 将后端盖与转子铁芯一起取下，再将转子铁芯与后端盖分离。

图 6-46 拆卸端盖部分

155

图 6-47 为拆卸完成的三相交流电动机各部件。

图 6-47 拆卸完成的三相交流电动机各部件

资料与提示

若需要维护和保养电动机的轴承,则可以将轴承从转轴上拆卸下来。拆卸前,应注意标记轴承的原始位置;拆卸时,可润滑轴承与转轴的衔接部位,并借助拉拔器拆卸轴承,要避免损伤轴承和转轴。

6.6.5 电动机的检测

电动机作为一种以绕组(线圈)为主要电气部件的动力设备,在检测时,主要是对绕组及传动状态进行检测,包括绕组电阻、绝缘电阻、空载电流及转速等。

1. 电动机绕组电阻的检测

绕组是电动机的主要组成部件,在电动机的实际应用中,损坏的概率相对较高。在检测时,一般可用万用表的电阻挡进行粗略检测,也可以使用万用电桥进行精确检测,进而判断绕组有无短路或断路故障。

图 6-48 为借助万用表粗略检测电动机绕组电阻的方法。

图 6-48 借助万用表粗略检测电动机绕组电阻的方法

单相交流电动机绕组电阻的检测方法如图 6-49 所示。

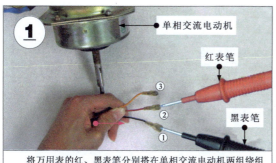
将万用表的红、黑表笔分别搭在单相交流电动机两组绕组的引出线上（①、②）。

从万用表的显示屏上读取实测第一组绕组的电阻 R_1 为 232.8Ω。

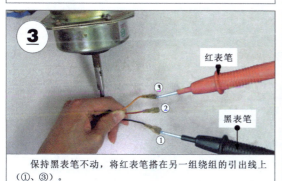
保持黑表笔不动，将红表笔搭在另一组绕组的引出线上（①、③）。

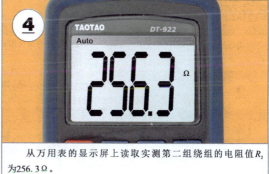
从万用表的显示屏上读取实测第二组绕组的电阻值 R_2 为 256.3Ω。

图 6-49 单相交流电动机绕组电阻的检测方法

资料与提示

如图 6-50 所示，若所测电动机为单相交流电动机，则检测两两绕组之间的电阻所得到的三个数值 R_1、R_2、R_3，应满足其中两个数值之和等于第三个数值（$R_1+R_2=R_3$）。若 R_1、R_2、R_3 中的任意一个数值为无穷大，则说明绕组内部存在断路故障。若所测电动机为三相交流电动机，则检测两两绕组之间的电阻所得到的三个数值 R_1、R_2、R_3，应满足三个数值相等（$R_1=R_2=R_3$）。若 R_1、R_2、R_3 中的任意一个数值为无穷大，则说明绕组内部存在断路故障。

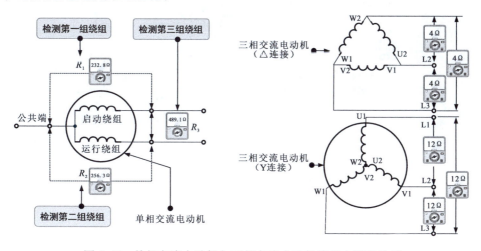

图 6-50 单相交流电动机与三相交流电动机绕组电阻的关系

借助万用电桥检测电动机绕组的电阻如图 6-51 所示。

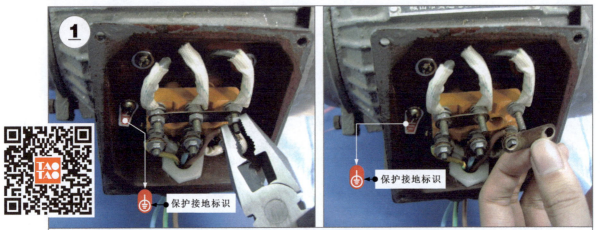

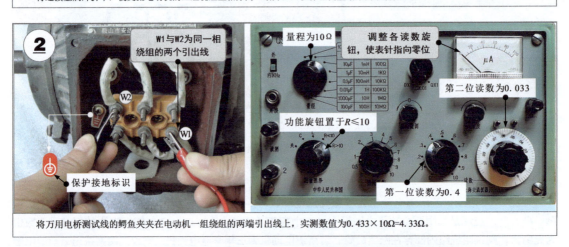

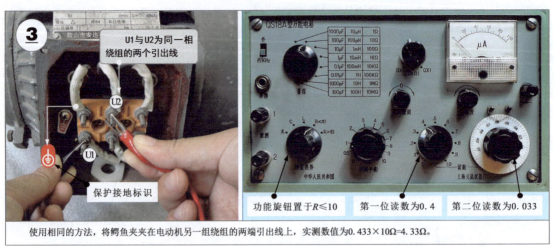

图 6-51　借助万用电桥检测电动机绕组的电阻

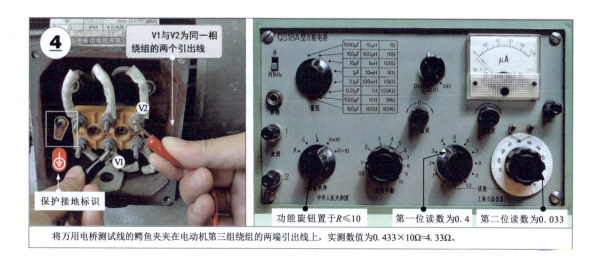

图 6-51　借助万用电桥检测电动机绕组的电阻（续）

2. 电动机绝缘电阻的检测

电动机绝缘电阻一般借助兆欧表进行检测，可有效发现设备受潮、部件局部脏污、绝缘击穿、引线接外壳及老化等问题。

（1）电动机绕组与外壳之间绝缘电阻的检测方法

图 6-52 为借助兆欧表检测三相交流电动机绕组与外壳之间的绝缘电阻。

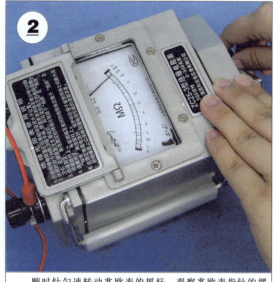

图 6-52　借助兆欧表检测三相交流电动机绕组与外壳之间的绝缘电阻

电工电路识图、布线、接线与检测

> **资料与提示**
>
> 借助兆欧表检测三相交流电动机绕组与外壳之间的绝缘电阻时，应匀速转动兆欧表的摇杆，并观察指针的摆动情况。在图 6-52 中，实测绝缘电阻大于 1MΩ。
>
> 为确保测量的准确，需要待兆欧表的指针慢慢回到初始位置后，再检测其他绕组与外壳的绝缘电阻，若检测结果远小于 1MΩ，则说明三相交流电动机的绝缘性能不良或内部导电部分与外壳之间有漏电情况。

（2）电动机绕组与绕组之间绝缘电阻的检测方法

图 6-53 为借助兆欧表检测三相交流电动机绕组与绕组之间的绝缘电阻（分别检测 U—V、U—W、V—W 之间的电阻）。

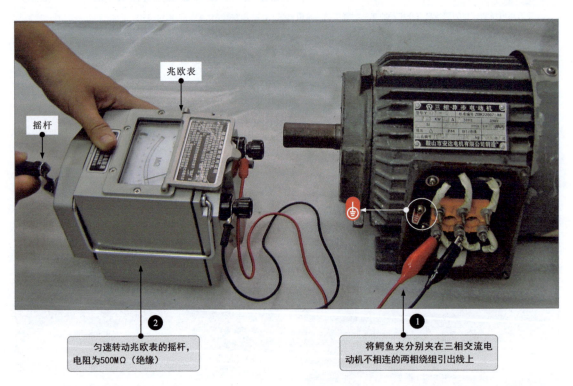

图 6-53　借助兆欧表检测三相交流电动机绕组与绕组之间的绝缘电阻

> **资料与提示**
>
> 在检测绕组之间的绝缘电阻时，需取下绕组间的接线片，即确保绕组之间没有任何连接关系。若测得的绝缘电阻为零或阻值较小，则说明绕组之间存在短路现象。

3. 电动机空载电流的检测

电动机的空载电流是在未带任何负载情况下运行时绕组中的运行电流，一般使用钳形表进行检测，如图 6-54 所示。

第6章 电工电路常用电气部件的检测

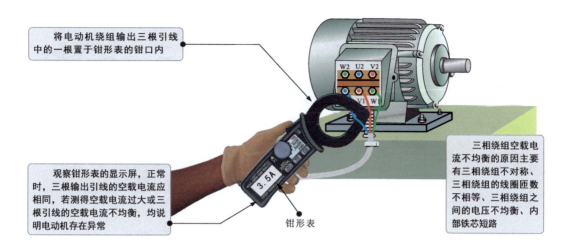

将电动机绕组输出三根引线中的一根置于钳形表的钳口内

观察钳形表的显示屏，正常时，三根输出引线的空载电流应相同，若测得空载电流过大或三根引线的空载电流不均衡，均说明电动机存在异常

钳形表

三相绕组空载电流不均衡的原因主要有三相绕组不对称、三相绕组的线圈匝数不相等、三相绕组之间的电压不均衡、内部铁芯短路

图 6-54 电动机空载电流的检测方法

图 6-55 为借助钳形表检测电动机空载电流的操作方法。

使用钳形表检测三相交流电动机中一根绕组引线的空载电流。

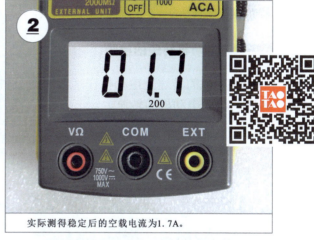

实际测得稳定后的空载电流为1.7A。

使用钳形表检测三相交流电动机另外一根绕组引线的空载电流。

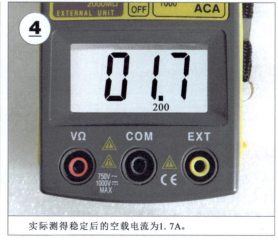

实际测得稳定后的空载电流为1.7A。

图 6-55 借助钳形表检测电动机空载电流的操作方法

161

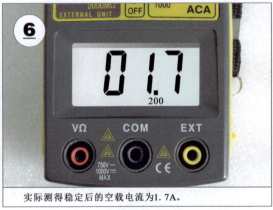

图 6-55 借助钳形表检测电动机空载电流的操作方法（续）

资料与提示

若测得三根绕组引线中的一根空载电流过大或三根绕组引线的空载电流不均衡，均说明电动机存在异常。在一般情况下，空载电流过大的原因主要是电动机内部铁芯不良、电动机转子与定子之间的间隙过大、电动机线圈的匝数过少、电动机绕组连接错误。

※ 4. 电动机转速的检测

电动机的转速是电动机在运行时每分钟旋转的转数。图 6-56 为使用专用的电动机转速表检测电动机的转速。

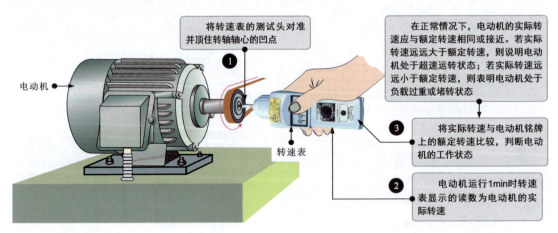

图 6-56 电动机转速的检测方法

资料与提示

在检测没有铭牌的电动机时，应先确定其额定转速，通常采用指针万用表进行确定。首先将电动机各绕组之间的金属连接片取下，使各绕组之间保持绝缘，再将指针万用表的功能旋钮调至 0.05mA，将红、黑表笔分别接在某一绕组的两端，匀速转动电动机主轴一周，观测一周内指针万用表指针左右摆动的次数。若指针万用表的指针摆动一次，则为 2 极电动机（2800r/min）；若指针万用表的指针摆动两次，则为 4 极电动机（1400r/min）；依次类推，摆动三次为 6 极电动机（900r/min）。

6.6.6 电动机的保养维护

电动机的保养维护包括日常维护检查、定期维护检查和年检,根据维护时间和周期的不同,维护和检查的项目也不同。

电动机的保养维护项目如图 6-57 所示。

周期	项目
日常维护	(1) 检查电动机整体外观、零部件,并记录。 (2) 检查电动机在运行中是否有过热、振动、噪声和异常现象,并记录。 (3) 检查电动机散热叶片的运行是否正常。 (4) 检查电动机的轴承、皮带轮、联轴器等润滑是否正常。 (5) 检查电动机皮带磨损情况,并记录。
定期维护	(1) 检查每日例行检查的所有项目。 (2) 检查电动机及控制线路部分的连接或接触是否良好,并记录。 (3) 检查电动机的外壳、皮带轮、基座有无损坏或破损部分,并提出维护方法和时间。 (4) 测试电动机的运行环境温度,并记录。 (5) 检查电动机的控制线路有无磨损、绝缘老化等现象。 (6) 测试电动机的绝缘性能(绕组与外壳、绕组之间的绝缘电阻),并记录。 (7) 检查电动机与负载的连接状态是否良好。 (8) 检查电动机关键机械部件的磨损情况,如电刷、换向器、轴承、集电环、铁芯等。 (9) 检查电动机转轴有无歪斜、弯曲、擦伤、断轴等情况,若存在上述情况,则制订检修计划和处理方法。
年检	(1) 检查轴承锈蚀和油渍情况,清洗和补充润滑脂或更换新轴承。 (2) 检查绕组与外壳、绕组之间、输出引线的绝缘性能。 (3) 必要时对电动机进行拆卸,清扫内部脏污、灰尘,并对相关零部件进行保养维护,如清洗、上润滑油、擦拭、除尘等。 (4) 检查电动机输出引线、控制线路绝缘是否老化,必要时重新更换线材。

图 6-57 电动机的保养维护项目

资料与提示

电动机故障大多是由缺相、超载、人为或环境因素及本身原因造成的。缺相、超载、人为或环境因素都能够在日常维护时被发现,特别是环境因素。环境因素是决定电动机使用寿命的重要因素。

由此可知,对电动机进行日常维护是一项重要的环节,特别是在车间和厂房中,电动机数量达几十台甚至几百台,若日常维护不及时,则会给企业带来很大的损失。

电动机需要重点维护的部件包括外壳、转轴、电刷、铁芯及轴承等。

1. 电动机外壳的维护

电动机在使用一段时间后,由于工作环境的影响,外壳上可能会堆积灰尘和油污,影响通风散热,严重时还会影响正常工作,因此需要对电动机的外壳进行维护,如图 6-58 所示。

检查外壳上有无明显堆积的灰尘和油污

毛刷
用毛刷清扫外壳上堆积的灰尘

潮湿的毛巾
用潮湿的毛巾擦拭外壳上的油污

图 6-58 电动机外壳的维护

2. 电动机转轴的维护

电动机在日常使用中，转轴上可能会出现锈蚀、脏污等，若严重，将导致电动机不能启动、堵转或无法转动等。维护时，应先用软毛刷清扫转轴上的脏污，然后用细砂纸打磨转轴，即可除去转轴上的锈蚀，如图6-59所示。

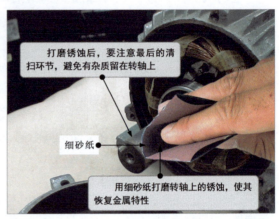

图 6-59 电动机转轴的维护

3. 电动机电刷的维护

电刷是有刷类电动机的关键部件。电刷异常将直接影响电动机的运行状态和工作效率。根据电刷的工作特点，在一般情况下，电刷出现异常主要是因为电刷或电刷架上的炭粉堆积过多、电刷严重磨损、电刷活动受阻等原因引起的。

图6-60为电动机电刷的维护。

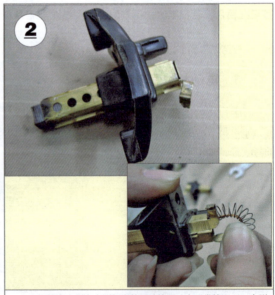

图 6-60 电动机电刷的维护

资料与提示

在有刷电动机的运行过程中,电刷需要与整流子接触,在转子带动整流子的转动过程中,电刷会存在一定程度的磨损,且磨损下来的炭粉很容易堆积在电刷架上。这就要求电动机的维护人员应定期清理炭粉,确保电动机正常工作。

维护电刷时,需要查看电刷引线有无变色,并依此了解电刷是否过载、电阻是否偏高、导线与电刷的连接情况,有助于及时预防故障的发生。

维护电刷时,还需要对整流子进行相应的维护操作,如清洁整流子表面的炭粉、打磨整流子表面的毛刺或麻点、检查整流子表面有无明显不一致的灼痕等,以便及时发现故障隐患。

4. 电动机铁芯的维护

电动机的铁芯包括静止的定子铁芯和转动的转子铁芯,维护时,可用毛刷或铁钩等清理铁芯表面的脏污、油渍等,如图 6-61 所示。

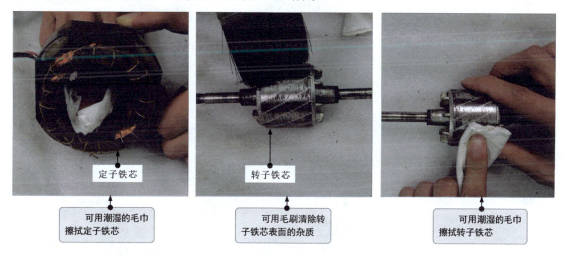

图 6-61 电动机铁芯的维护

5. 电动机轴承的维护

电动机经过一段时间的使用后,会因润滑脂变质、渗漏等情况造成轴承磨损、间隙增大,如图 6-62 所示。此时,轴承表面温度升高,运转噪声增大,严重时还可能使定子与转子相接触。

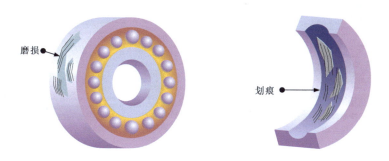

图 6-62 轴承磨损示意图

电动机轴承的维护包括清洗轴承、清洗后检查轴承及润滑轴承,如图6-63所示。

检查轴承内部润滑脂有无硬化、杂质过多的情况。

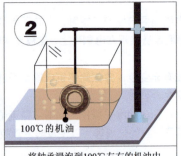

将轴承浸泡到100℃左右的机油中。

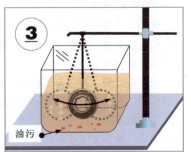

浸泡一段时间后,将轴承在机油内摇晃,油污会从缝隙中流走。

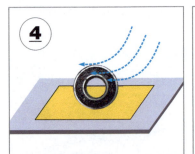

轴承清洗干净后,将轴承从机油中提出,晾干。

检查轴承游隙,游隙最大值不能超过规定要求。

轴承内径(mm)	游隙(mm)
20～30	0.1
30～50	0.2
55～80	0.25
85～120	0.3
130～150	0.35

用一只手捏住轴承内圈,用另一只手推动外圈使其旋转。若轴承良好,则旋转平稳,无停滞;若转动中有杂音或突然停止,则表明轴承已损坏。

捏住轴承,前后、左右晃动,若有明显的撞击声,则轴承可能损坏。

将润滑脂取出一部分放在干净的容器内,与润滑油按6:1～5:1的比例搅拌均匀。

将搅拌均匀的润滑脂均匀涂抹在轴承空腔内,用手指挤压,并转动轴承使润滑脂均匀。

将轴承的内、外圈清理干净,润滑完成。

图6-63 电动机轴承的维护

资料与提示

清洗轴承除了采用上述的100℃机油清洗外，还可采用煤油浸泡清洗、淋油法清洗等。清洗后的轴承可用干净的布擦干，注意不要用掉毛的布。为了防止手汗或水渍腐蚀轴承，清洗后的轴承不要用手摸，也不要直接涂抹润滑脂，要晾干后才能涂抹润滑脂，否则会引起轴承生锈。

清洗轴承后，在进行润滑操作之前，需要检查轴承的外观、游隙等，初步判断轴承能否继续使用。检查轴承外观主要包括看轴承内、外圈的配合面磨损是否严重、滚珠或滚柱是否破裂、是否有锈蚀或麻点、保持架是否碎裂等。若外观损坏较严重，则需要直接更换轴承，否则即使重新润滑，也无法恢复轴承的机械性能。

轴承的游隙是指滚珠或滚柱与外圈内沟道之间的最大距离。当游隙超出允许范围时，应更换轴承。轴承的径向间隙可以采用手感法检查。间隙过大，也应直接更换轴承。

润滑时，润滑脂过多或过少都会引起轴承发热：过多，会加大滚动的阻力，产生高热，使润滑脂溶化，流入绕组；过少，会加快轴承的磨损。

不同种类的润滑脂可适用于不同应用环境中的电动机，因此，在润滑时，应根据实际环境选用，并应注意以下几点：

① 应定期补充和更换润滑脂；
② 补充润滑脂时要用同型号的润滑脂；
③ 补充和更换的润滑脂应为轴承空腔容积的1/3～1/2；
④ 润滑脂应新鲜、清洁且无杂物。

不论使用哪种润滑脂，在使用前均应搅拌一定比例（6：1～5：1）的润滑油，对转速较高、工作环境温度较高的轴承，润滑油的比例应少些。

※ 6. 电动机运行状态的维护

在电动机运行时，可通过检测电动机的启动电流、运行电流判断有无堵转、供电有无失衡等情况，即借助钳形表检测各相电流，在正常情况下，各相电流与平均值的误差不应超过10%，如差值太大，则可能有匝间短路故障，需要及时处理，避免故障扩大化，如图6-64所示。

图6-64 电动机运行状态的维护

第7章
照明控制电路的识图、接线与检测

7.1 触摸延时照明控制电路的识图、接线与检测

7.1.1 触摸延时照明控制电路的结构

触摸延时照明控制电路利用触摸延时开关控制三极管和单向晶闸管的导通与截止，从而实现对照明灯状态的控制。在待机状态，照明灯不亮；当有人碰触触摸延时开关时，照明灯点亮，并在延时一段时间后自动熄灭。

图7-1为触摸延时照明控制电路的结构组成。由图可知，触摸延时照明控制电路主要是由桥式整流堆VD1～VD4、触摸延时开关A、三极管V1/V2、单向晶闸管VT、电解电容器C、电阻器R1~R5、照明灯EL等构成的。

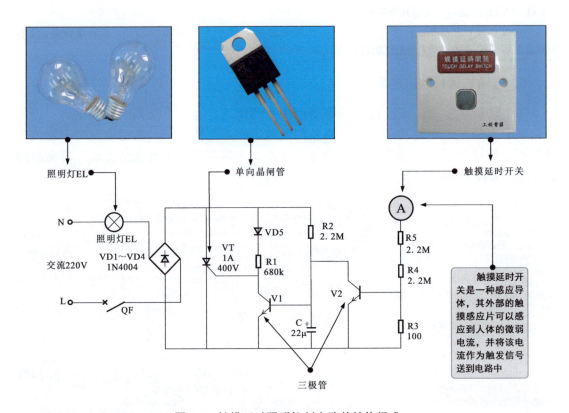

图7-1 触摸延时照明控制电路的结构组成

7.1.2 触摸延时照明控制电路的接线

图 7-2 为触摸延时照明控制电路的接线示意图。

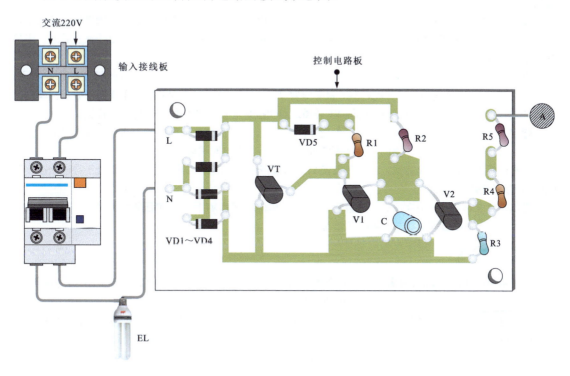

图 7-2　触摸延时照明控制电路的接线示意图

7.1.3 触摸延时照明控制电路的识图

触摸延时照明控制电路的识图如图 7-3 所示。

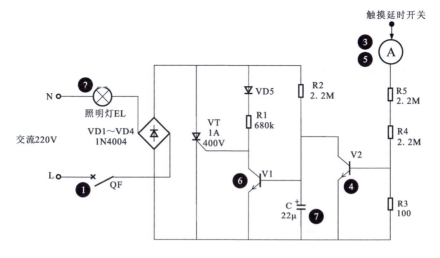

图 7-3　触摸延时照明控制电路的识图

资料与提示

图 7-3 中，❶合上总断路器 QF，交流 220V 电压经桥式整流堆 VD1～VD4 整流后输出直流电压，为后级电路供电。

❷直流电压经电阻器 R2 后为电解电容器 C 充电，充电完成后，为三极管 V1 提供导通信号，使三极管 V1 导通，电流经三极管 V1 的集电极、发射极到地，单向晶闸管 VT 触发端为低电压，处于截止状态。当单向晶闸管 VT 截止时，照明控制电路中的电流很小，照明灯 EL 不亮。

❸当人体碰触触摸延时开关 A 时，经电阻器 R5、R4 将触发信号送到三极管 V2 的基极，使三极管 V2 导通。

❹当三极管 V2 导通后，电解电容器 C 经三极管 V2 放电，三极管 V1 因基极电压降低而截止，单向晶闸管 VT 的控制极电压升高达到触发电压，VT 导通，照明控制电路形成回路，照明灯 EL 点亮。

❺当人体离开触摸延时开关 A 后，三极管 V2 因无触发信号而截止，使电解电容器 C 再次充电。由于电阻器 R2 的阻值较大，导致电解电容器 C 的充电电流较小，充电时间较长。

❻在电解电容器 C 充电完成之前，三极管 V1 一直处于截止状态，单向晶闸管 VT 仍处于导通状态，照明灯 EL 继续点亮。

❼当电解电容器 C 充电完成后，三极管 V1 导通，单向晶闸管 VT 因触发电压降低而截止，照明控制电路中的电流再次减小至等待状态，照明灯 EL 熄灭。

资料与提示

在使用触摸延时开关时，只需轻触一下触摸部件即可导通，且在延时一段时间后自动关闭，既方便操控，又节能、环保，同时也可有效延长照明灯的使用寿命。

触摸延时开关实际上就是一种触摸元件，工作原理示意图如图 7-4 所示。在电路中，触摸元件的引脚端经电阻器 R 接入照明控制电路。当用手触摸触摸元件时，人体感应信号相当于一个触发信号。

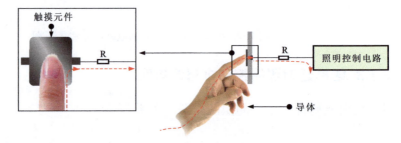

图 7-4 触摸延时开关的工作原理示意图

由图 7-3 可知，单向晶闸管是照明灯是否点亮的关键部件，控制过程如图 7-5 所示。

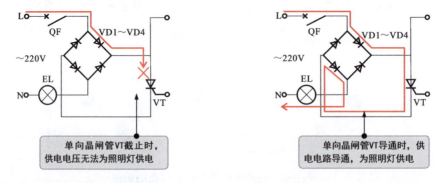

图 7-5 单向晶闸管的控制过程

触摸延时照明控制电路的结构形式多样,采用 NE555 时基电路的触摸延时照明控制电路及接线如图 7-6 所示。图中,R1 和 C1 决定时间常数,改变 R1 的阻值和 C1 的电容量,可以改变照明灯的延时时间(延时时间 $T=1.1R_1 \times C_1$)。

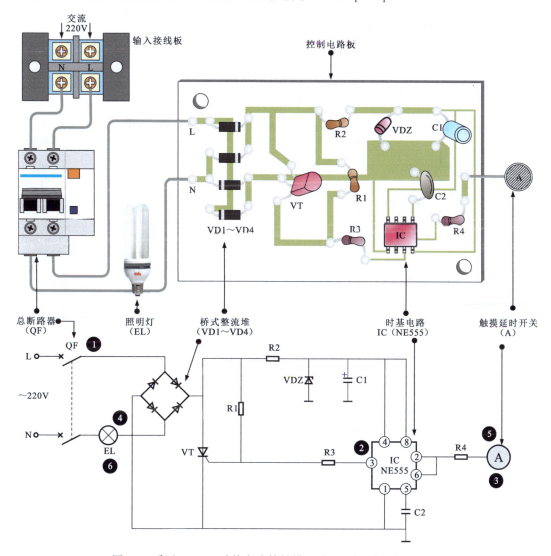

图 7-6 采用 NE555 时基电路的触摸延时照明控制电路及接线

资料与提示

图 7-6 中,❶合上总断路器 QF,接通 220V 交流电源。

❷交流 220V 电压经桥式整流堆 VD1~VD4 整流、电阻器 R2 降压、稳压二极管 VDZ 稳压、电容器 C1 滤波后,输出直流电压为时基电路 IC(NE555)供电,使其进入准备工作状态。

❸当用手碰触触摸延时开关 A 时,感应信号经电阻器 R4 加到时基电路 IC 的 2 脚和 6 脚。时基电路 IC 得到感应信号后,内部触发器翻转,使 3 脚输出高电平。

❹单向晶闸管 VT 的控制极有高电平输入,触发 VT 导通,照明灯 EL 形成供电回路,EL 点亮。

❺当用手再次碰触触摸延时开关 A 时,感应信号经电阻器 R4 送到时基电路 IC 的 2 脚和 6 脚。时基电路 IC 内部触发器再次翻转,3 脚输出低电平。

❻单向晶闸管 VT 的控制极降为低电平,VT 截止,切断照明灯 EL 的供电回路,EL 熄灭。

7.1.4 触摸延时照明控制电路的检测

检测触摸延时照明控制电路时，可根据电路的控制关系，借助万用表测量电路在不同状态下的性能是否正常，进而完成对电路的检修。

1. 未碰触触摸延时开关时电路性能的检测

根据电路分析可知，未碰触触摸延时开关时，单向晶闸管截止，电路处于断开状态，此时可使用万用表检测各检测点的电压值是否正常。

图 7-7 为未碰触触摸延时开关时电路性能的检测。

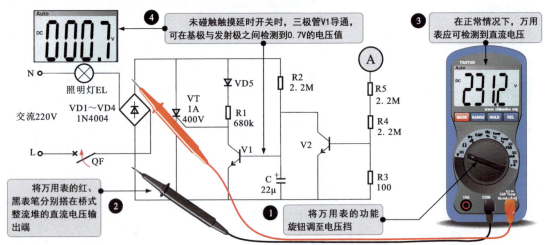

图 7-7　未碰触触摸延时开关时电路性能的检测

2. 碰触触摸延时开关后电路性能的检测

根据电路分析可知，碰触触摸延时开关后，单向晶闸管 VT 导通，照明灯的供电部分导通，照明灯点亮，此时可使用万用表检测各检测点的电压值是否正常。

图 7-8 为碰触触摸延时开关后电路性能的检测。

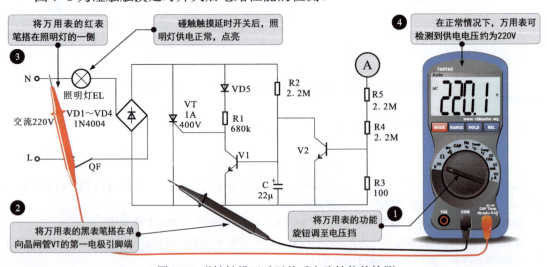

图 7-8　碰触触摸延时开关后电路性能的检测

7.2 卫生间门控照明控制电路的结构、识图与检测

7.2.1 卫生间门控照明控制电路的结构

卫生间门控照明控制电路是一种自动控制照明灯亮、灭的电路，当有人开门进入卫生间时，照明灯自动点亮；当有人走出卫生间时，照明灯自动熄火。

图7-9为卫生间门控照明控制电路的结构组成。由图可知，该电路主要由双D触发器IC1、双向晶闸管VT、三极管V、磁控开关SA等部件构成。

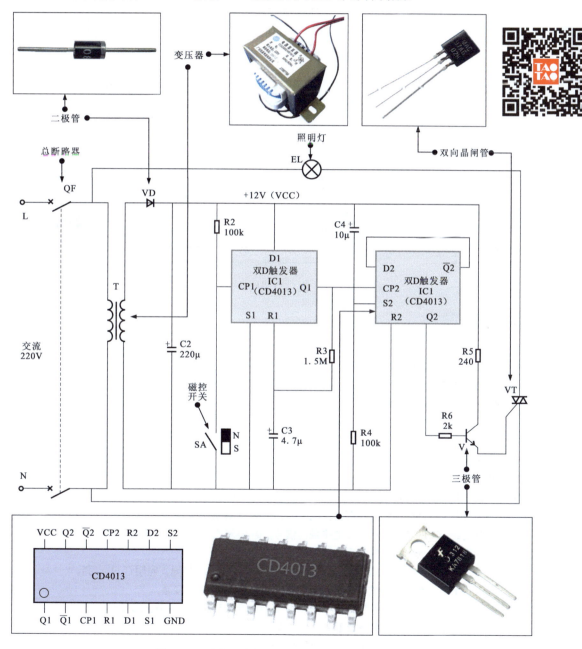

图7-9 卫生间门控照明控制电路的结构组成

7.2.2 卫生间门控照明控制电路的识图与检测

图 7-10 为卫生间门控照明控制电路的识图。

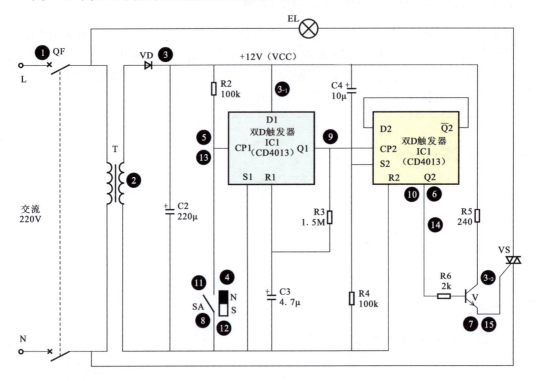

图 7-10 卫生间门控照明控制电路的识图

资料与提示

图 7-10 中，❶合上总断路器 QF，接通交流 220V 电压。
❷交流 220V 电压经变压器 T 降压。
❸降压后的交流电压经 VD 整流和 C2 滤波后，变为 +12V 直流电压。
　　❸-₁ +12V 直流电压为双 D 触发器 IC1 的 D1 端供电。
　　❸-₂ +12V 直流电压为三极管 V 的集电极供电。
❹当门关闭时，磁控开关 SA 处于闭合状态。
❺双 D 触发器 IC1 的 CP1 端为低电平。
❸-₁ + ❺→❻双 D 触发器 IC1 的 Q1 端和 Q2 端均输出低电平。
❼三极管 V 和双向晶闸管 VS 均处于截止状态，照明灯 EL 不亮。
❽当有人进入卫生间时，门被打开并关闭，磁控开关 SA 断开后又接通。
❾双 D 触发器 IC1 的 CP1 端产生高电平触发信号，Q1 端输出高电平并送入 CP2 端。
❿双 D 触发器 IC1 的内部受触发而翻转，Q2 端输出高电平。
⓫三极管 V 导通，为双向晶闸管 VT 的控制极提供触发信号，VS 导通，照明灯 EL 点亮。
⓬当有人走出卫生间时，门被打开并关闭，磁控开关 SA 断开后又接通。
⓭双 D 触发器 IC1 的 CP1 端产生高电平触发信号，Q1 端输出高电平并送入 CP2 端。
⓮双 D 触发器 IC1 的内部受触发而翻转，Q2 端输出低电平。
⓯三极管 V 截止，双向晶闸管 VS 截止，照明灯 EL 熄灭。

1. 初始状态下电路性能的检测

根据电路分析可知，卫生间门控照明控制电路在初始状态时，照明灯处于熄灭状态，照明灯没有供电电压，三极管的集电极、双 D 触发器的供电端都应有 +12V 的供电电压，此时可使用万用表检测这些关键点的电压值是否正常，即可判断电路的性能是否正常。

图 7-11 为初始状态下电路性能的检测。

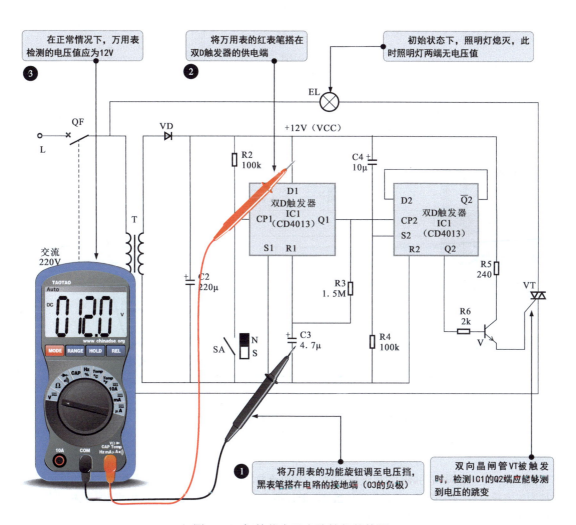

图 7-11 初始状态下电路性能的检测

2. 磁控开关动作时电路性能的检测

根据电路分析可知，当磁控开关 SA 动作时，照明灯点亮，此时可借助万用表再次对电路中各关键检测点的电压值进行检测，即可判断电路性能是否正常。

图 7-12 为磁控开关 SA 动作时电路性能的检测。

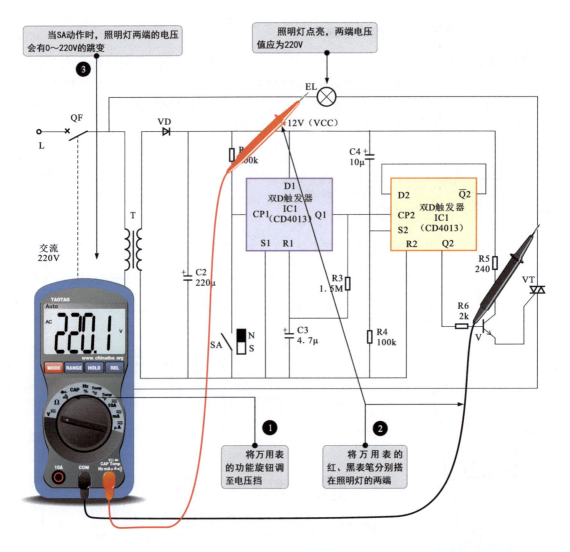

图 7-12 磁控开关 SA 动作时电路性能的检测

资料与提示

图 7-12 中，若照明灯两端的供电电压正常，照明灯无异常，但不能点亮，则需要检测关键的控制部件，如检测磁控开关 SA 是否正常，通常采用代换法，若代换后，照明灯可以点亮，则表明磁控开关 SA 损坏。磁控开关 SA 的实物外形如图 7-13 所示。

图 7-13 磁控开关 SA 的实物外形

7.3 楼道光控照明控制电路的结构、识图与检测

7.3.1 楼道光控照明控制电路的结构

楼道光控照明控制电路是一种通过光照强弱来自动控制照明灯点亮和熄灭的电路，即在白天光线较强时，楼道内的照明灯不亮；当夜晚光线较弱时，楼道内的照明灯点亮。

图 7-14 为楼道光控照明控制电路的结构组成。由图可知，楼道光控照明控制电路主要是由总断路器 QF、变压器 T、整流二极管 VD3、晶闸管 VT2、双向晶闸管 VT1、光敏电阻器 RG、可变电阻器 RP 等部件构成的。

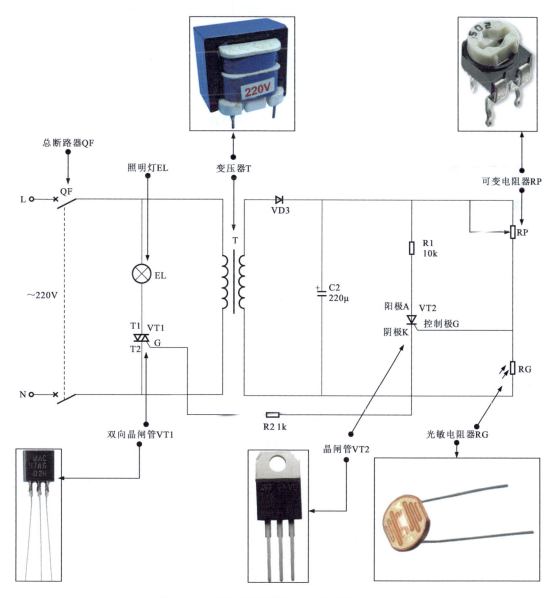

图 7-14 楼道光控照明控制电路的结构组成

7.3.2 楼道光控照明控制电路的识图与检测

图 7-15 为楼道光控照明控制电路的识图。

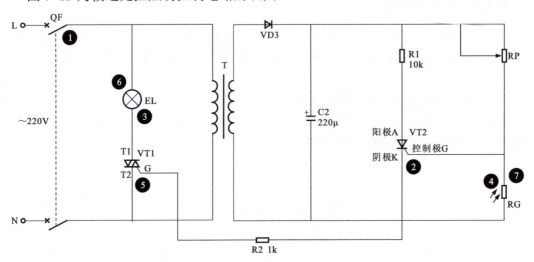

图 7-15　楼道光控照明控制电路的识图

资料与提示

图 7-15 中，❶合上总断路器 QF，接通交流市电电源。交流 220V 市电电压经变压器 T、整流二极管 VD3 整流及滤波电容器 C2 滤波后，变为直流电压。

❷当白天光线较强时，光敏电阻器 RG 的阻值较小，晶闸管 VT2 的控制极 G 电压较低，不足以触发晶闸管 VT2，VT2 处于截止状态。

❸VT1 截止，照明灯无供电电压，不能点亮。

❹当夜晚光线较弱时，光敏电阻器 RG 的阻值变大，晶闸管 VT2 的控制极 G 电压上升，VT2 导通。

❺VT2 导通后，为双向晶闸管 VT1 的控制极提供触发电压。

❻双向晶闸管 VT1 的 T1 极和 T2 极均导通，照明灯 EL 接通 220V 交流电压，点亮。

❼当光线变强时，VT2 和 VT1 再次截止，照明灯 EL 将熄灭。

资料与提示

楼道光控照明控制电路中的主要部件为光敏电阻器。光敏电阻器大多是由半导体材料制成的，利用半导体的光导电特性，可使其阻值随入射光线的强弱发生变化，当入射光线较强时，阻值明显减小；当入射光线较弱时，阻值显著增大。

光敏电阻器上一般没有任何标识，可根据所在电路的图纸资料了解标称阻值。

图 7-16 为光敏电阻器的外形结构及在电路中的参数标识。

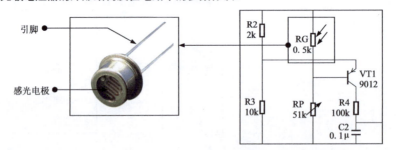

图 7-16　光敏电阻器的外形结构及在电路中的参数标识

1. 白天时电路性能的检测

根据电路分析可知,楼道光控照明控制电路在白天和光线充足的环境下,照明灯不亮。此时可借助万用表检测电路中关键部件的导通状态。

图 7-17 为白天时电路性能的检测。

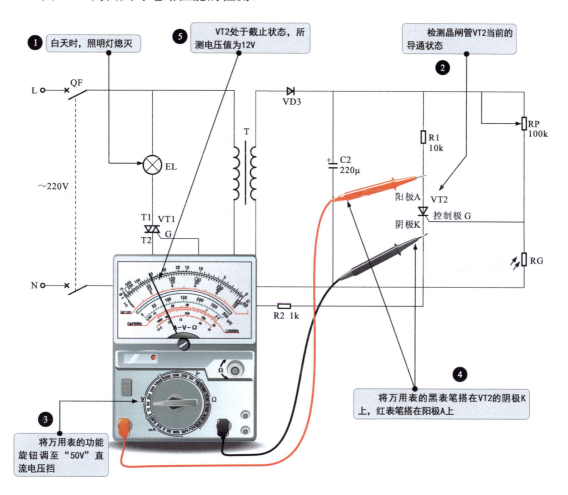

图 7-17 白天时电路性能的检测

2. 夜晚时电路性能的检测

根据电路分析可知,楼道光控照明控制电路在夜晚或光线较暗的情况下,照明灯点亮。此时可借助万用表检测电路中关键部件的导通状态。图 7-18 为夜晚时电路性能的检测。

若晶闸管 VT2 导通,照明灯不能点亮,则需要进一步检测电路中的其他控制部件是否正常,如图 7-19 所示。

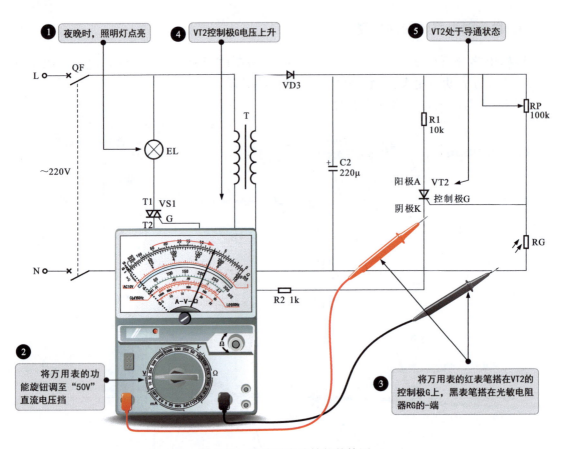

图 7-18 夜晚时电路性能的检测

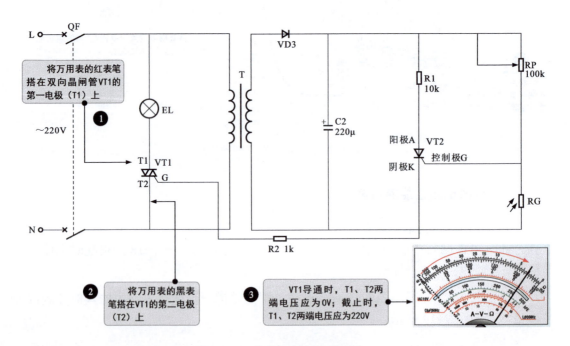

图 7-19 其他控制部件的检测

7.4 小区路灯照明控制电路的识图、接线与检测

7.4.1 小区路灯照明控制电路的结构

小区路灯照明控制电路多采用一个控制部件控制多盏路灯的方式。

图 7-20 为小区路灯照明控制电路的结构组成。由图可知，小区路灯照明控制电路是由多盏路灯、总断路器 QF、双向晶闸管 VT、控制芯片（NE555 时基电路）、光敏电阻器 MG 等构成的。

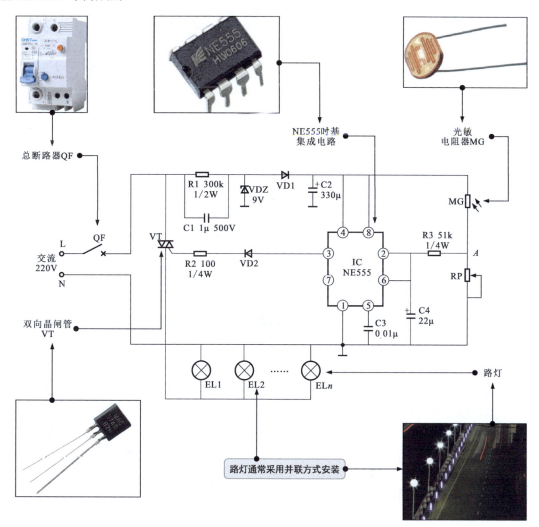

图 7-20　小区路灯照明控制电路的结构组成

资料与提示

小区路灯照明控制电路大多是依靠由自动感应部件、触发控制部件等组成的触发控制电路进行控制的。NE555 时基电路是图 7-20 中的主要控制部件之一。NE555 有多个引脚，可将送入的信号进行处理后输出。

7.4.2 小区路灯照明控制电路的接线

图 7-21 为小区路灯照明控制电路的接线示意图。

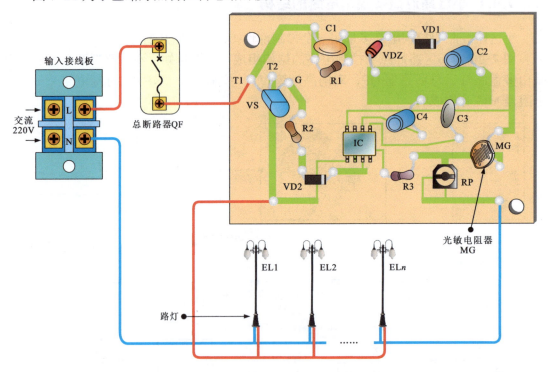

图 7-21 小区路灯照明控制电路的接线示意图

7.4.3 小区路灯照明控制电路的识图

图 7-22 为小区路灯照明控制电路的识图。

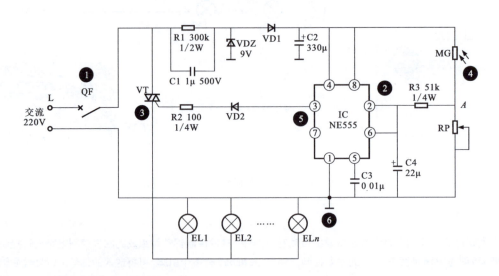

图 7-22 小区路灯照明控制电路的识图

资料与提示

图 7-22 中，❶合上总断路器 QF，接通交流 220V 电源。220V 电压经整流和滤波电路后，输出直流电压为时基电路 IC（NE555）供电，进入准备工作状态。

❷当夜晚来临时，光照强度逐渐减弱，光敏电阻器 MG 的阻值逐渐增大，压降升高，A 点电压降低，加到时基电路 IC 的 2、6 脚电压降低。

❸当时基电路 IC 的 2、6 脚电压低于 $1/3V_{DD}$ 时，IC 内部触发器翻转，3 脚输出高电平，二极管 VD2 导通，触发双向晶闸管 VT 导通，形成供电回路，路灯 EL1 ～ ELn 同时点亮。

❹当黎明来临时，光照强度逐渐增强，光敏电阻器 MG 的阻值逐渐减小，压降降低，A 点电压升高，加到时基电路 IC 的 2、6 脚电压升高。

❺当 IC 的 2 脚电压大于 $2/3V_{DD}$，6 脚电压也大于 $2/3V_{DD}$ 时，IC 内部触发器再次翻转，3 脚输出低电平，二极管 VD2 截止，双向晶闸管 VT 截止。

❻路灯 EL1 ～ ELn 供电回路被切断，所有路灯同时熄灭。

资料与提示

如图 7-23 所示，NE555 时基电路用字母"IC"标识，内部设有比较器、缓冲器和触发器。2 脚、6 脚、3 脚为关键的输入端和输出端。3 脚输出电压的高、低受触发器的控制，触发器受 2 脚和 6 脚触发输入端的控制。

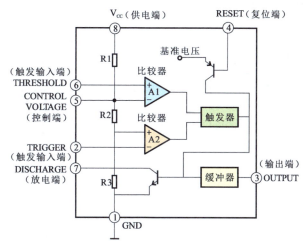

图 7-23 NE555 时基电路的内部结构

由图 7-23 可知，比较器 A1 的反相输入端（5 脚）接在 R1 与 R2 之间，电压为 $2/3V_{cc}$，若使比较器 A1 输出高电平，则 A1 的同相输入端（6 脚）电压应高于反相输入端（5 脚）电压；比较器 A2 的同相输入端接在 R2 与 R3 之间，电压为 $1/3V_{cc}$，若使比较器 A2 输出高电平，则 A2 的反相输入端（2 脚）电压应低于 $1/3V_{cc}$。

因此，在一般情况下，NE555 时基电路的 2 脚电压低于 $1/3V_{cc}$，即有低电平触发信号加入时，会使输出端 3 脚输出高电平；当 2 脚电压高于 $1/3V_{cc}$，6 脚电压高于 $2/3V_{cc}$ 时，输出端 3 脚输出低电平。

NE555 的 4 脚为复位端。当 4 脚电压低于 0.4V 时，不管 2 脚、6 脚状态如何，3 脚都输出低电平。

NE555 的 7 脚为放电端，与 3 脚输出同步，输出电平一致，但 7 脚并不输出电流。

例如，在一些可实现自动触发的电路中，可通过将传感器自动感测的信号送入 NE555 时基电路的触发输入端来决定 3 脚的输出情况，如图 7-24 所示。

在一些电路中，由于 NE555 外接电容器的充、放电过程延长了 3 脚输出高电平或低电平的时间，因此可用在需要延时一段时间后才自动熄灭的照明控制电路中，如图 7-25 所示。

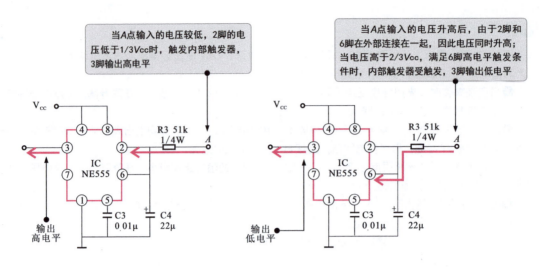

图 7-24 NE555 在自动触发电路中的工作过程

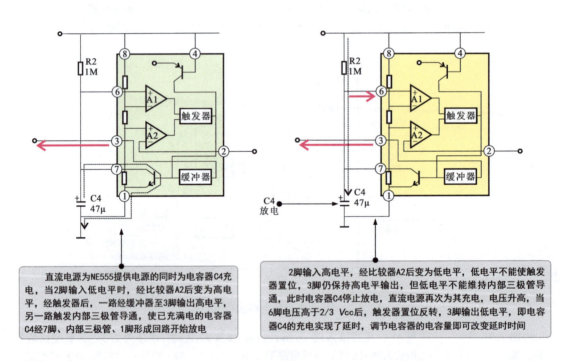

图 7-25 NE555 在延迟触发电路中的工作过程

7.4.4 小区路灯照明控制电路的检测

1. 在光线较强的环境下电路性能的检测

首先在光线较强的环境下，借助万用表检测电路中主要元器件的供电电压、导通状态等。

图 7-26 为在光线较强的环境下电路性能的检测。

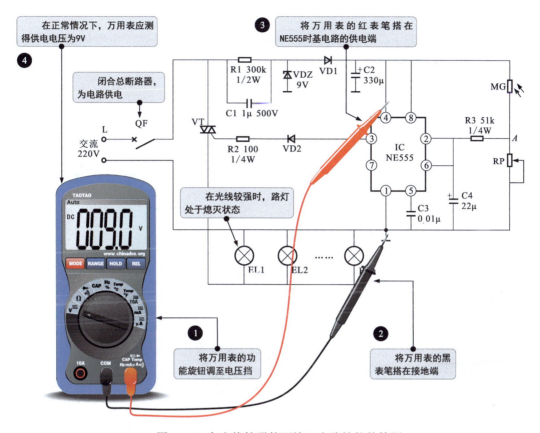

图 7-26 在光线较强的环境下电路性能的检测

资料与提示

在光线较强的环境下，除了检测 NE555 时基电路的供电电压，还应进一步检测其输入、输出电压是否正常。

当 IC 的 3 脚输出高电平时，VD2 导通，VT 被触发；当 IC 的 3 脚输出低电平时，二极管 VD2 截止，起隔离作用，如图 7-27 所示。

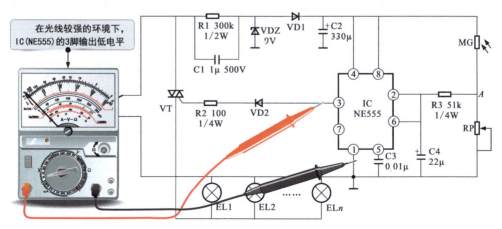

图 7-27 IC 输入、输出电压的检测

2. 在光线较弱的环境下电路性能的检测

在光线较弱的环境下，可借助万用表检测路灯是否正常点亮、主要元器件的导通状态是否正常。

图 7-28 为在光线较弱的环境下电路性能的检测。

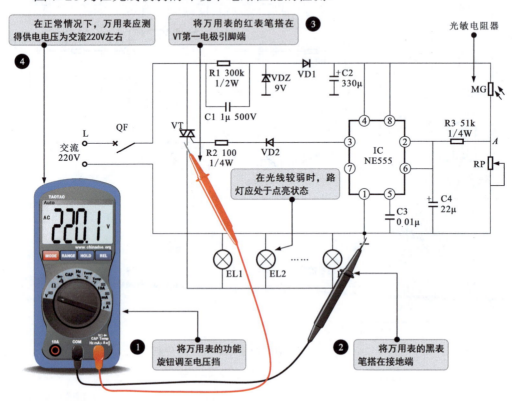

图 7-28 在光线较弱的环境下电路性能的检测

资料与提示

在小区路灯照明控制电路中，光敏电阻器 MG 是主要的控制元器件之一，若电路供电正常，则还需要检测光敏电阻器。通常使用万用表检测光敏电阻器在不同光线下的阻值变化情况，如图 7-29 所示，在正常情况下，当光线较强时，其阻值较大；当光线较弱时，其阻值较小。

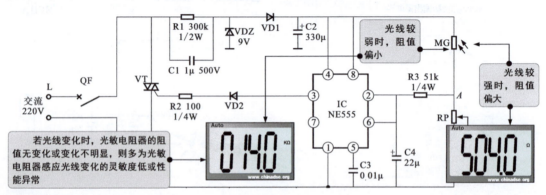

图 7-29 光敏电阻器的检测方法

7.5 光控路灯照明控制电路的结构、识图与检测

7.5.1 光控路灯照明控制电路的结构

光控路灯照明控制电路通过光敏电阻器进行控制，即利用光敏电阻器代替手动开关自动控制路灯的工作状态：白天，光照较强，路灯熄灭；夜晚，光照较弱，路灯点亮。

图 7-30 为光控路灯照明控制电路的结构组成。由图可知，光控路灯照明控制电路主要是由控制用的三极管 V1 ～ V3、感知光亮度的光敏电阻器 MG、控制电路通电的电磁继电器 K 及稳压二极管 VDZ1、VDZ2 等组成的。

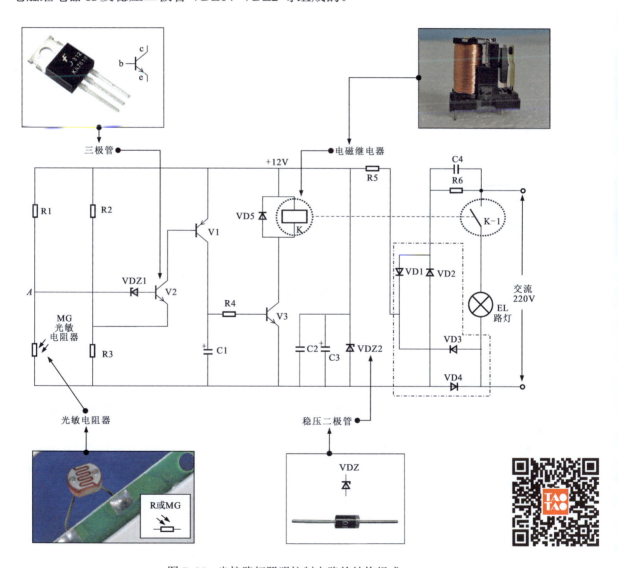

图 7-30 光控路灯照明控制电路的结构组成

光敏电阻器的内部结构如图 7-31 所示。

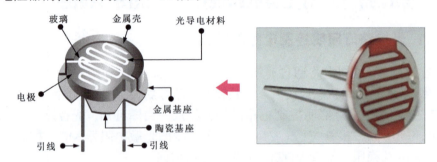

图 7-31　光敏电阻器的内部结构

7.5.2　光控路灯照明控制电路的识图与检测

图 7-32 为光控路灯照明控制电路的识图。

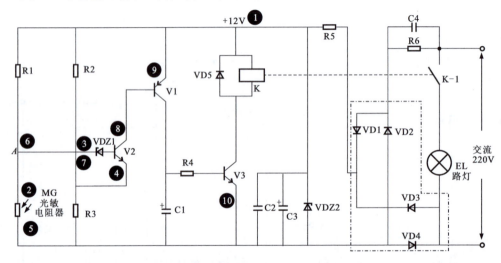

图 7-32　光控路灯照明控制电路的识图

资料与提示

图 7-32 中，❶交流 220V 电压经桥式整流电路 VD1～VD4 整流、稳压二极管 VDZ2 稳压后，输出 +12V 直流电压，为电路供电。

❷白天，光照较强，光敏电阻器 MG 的阻值较小。

❸光敏电阻器 MG 与电阻器 R1 形成分压电路，电阻器 R1 上的压降较大，分压点 A 点电压偏低，低于稳压二极管 VDZ1 的导通电压。

❹由于 VDZ1 无法导通，三极管 V1、V2、V3 均截止，电磁继电器 K 不吸合，路灯 EL 不亮。

❺夜晚，光照较弱，光敏电阻器 MG 的阻值增大。

❻光敏电阻器 MG 的阻值增大，分压点 A 点电压升高。

❼当 A 点电压超过稳压二极管 VDZ1 的导通电压时，稳压二极管 VDZ1 导通。

❽稳压二极管 VDZ1 导通后，为三极管 V2 提供基极电压，使三极管 V2 导通。

❾三极管 V2 导通后，为三极管 V1 提供导通条件，三极管 V1 导通。

❿三极管 V1 导通后，为三极管 V3 提供导通条件，三极管 V3 导通，电磁继电器 K 线圈得电，带动常开触点 K-1 闭合，形成供电回路，路灯 EL 点亮。

1. 白天光控路灯照明控制电路的检测方法

图 7-33 为白天光控路灯照明控制电路的检测方法。

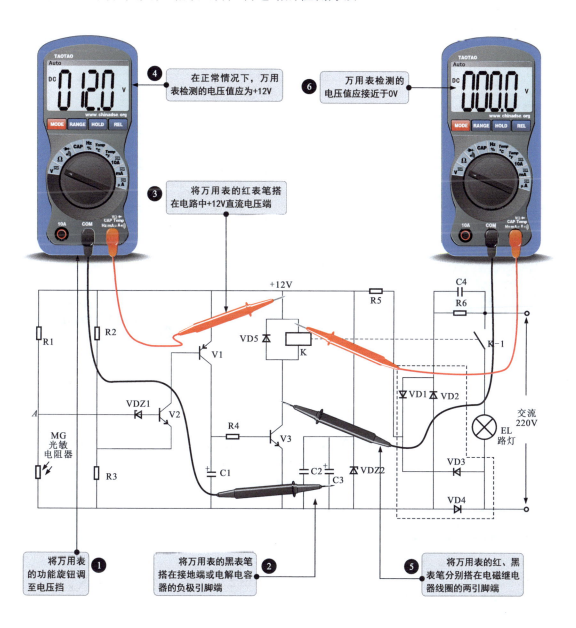

图 7-33　白天光控路灯照明控制电路的检测方法

2. 夜晚光控路灯照明控制电路的检测方法

图 7-34 为夜晚光控路灯照明控制电路的检测方法。

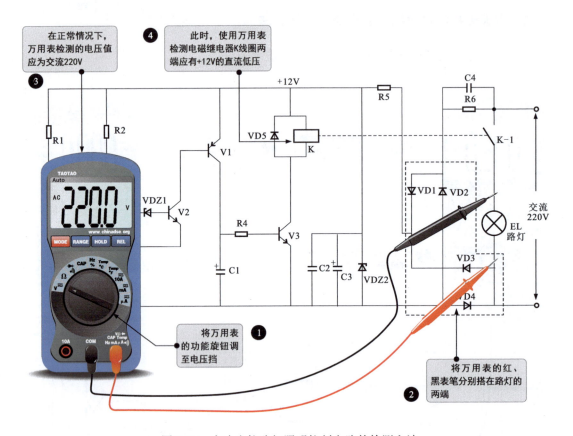

图 7-34　夜晚光控路灯照明控制电路的检测方法

资料与提示

图 7-34 中，若直流 +12V 供电电压正常，路灯无法正常点亮，则需要进一步检测电路中主要控制元器件的工作状态，如三极管 V1、V2、V3 的导通状态及光敏电阻器的性能等。

图 7-35 为光控路灯照明控制电路主要检测点的检测方法。

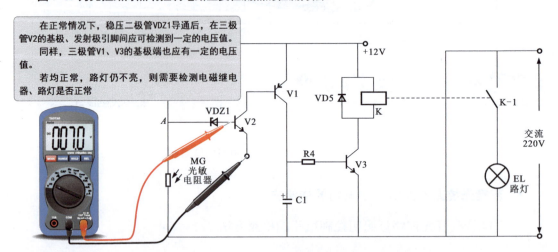

图 7-35　光控路灯照明控制电路主要检测点的检测方法

7.6 景观照明控制电路的识图、接线与检测

7.6.1 景观照明控制电路的结构

图7-36为景观照明控制电路的结构组成。由图可知,景观照明控制电路主要由景观照明灯、降压变压器、总断路器、电位器、集成电路、双向晶闸管等组成。

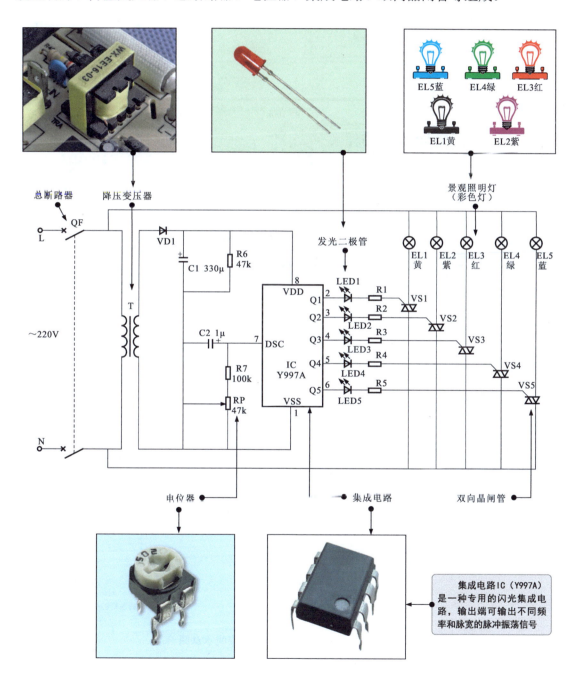

图7-36 景观照明控制电路的结构组成

7.6.2 景观照明控制电路的接线

图 7-37 为景观照明控制电路的接线示意图。

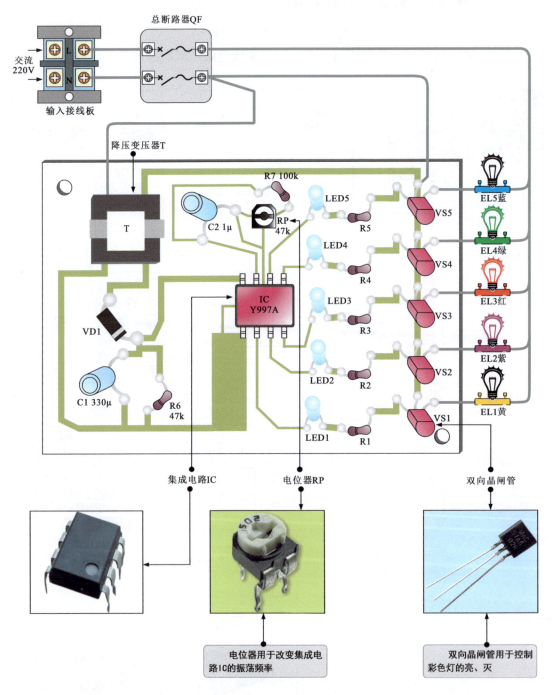

图 7-37 景观照明控制电路的接线示意图

7.6.3 景观照明控制电路的识图

图 7-38 为景观照明控制电路的识图。

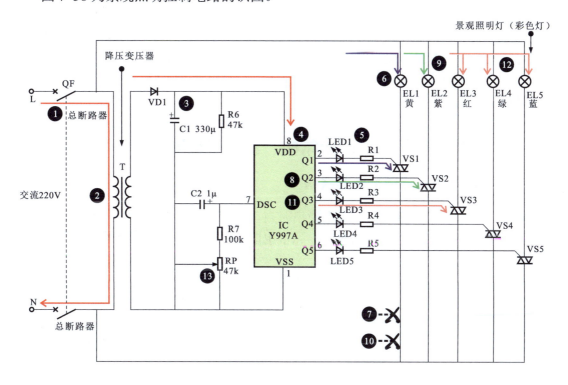

图 7-38 景观照明控制电路的识图

> **资料与提示**

图 7-38 中，❶合上总断路器 QF，接通交流 220V 电压。
❷交流 220V 电压经降压变压器 T 后变为交流低压。
❸交流低压经整流二极管 VD1 整流、滤波电容器 C1 滤波后变为直流电压。
❹直流电压加到 IC（Y997A）的 8 脚提供工作电压。
❺IC 的 8 脚有供电电压后，内部电路开始工作，2 脚首先输出高电平脉冲信号，使 LED1 点亮。
❻同时，高电平信号经电阻器 R1 后，加到双向晶闸管 VS1 的控制极，V31 导通，彩色灯 EL1（黄）点亮。
❼IC 的 3 脚、4 脚、5 脚、6 脚均输出低电平脉冲信号，外接的双向晶闸管均处于截止状态，相应的 LED 和彩色灯不亮。
❽一段时间后，IC 的 3 脚输出高电平脉冲信号，LED2 点亮。
❾同时，高电平信号经电阻器 R2 后，加到双向晶闸管 VS2 的控制极，VS2 导通，彩色灯 EL2（紫）点亮。
❿IC 的 2 脚和 3 脚输出高电平脉冲信号，有两组 LED 和彩色灯被点亮，4 脚、5 脚和 6 脚均输出低电平，外接的双向晶闸管处于截止状态，相应的 LED 和彩色灯不亮。
⓫以此类推，当 IC 的 2～6 脚均输出高电平脉冲信号时，相应的 LED 和彩色灯便会点亮。
⓬由于 2～6 脚输出脉冲的间隔和持续时间不同，因此双向晶闸管被触发的时间也不同，5 个彩色灯便会按驱动脉冲的规律点亮和熄灭。
⓭IC 内的振荡频率取决于 7 脚外的时间常数电路，微调 RP 的阻值可以改变振荡频率。

7.6.4 景观照明控制电路的检测

若所有的彩色灯均无法点亮，则应检测总断路器 QF、降压变压器 T、整流二极管 VD1、滤波电容器 C1、集成电路 IC 等是否正常。

若某一路彩色灯无法点亮，则应检测相关的元器件，如 EL1 不亮，则应检测 EL1 本身、双向晶闸管 VT1、电阻器 R1、指示灯 LED1 等是否正常。

若彩色灯的点亮时间间隔不符合功能要求，则应检测 IC 的 7 脚外接元器件，包括 C2、R7、RP 等是否正常。

7.7 应急照明控制电路的结构、识图与检测

7.7.1 应急照明控制电路的结构

楼道应急照明控制电路可在市电断电时自动为应急照明灯供电，当市电供电正常时，应急照明控制电路为蓄电池充电；当市电断电时，蓄电池为应急照明灯供电，应急照明灯点亮。

图 7-39 为应急照明控制电路的结构组成。

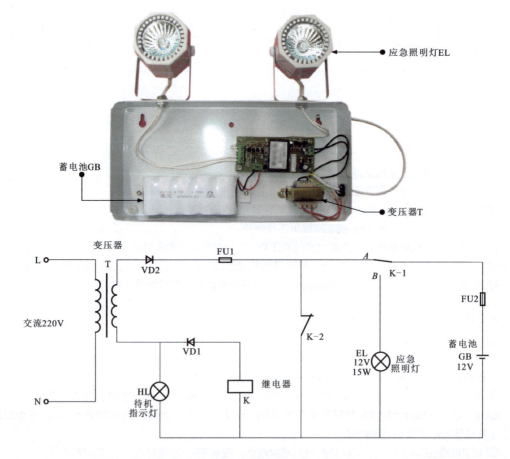

图 7-39 应急照明控制电路的结构组成

7.7.2 应急照明控制电路的识图与检测

图 7-40 为应急照明控制电路的识图。

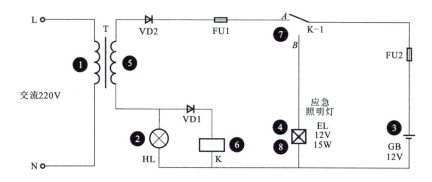

图 7-40 应急照明控制电路的识图

> **资料与提示**

图 7-40 中，❶交流 220V 电压经变压器 T 降压后输出交流低压，经整流二极管 VD1、VD2 变为直流电压，为后级电路供电。

❷在正常状态下，待机指示灯 HL 点亮，继电器 K 线圈得电，触点 K-1 与 A 点接通。

❸触点 K-1 与 A 点接通，为蓄电池 GB 充电。

❹应急照明灯 EL 因供电电路无法形成回路而不能点亮。

❺若交流 220V 电压失电，则变压器 T 无输出电压。

❻若后级电路无供电，则待机指示灯 HL 熄灭，继电器 K 线圈失电。

❼继电器 K 线圈失电，触点 K 动作，触点 K-1 与 A 点断开，与 B 点接通。

❽蓄电池 GB 经熔断器 FU2、触点 K-1 的 B 点为应急照明灯 EL 供电，应急照明灯 EL 点亮。

图 7-41 为应急照明控制电路的检测方法。

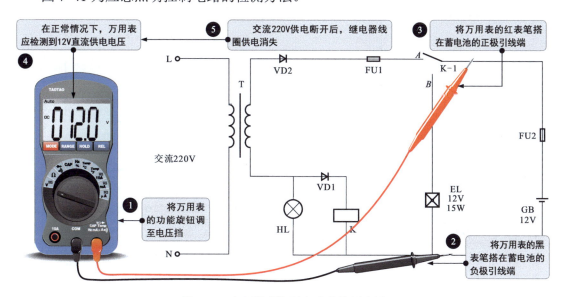

图 7-41 应急照明控制电路的检测方法

7.8 循环闪光彩灯控制电路的结构、识图与检测

7.8.1 循环闪光彩灯控制电路的结构

循环闪光彩灯控制电路是一种对装饰彩灯进行控制的电路。各个彩灯在触发和控制元器件的作用下分别呈现全亮、向前循环闪光、向后循环闪光及变速循环闪光等多种花样的交替变换。

图 7-42 为循环闪光彩灯控制电路的结构组成。

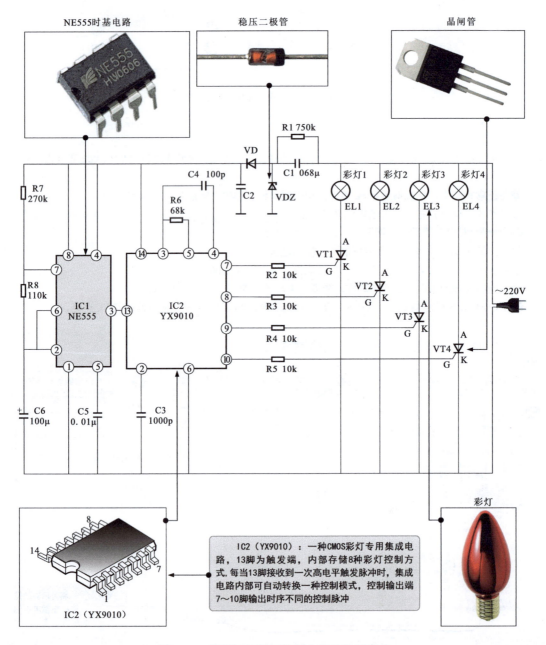

图 7-42 循环闪光彩灯控制电路的结构组成

7.8.2 循环闪光彩灯控制电路的识图与检测

图 7-43 为循环闪光彩灯控制电路的识图。

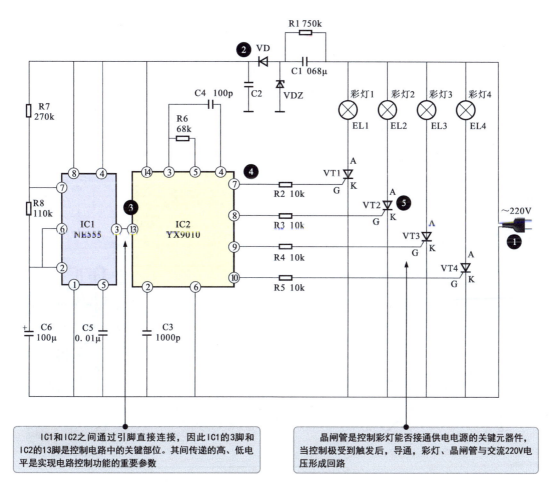

图 7-43 循环闪光彩灯控制电路的识图

> **资料与提示**

图 7-43 中，❶将插头插到市电电源插座上，接通交流 220V 电压。

❷交流 220V 电压经 R1、C1 降压，VDZ 稳压，VD 整流，C2 滤波后，输出稳定的 6V 左右的直流电压，为 IC1 和 IC2 供电。

❸IC1（NE555）工作后，由 3 脚输出固定频率的脉冲信号，并送到 IC2（YX9010）的 13 脚。

❹IC2 受触发后，由 7～10 脚输出具有特定规律的脉冲信号。

❺当 7～10 脚中有高电平时，相应的晶闸管便会导通，被控制的彩灯会点亮。

接通电源后，彩灯供电电压的检测方法如图 7-44 所示。

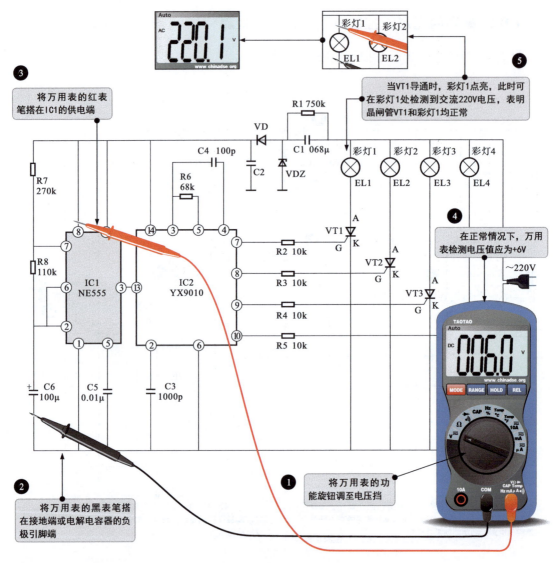

图 7-44 彩灯供电电压的检测方法

资料与提示

图 7-44 中，若某一个彩灯不能点亮，则除了检测彩灯本身的性能外，还需要检测与该彩灯相关的元器件，如 EL2 不能点亮，则应重点检测 VT2、R3 及前级电路，如图 7-45 所示。

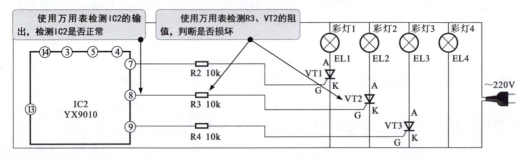

图 7-45 相关元器件的检测

7.9 LED 广告灯控制电路的结构、识图与检测

7.9.1 LED 广告灯控制电路的结构

LED 广告灯控制电路可用于景观照明及装饰照明的控制，通过逻辑门电路控制不同颜色的 LED 广告灯有规律地亮、灭，起到广告警示的作用。

图 7-46 为 LED 广告灯控制电路的结构组成。

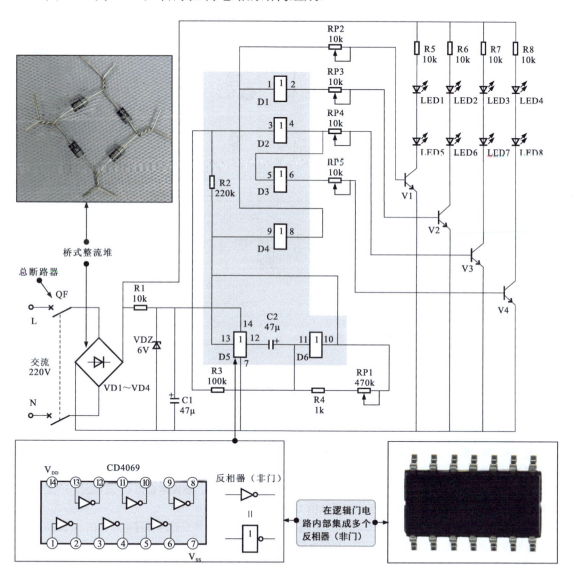

图 7-46 LED 广告灯控制电路的结构组成

7.9.2 LED 广告灯控制电路的识图与检测

图 7-47 为 LED 广告灯控制电路的识图。

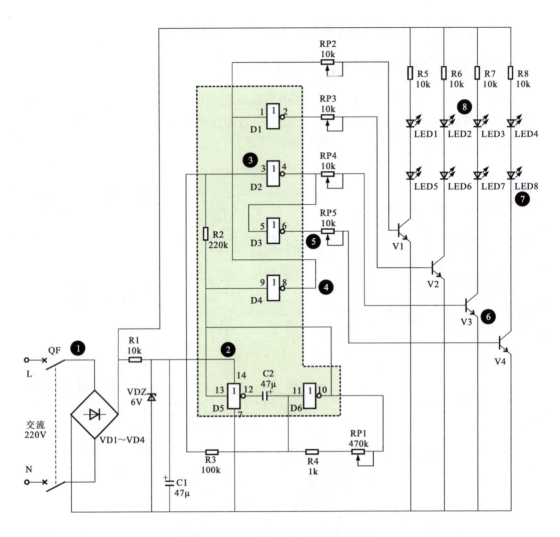

图 7-47 LED 广告灯控制电路的识图

资料与提示

图 7-47 中，❶合上总断路器 QF，接通交流 220V 市电电源，交流 220V 电压经桥式整流堆 VD1～VD4 整流后输出直流电压，为后级电路供电。

❷整流输出的直流电压经电阻器 R1 降压、稳压二极管 VDZ 稳压、滤波电容器 C1 滤波后，产生 6V 直流电压，为六非门电路 CD4069 提供工作电压（由 14 脚送入）。

❸六非门电路 CD4069 工作后，D5 和 D6（反相器）与外围元器件构成脉冲振荡电路，由 10 脚和 13 脚输出低频振荡信号，加到 CD4069 的 9 脚，再经电阻器 R2 后加到 3 脚。

❹9 脚输入的低频振荡信号反相后由 8 脚输出，并送入 1 脚。

❺5 脚输入的低频振荡信号反相后由 6 脚输出，输出的振荡信号与 4 脚输出的振荡信号反相。

❻振荡信号经可变电阻器 RP5 后送往三极管 V4 的基极，使三极管 V4 工作在开关状态下，从而间歇导通。

❼振荡信号为高电平时，V4 导通，发光二极管 LED4 和 LED8 点亮；振荡信号为低电平时，V4 截止，发光二极管 LED4 和 LED8 便会熄灭。

❽此时，LED3 和 LED7、LED4 和 LED8 在振荡信号的作用下便会有规律地点亮和熄灭。

LED 广告灯控制电路的检测方法如图 7-48 所示。

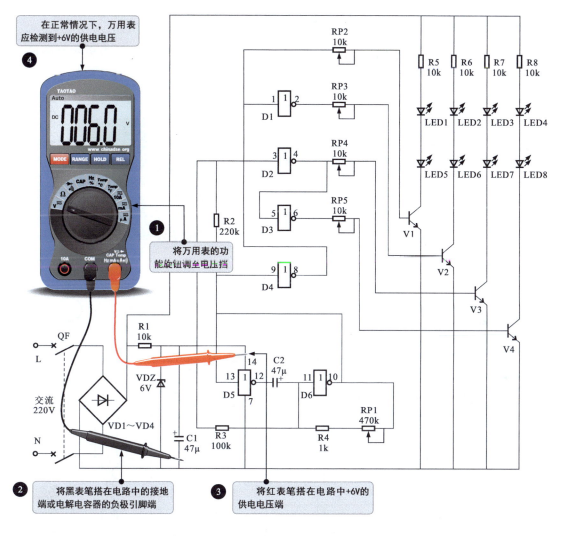

图 7-48 LED 广告灯控制电路的检测方法

> **资料与提示**

在通电状态下，除了检测 +6V 供电电压外，还需要检测 LED 广告灯的供电电压是否正常，该方法还可以判断三极管是否正常，如图 7-49 所示。

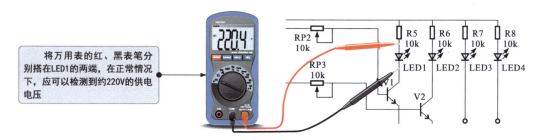

图 7-49 LED 广告灯控制电路中其他检测点的电压值

201

7.10 超声波遥控照明控制电路的结构、识图与检测

7.10.1 超声波遥控照明控制电路的结构

超声波遥控照明控制电路中设有超声波接收器，可使用遥控器近距离控制照明灯的亮、灭，使用十分方便。

图7-50为超声波遥控照明控制电路的结构组成。

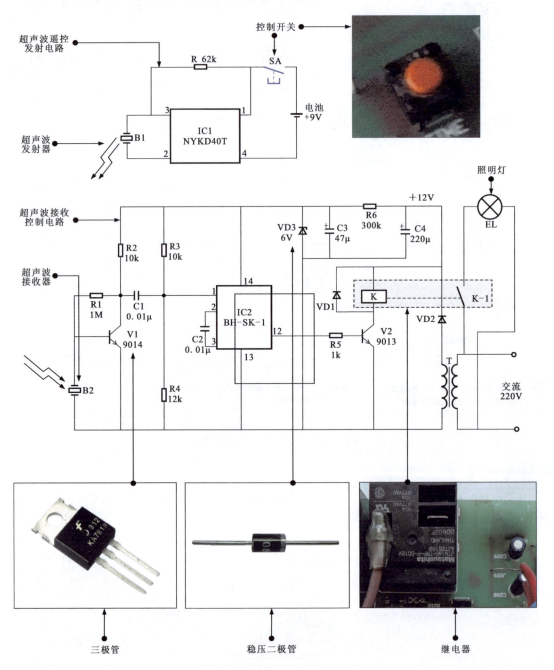

图7-50 超声波遥控照明控制电路的结构组成

7.10.2 超声波遥控照明控制电路的识图与检测

图 7-51 为超声波遥控照明控制电路的识图。

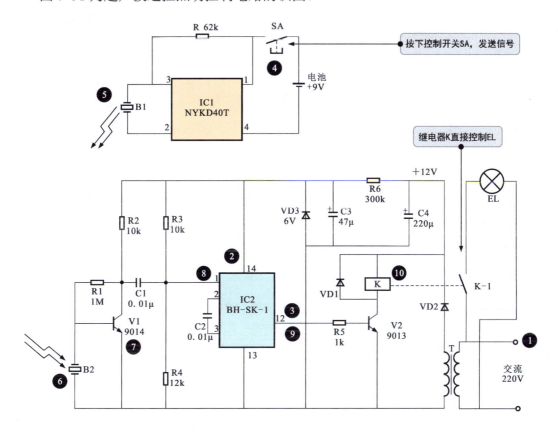

图 7-51 超声波遥控照明控制电路的识图

资料与提示

图 7-51 中，❶接通电源后，交流 220V 电压经变压器 T 降压和二极管 VD2 整流后输出 +12V 直流电压。
❷直流电压送到超声波接收器 B2 和 IC2 的 14 脚。
❸在待机状态下，IC2 的 12 脚输出低电平，V2 截止，继电器 K 不动作，照明灯 EL 不亮。
❹按下控制开关 SA。
❺超声波发射器发出超声波信号。
❻超声波接收器接收到超声波信号后，将超声波信号变为电信号输出。
❼输出电信号经 V1 放大。
❽放大后的电信号由 IC2 的 1 脚输入。
❾经 IC2 处理后由 12 脚输出高电平。
❿V2 导通，继电器 K 线圈得电，常开触点 K-1 闭合，照明灯 EL 点亮。

当再次按下控制开关 SA 时，超声波接收器再次接收到超声波信号，经 V1 放大后，输入 IC2 的 1 脚，经处理后，由 12 脚输出低电平，V2 截止，继电器 K 断开，照明灯熄灭。

超声波遥控照明控制电路的检测方法如图 7-52 所示。

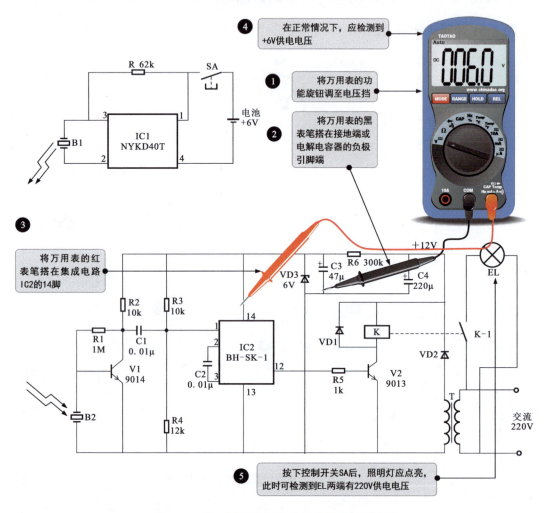

图 7-52 超声波遥控照明控制电路的检测方法

> **资料与提示**

超声波遥控照明控制电路中继电器的检测方法如图 7-53 所示。

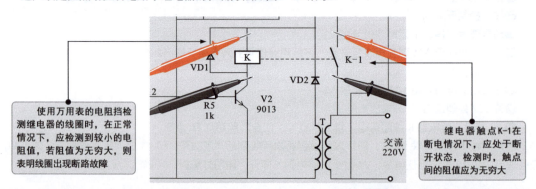

图 7-53 超声波遥控照明控制电路中继电器的检测方法

第8章
高压供配电电路的识图、接线与检测

8.1 高压变电所供配电电路的识图、接线与检测

8.1.1 高压变电所供配电电路的结构

高压变电所供配电电路是用来将 35kV 高压转换为 10kV 高压后进行分配并传输的电路。

图 8-1 为高压变电所供配电电路的结构组成。该电路主要由两条母线 WB1、WB2 及连接在两条母线上的高压设备和配电线路构成。

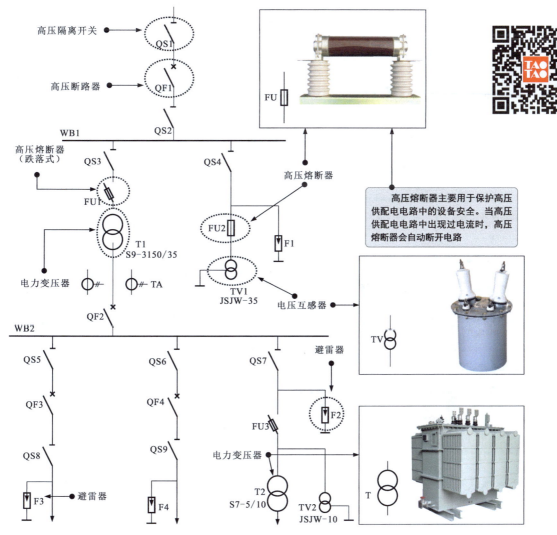

图 8-1 高压变电所供配电电路的结构组成

8.1.2 高压变电所供配电电路的接线

图 8-2 为高压变电所供配电电路的接线示意图。

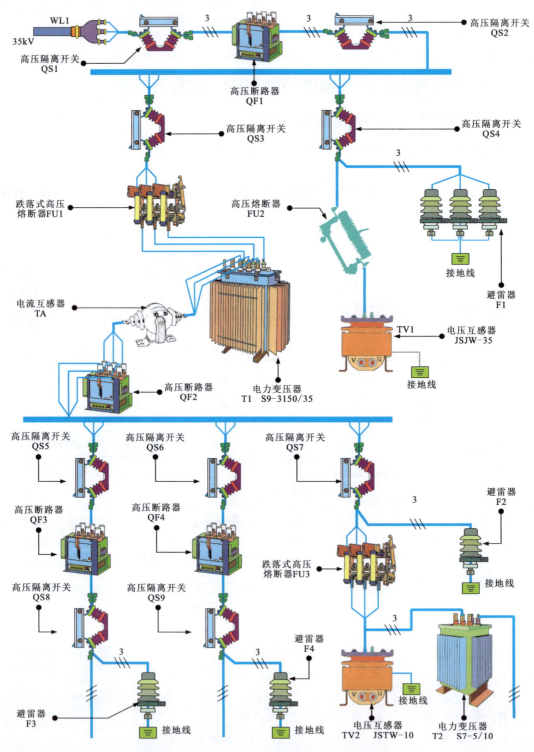

图 8-2 高压变电所供配电电路的接线示意图

8.1.3 高压变电所供配电电路的识图

高压变电所供配电电路的识图如图 8-3 所示。

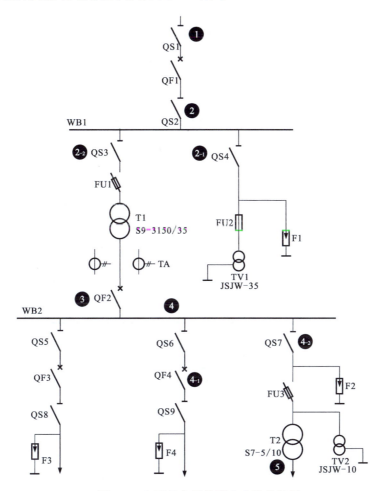

图 8-3　高压变电所供配电电路的识图

资料与提示

图 8-3 中，❶ 35kV 高压经高压架空线路引入后，送至高压变电所供配电电路中。

❷根据高压配电电路倒闸操作要求，先闭合电源侧隔离开关、负荷侧隔离开关，再闭合断路器，即依次闭合高压隔离开关 QS1、高压隔离开关 QS2、高压断路器 QF1 后，将 35kV 高压加到母线 WB1 上。35kV 高压经母线 WB1 后分为两路。

❷₋₁一路经高压隔离开关 QS4 后，连接 FU2、TV1 及避雷器 F1 等高压设备。

❷₋₂另一路经高压隔离开关 QS3、高压跌落式熔断器 FU1 后，送至电力变压器 T1。

❷₋₂→ ❸ 变压器 T1 将 35kV 高压降为 10kV，再经电流互感器 TA、高压断路器 QF2 后加到母线 WB2 上。

❹ 10kV 高压加到母线 WB2 后分为三路。

❹₋₁第一路和第二路相同，均经高压隔离开关、高压断路器后送出，并在电路中安装避雷器。

❹₋₂第三路首先经高压隔离开关 QS7、高压跌落式熔断器 FU3 送至电力变压器 T2，经电力变压器 T2 降压为 0.4kV 后输出。

❹₋₂→ ❺ 在电力变压器 T2 前安装有电压互感器 TV2，由 TV2 测量配电电路中的电压。

8.1.4 高压变电所供配电电路的检测

图 8-4 为高压变电所供配电电路的检测方法。

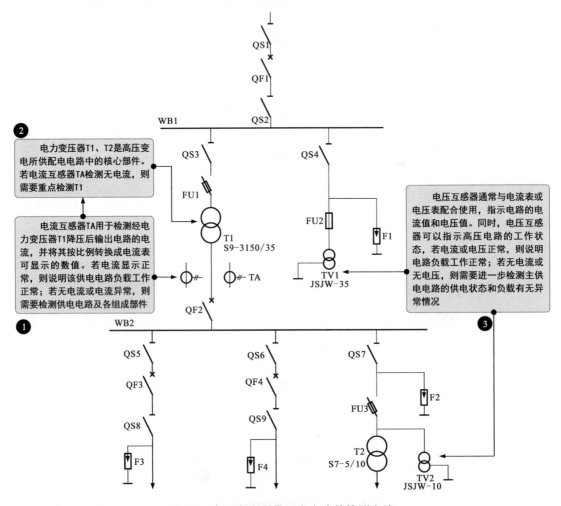

图 8-4 高压变电所供配电电路的检测方法

电力变压器是可将某一固定值的交流电压（电流）变成频率相同、电压（电流）不同的设备。若电力变压器工作失常，则整个供配电电路将无法正常工作。电力变压器的体积较大，附件较多，如图 8-5 所示。

图 8-5 电力变压器的实物外形

电力变压器的检测方法有两种：检测绝缘电阻和绕组直流电阻。

电力变压器的绝缘电阻可通过兆欧表进行检测。这种测量方法能有效发现受潮、局部脏污、绝缘击穿、瓷件破裂、引线接外壳及老化等问题。

电力变压器绝缘电阻的检测主要分为低压绕组对外壳绝缘电阻的检测、高压绕组对外壳绝缘电阻的检测和高压绕组对低压绕组绝缘电阻的检测。以低压绕组对外壳绝缘电阻的检测为例，将高、低压侧的绕组桩头用短接线连接，接好兆欧表，按120r/min的速度顺时针摇动摇杆，读取15秒和1分钟时的绝缘电阻，将实测数据与标准值进行比对，即可完成检测，如图8-6所示。

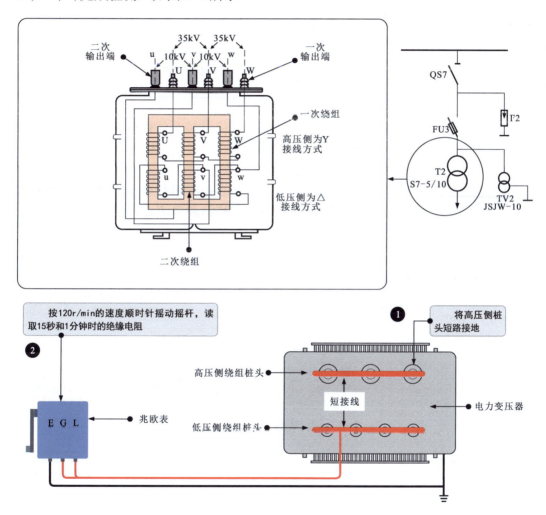

图8-6 电力变压器绝缘电阻的检测方法

检测高压绕组对外壳的绝缘电阻时，将兆欧表的"线路"端接在电力变压器的高压侧绕组桩头上，"接地"端与电力变压器的接地端连接即可。

检测高压绕组对低压绕组的绝缘电阻时，将兆欧表的"线路"端接在电力变压器的高压侧绕组桩头上，"接地"端接在低压侧绕组桩头上，并将"屏蔽"端接在电力变压器的外壳上。

资料与提示

在使用兆欧表检测电力变压器的绝缘电阻前,要断开电源,并拆除或断开外部的连接线缆,使用绝缘棒对电力变压器进行充分放电(约5分钟为宜)。

检测时,要确保测试连接线准确无误,且测试连接线要使用单股线,不得使用双股绝缘线或绞线。

检测完毕,断开兆欧表时,要先将"电路"端的测试连接线与测试桩头分开,再降低兆欧表的摇速,否则会烧坏兆欧表;在对电力变压器测试桩头进行充分放电后,方可允许拆线。

使用兆欧表检测电力变压器的绝缘电阻时,要根据电路等级选择相应规格的兆欧表,见表8-1。

表 8-1 兆欧表规格的选用

电路等级	100V以下	100~500V	500~3000V	3000~10000V	10000V及以上
兆欧表规格	250V/50MΩ及以上兆欧表	500V/100MΩ及以上兆欧表	1000V/2000MΩ及以上兆欧表	2500V/10000MΩ及以上兆欧表	5000V/10000MΩ及以上兆欧表

电力变压器绕组直流电阻的检测主要用来判断绕组接头的焊接质量是否良好、绕组层匝间有无短路、分接开关各个位置的接触是否良好及绕组或引出线有无折断等情况,通常,对中、小型电力变压器多采用直流电桥法进行检测。

在检测前,将待测电力变压器的绕组与接地装置连接进行放电。放电完成后,拆除一切连接线,连接好直流电桥,即可对各相绕组(线圈)的直流电阻进行检测,如图8-7所示。

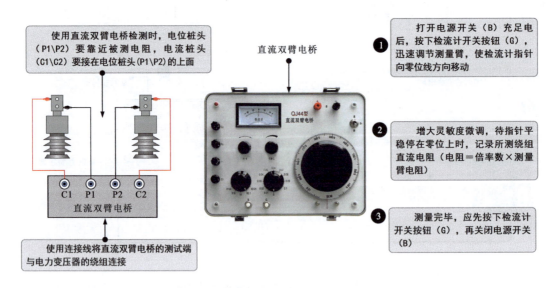

图 8-7 电力变压器绕组直流电阻的检测方法(以直流双臂电桥为例)

资料与提示

根据规范要求:1600kVA及以下电力变压器的各相绕组直流电阻的差别不应大于各相平均值的4%,线间差别不应大于三相线间平均值的2%;1600kVA以上电力变压器的各相绕组直流电阻的差别不应大于各相平均值的2%,且当次测量值与上次测量值相比较,变化率不应大于2%。

8.2 35~10kV 高压供配电电路的识图、接线与检测

8.2.1 35~10kV 高压供配电电路的结构

35~10kV 高压供配电电路主要用于实现将电力系统中 35kV 的高压降为 10kV 的高压,为高压配电所、车间变电所和高压用电设备供电。

图 8-8 为 35~10kV 高压供配电电路的结构组成。

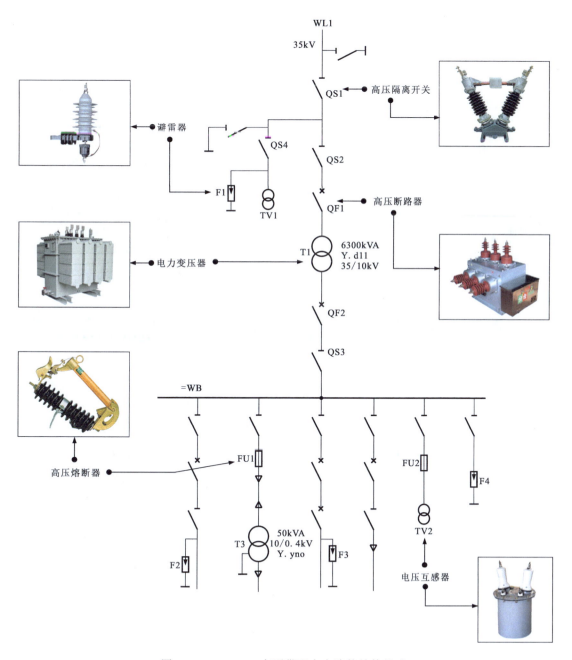

图 8-8 35~10kV 高压供配电电路的结构组成

8.2.2 35~10kV 高压供配电电路的接线

图 8-9 为 35~10kV 高压供配电电路的接线示意图。

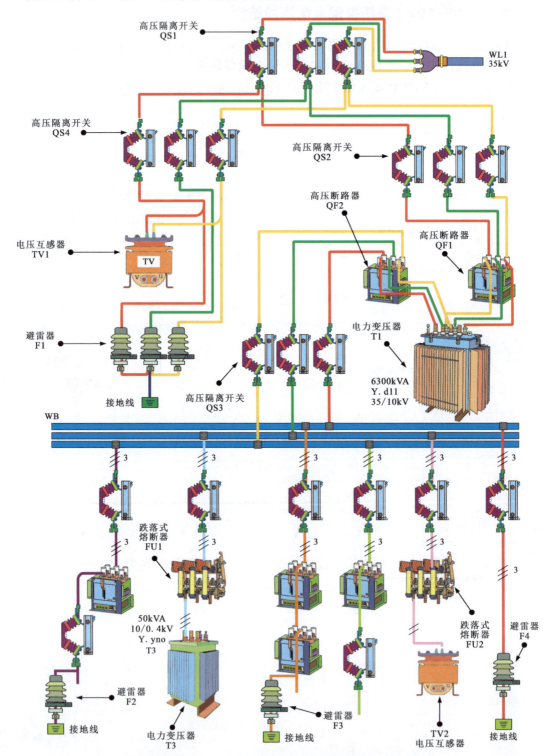

图 8-9 35~10kV 高压供配电电路的接线示意图

8.2.3 35~10kV 高压供配电电路的识图

图 8-10 为 35～10kV 高压供配电电路的识图。

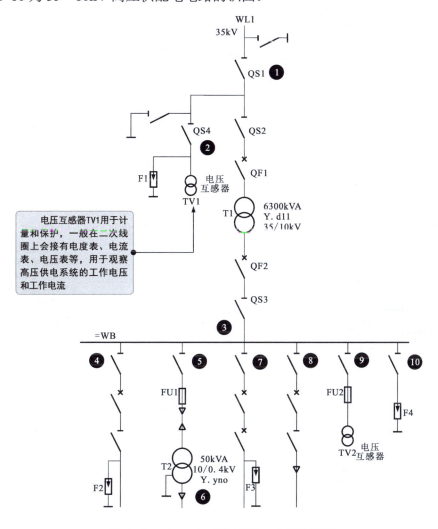

图 8-10　35～10kV高压供配电电路的识图

> **资料与提示**

图 8-10 中，❶来自前级的 35kV 高压（发电厂或电力变电所）经高压隔离开关 QS1、QS2 和高压断路器 QF1 后，送入容量为 6300kVA 的电力变压器 T1 上，由 T1 降为 10kV 后，经高压断路器 QF2 和高压隔离开关 QS3 送到母线 WB 上。

❷35kV 电源进线经高压隔离开关 QS4 后加到避雷器 F1 和电压互感器 TV1 上，经避雷器 F1 到地，起防雷击保护作用。

❸10kV 高压送至母线 WB 上后分为 6 路。

❹第一路经高压隔离开关、高压断路器及避雷器 F2 后，作为 10kV 高压配电线路输出。

❺第二路经高压隔离开关、高压熔断器 FU1 后，加到容量为 50kVA 的电力变压器 T2 上。

❻电力变压器 T2 将 10kV 高压降为 0.4kV（380V）电压，为后级电路或低压用电设备供电。

❼第三路经一个高压隔离开关、两个高压断路器及避雷器 F3 后，作为 10kV 高压配电线路输出。

❽ 第四路经一个高压隔离开关、两个高压断路器后，作为 10kV 高压配电线路输出。

❾ 第五路经高压隔离开关、高压熔断器 FU2 后，送至电压互感器 TV2 上，用来测量配电电路中的电压或电流量。

❿ 第六路经高压隔离开关、避雷器 F4 后到地，用于防雷击保护。

8.2.4 35~10kV 高压供配电电路的检测

图 8-11 为 35~10kV 高压供配电电路的检测方法。

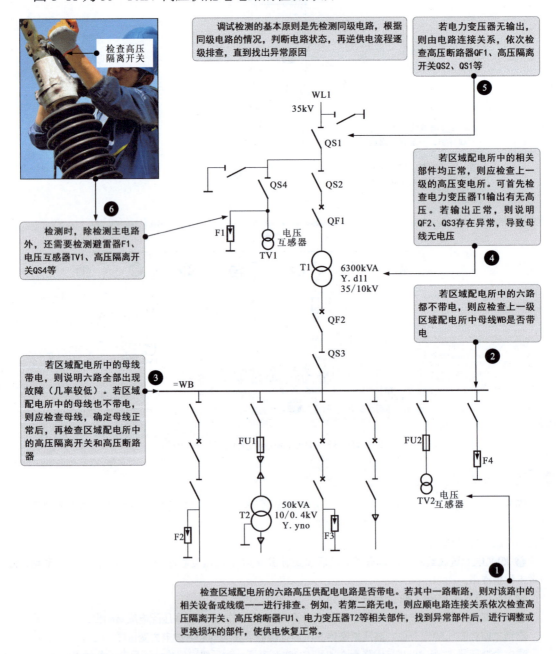

图 8-11 35~10kV 高压供配电电路的检测方法

资料与提示

电压互感器又称电压检测变压器。根据功能意义，电压互感器是一种特殊的变压部件，主要用来为测量仪表（如电压表）、继电保护装置或控制装置供电，可测量电压、功率及保护低压电气部件等。

图 8-12 为电压互感器的结构。电压互感器有两个绕组，即一次绕组和二次绕组。两个绕组都绕制在铁芯上。在运行时，一次绕组引出端并联在高压电路中，二次绕组引出端连接测量仪表或继电保护装置，可有效将一次侧交流高压按额定电压比转换成二次侧可供测量仪表、继电保护装置或控制装置使用的低压。

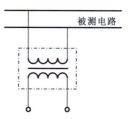

（a）单相电压互感器

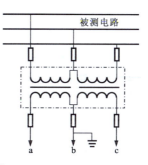

（b）三相电压互感器

图 8-12 电压互感器的结构

电压互感器外观的检查：接线端子标识、铭牌标识（型号、变比、等级、容量等参数信息）清晰、准确、完整；高压套管无绝缘缺陷；绝缘表面无放电痕迹。

电压互感器自检接线方式如图 8-13 所示。

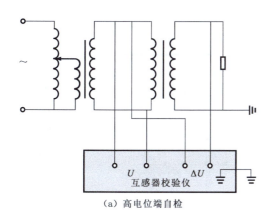
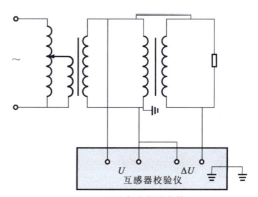

（a）高电位端自检　　　　　　　　　　　　（b）低电位端自检

图 8-13 电压互感器自检接线方式

8.3 深井高压供配电电路的结构、识图与检测

8.3.1 深井高压供配电电路的结构

图 8-14 为深井高压供配电电路的结构组成。

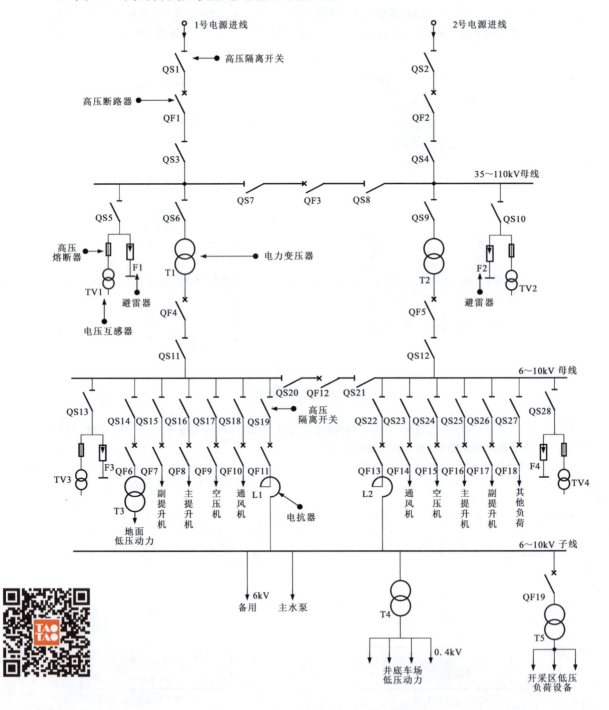

图 8-14 深井高压供配电电路的结构组成

8.3.2 深井高压供配电电路的识图与检测

图 8-15 为深井高压供配电电路的识图。

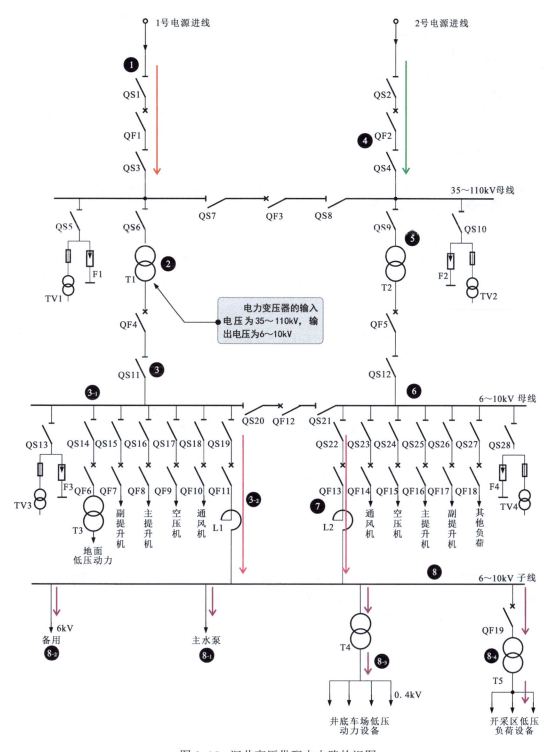

图 8-15 深井高压供配电电路的识图

资料与提示

图 8-15 中，❶合上 1 号电源进线中的高压隔离开关 QS1、QS3，高压断路器 QF1，高压电送入 35～110kV 母线。

❷合上高压隔离开关 QS6、QS11，闭合断路器 QF4，35～110kV 高压送入电力变压器 T1 的输入端。

❸由电力变压器 T1 的输出端输出 6～10kV 的高压，并送入 6～10kV 母线中。

❸₁经母线后分为多路，分别为主/副提升机、通风机、空压机、避雷器等设备供电，每路都设有高压隔离开关，便于进行供电控制。

❸₂还有一路经 QS19、高压断路器 QF11 及电抗器 L1 后送入 6～10kV 子线。

❹合上 2 号电源进线中的高压隔离开关 QS2、QS4，高压断路器 QF2，高压电送入 35～110kV 母线中。

❺合上高压隔离开关 QS9、QS12，再闭合断路器 QF5，35～110kV 高压送入电力变压器 T2 的输入端。

❻由电力变压器 T2 的输出端输出 6～10kV 的高压，并送入 6～10kV 母线中。其电源分配方式与 1 号电源相同。

❻→❼ 6～10kV 高压经 QS22、高压断路器 QF13、电抗器 L2 后送入 6～10kV 子线。

❸₂+❼→❽ 6～10kV 子线高压分为多路。

❽₁一路直接为主水泵供电。

❽₂一路作为备用电源。

❽₃一路经电力变压器 T4 后变为 0.4kV（380V）低压，为井底车场低压动力设备供电。

❽₄一路经高压断路器 QF19 和电力变压器 T5 后变为 0.69kV 低压，为开采区低压负荷设备供电。

资料与提示

高压隔离开关（QS）用于隔离高压，保护高压电气设备的安全，需要与高压断路器配合使用。高压隔离开关没有灭弧功能，不能用于会产生电弧的场合。

图 8-16 为高压隔离开关的实物外形。

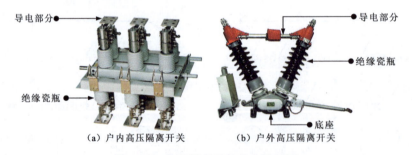

图 8-16 高压隔离开关的实物外形

避雷器是可在供电系统受到雷击时进行快速放电的装置，可以保护变配电设备免受瞬间过电压的危害。避雷器通常用于带电导线与地之间，与被保护的变配电设备呈并联状态。

图 8-17 为常见避雷器的实物外形。

图 8-17 常见避雷器的实物外形

若深井高压供配电电路供电失常,则需根据实际情况分析和判断出现异常的部件,如电力变压器、高压断路器、高压隔离开关、高压熔断器和避雷器等。

以高压隔离开关为例,其检测方法如图 8-18 所示。

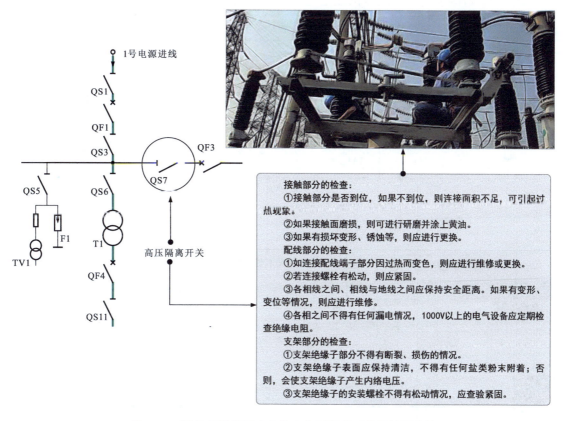

图 8-18 深井高压供配电电路中高压隔离开关的检测方法

资料与提示

避雷器异常,也会引起深井高压供配电电路失常。避雷器的检查如下。

外管的检查:
①外管不得有裂缝、损伤和污损的情况。
②应定期清洁外管表面,特别是在有盐类电解质附着时应及时清除。
③外管不得有异声、异味。

接地线的检查:
①是否有连接松动的情况。
②是否有接地断路、脱落的情况。
③是否有腐蚀、损伤的情况。

绝缘电阻的检查(定期):
①电路侧与地之间用 1000V 兆欧表检测绝缘电阻应达 1000MΩ 以上。
②表面应干燥,无污物。

8.4 楼宇变电所高压供配电电路的结构、识图与检测

8.4.1 楼宇变电所高压供配电电路的结构

图 8-19 为楼宇变电所高压供配电电路的结构组成。

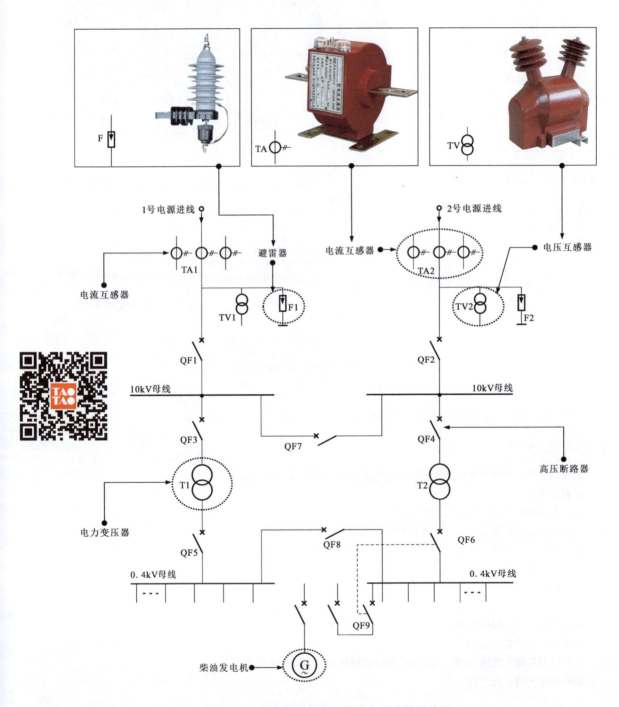

图 8-19 楼宇变电所高压供配电电路的结构组成

8.4.2 楼宇变电所高压供配电电路的识图与检测

图 8-20 为楼宇变电所高压供配电电路的识图。

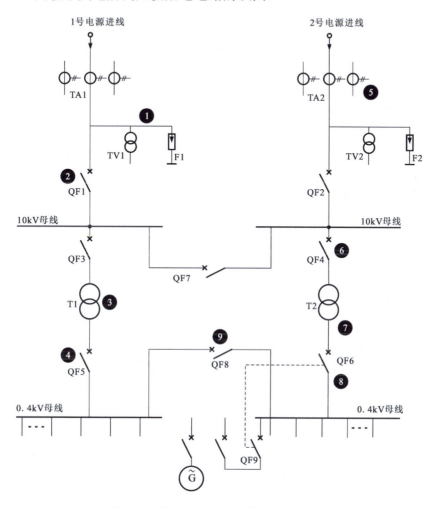

图 8-20 楼宇变电所高压供配电电路的识图

资料与提示

图 8-20 中，❶ 10kV 高压经电流互感器 TA1 送入，在进线处安装有电压互感器 TV1 和避雷器 F1。
❷合上高压断路器 QF1 和 QF3，10kV 高压经母线后送入电力变压器 T1 的输入端。
❸电力变压器 T1 输出 0.4kV 低压。
❸→❹合上低压断路器 QF5 后，0.4kV 低压为用电设备供电。
❺ 10kV 高压经电流互感器 TA2 送入，在进线处安装有电压互感器 TV2 和避雷器 F2。
❻合上高压断路器 QF2 和 QF4，10kV 高压经母线后送入电力变压器 T2 的输入端。
❼电力变压器 T2 输出 0.4kV 低压。
❼→❽合上低压断路器 QF6 后，0.4kV 低压为用电设备供电。

当 1 号电源进线中的电力变压器 T1 出现故障时，1 号电源停止工作，合上低压断路器 QF8，由 2 号电源进线输出的 0.4kV 电压便会经 QF8 为 1 号电源进线中的电气设备供电。此外，图 8-20 中还设有柴油发电机 G，可在两路电源均出现故障时进行临时供电。

图 8-21 为楼宇变电所高压供配电电路的检测方法。

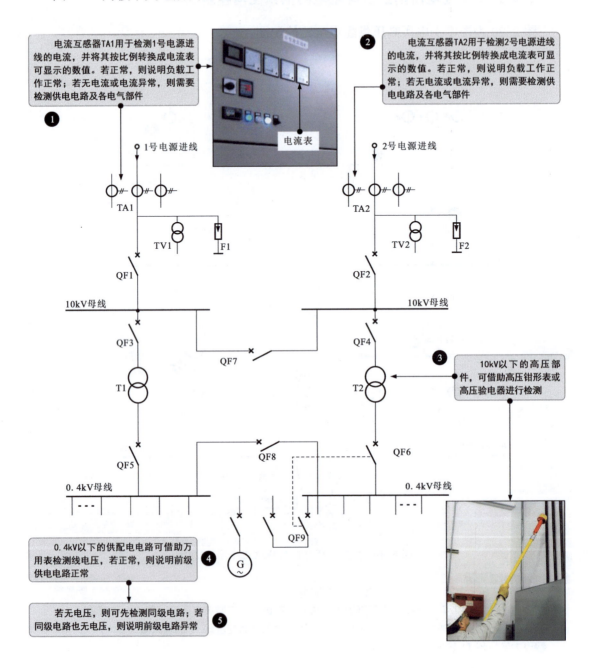

图 8-21　楼宇变电所高压供配电电路的检测方法

资料与提示

电流互感器（TA）是用来检测高压供配电电路流过电流的装置，是一种将大电流转换成小电流的变压器，是高压供配电电路中的重要组成部分，广泛应用于继电保护、电能计量、远程控制和电流监测等。

电流互感器通过线圈感应的方法检测电流的大小，可用来检测电路中的电流，并在电流过大时进行报警和保护。

电流互感器又称电流检测变压器。其输出端通常连接电流表，用来指示电路的工作电流，在正常供电的情况下，通过观察电流表的指示情况，可判断电流互感器所检测供电电路是否正常，如图8-22所示。

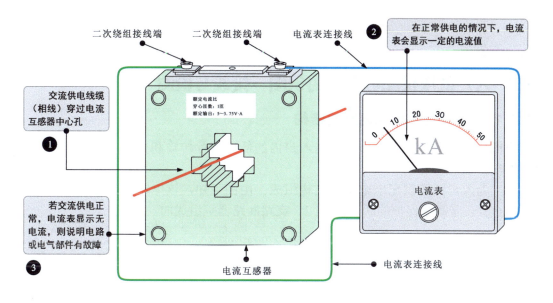

图 8-22 电流互感器与电流表的连接

若怀疑楼宇变电所高压供配电电路中的电流互感器本身异常，则可在断电的状态下，通过检测电流互感器绕组阻值进行判断，如图8-23所示。

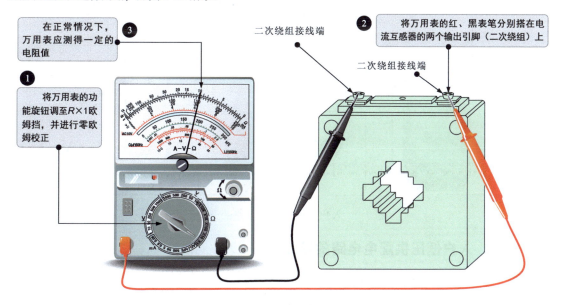

图 8-23 电流互感器的检测方法

有些电流互感器既有二次绕组，又有一次绕组，因此检测时，除了应检测二次绕组的电阻值，还需要检测一次绕组的电阻值。正常时，一次绕组的电阻值应趋于0Ω，若为无穷大，则说明电流互感器已经损坏。

第9章

低压供配电电路的识图、接线与检测

9.1 入户低压供配电电路的识图、接线与检测

9.1.1 入户低压供配电电路的结构

入户低压供配电电路主要用来对送入户内的低压进行传输和分配，为家庭低压用电设备供电。

图 9-1 为入户低压供配电电路的结构组成。由图可知，该电路主要是由电度表、总断路器 QF1、带漏电保护的断路器 QF2、支路断路器等组成的。

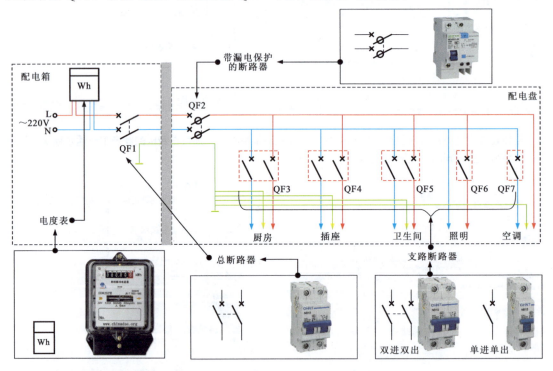

图 9-1 入户低压供配电电路的结构组成

9.1.2 入户低压供配电电路的接线

图 9-2 为入户低压供配电电路的接线示意图。

9.1.3 入户低压供配电电路的识图

入户低压供配电电路的识图主要是根据电路中各组成部件的功能特点和连接关系，分析和理清电路中的供电流程或顺序，并在此基础上理解前后级电路中控制部件的控制关系。

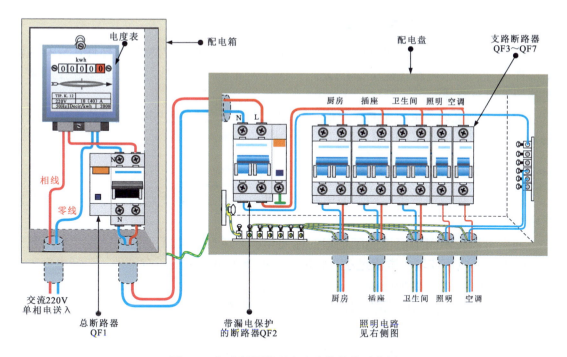

图 9-2 入户低压供配电电路的接线示意图

图 9-3 为入户低压供配电电路的识图。

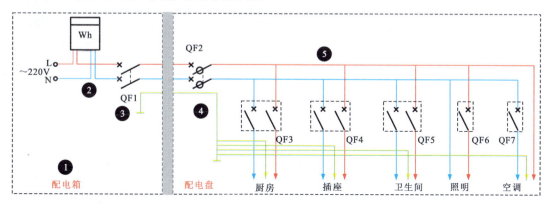

图 9-3 入户低压供配电电路的识图

资料与提示

图 9-3 中，❶交流 220V 供电电压送到配电箱内，经电度表和总断路器 QF1 后送到室内配电盘中。
❷电度表用于计量耗电量。
❸总断路器 QF1 属于整个供配电电路的控制开关。QF1 闭合时，整个供配电电路得电；QF1 断开时，切断整个供配电电路的供电。
❹由配电箱送来的交流 220V 电压经带漏电保护的断路器 QF2 后，送至支路断路器中。
❺支路断路器 QF3～QF7 将 220V 电压分为 5 条支路，分别为厨房支路、插座支路、卫生间支路、照明支路和空调支路。
支路断路器 QF3～QF7 仅控制所在支路，断开和闭合均不影响与其并联的支路。

9.1.4 入户低压供配电电路的检测

根据入户低压供配电电路的识图分析可知，QF1 和 QF2 为总控制部件，只有这两个部件闭合，后级电路才能工作；QF3～QF7 为支路控制部件，可分别单独控制某一支路的接通与断开。

根据这种控制关系，检测入户低压供配电电路可分为总供电电流（或电压）的检测和支路电流（或电压）的检测。

1. 总供电电流的检测方法

在入户低压供配电电路中，配电箱是将供电电源送入各支路的必要通道，因此对其检测非常重要。

通常可以使用钳形表检测配电箱的输出电流，若输出电流正常，则说明配电箱正常；若无输出电流或输出电流过小，则需逐一检测配电箱中的所有部件，包括电度表、总断路器 QF1 及前级供配电电路。

图 9-4 为入户低压供配电电路总供电电流的检测方法。

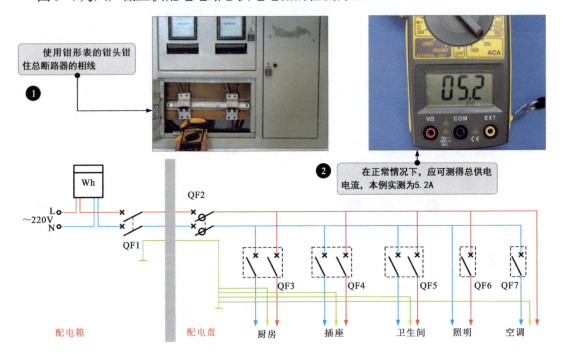

图 9-4 入户低压供配电电路总供电电流的检测方法

2. 支路电流的检测方法

入户低压供配电电路中的支路都是独立的，可由支路断路器根据需要控制通/断。支路用电设备不同，支路电流也不同，可通过检测各支路电流判断支路是否正常。

检测时，一般可在室内配电盘中检测支路断路器的输出端（以厨房支路为例），如图 9-5 所示。

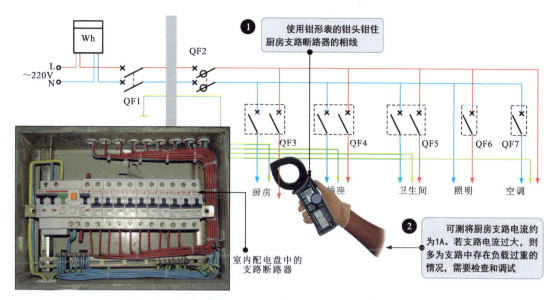

图 9-5 入户低压供配电电路支路电流的检测方法

资料与提示

检测总供电电流或支路电流时，若实测电流过大，则可能是由于电路中存在负载过重或漏电的情况，此时应对电路进行漏电检测。

一般可用兆欧表进行漏电检测，如图 9-6 所示。在正常情况下，绝缘电阻均应很大（500MΩ），否则，说明所测电路存在漏电情况。

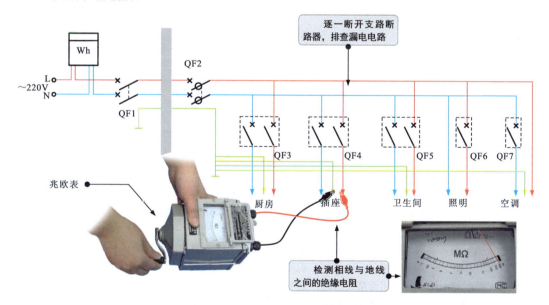

图 9-6 入户低压供配电电路的漏电检测

漏电检测操作的注意事项如下：
①兆欧表测量用的导线应使用相应的绝缘导线，在其端部应有绝缘套。
②将被测部件的电源断开，经验电证明部件确实无电后方可进行检测，且禁止他人接近被测部件。
③两根测量导线不能连接在一起。

除上述检测方法外，还可以使用钳形漏电电流表检测入户低压供配电电路中是否存在漏电情况，如图 9-7 所示。

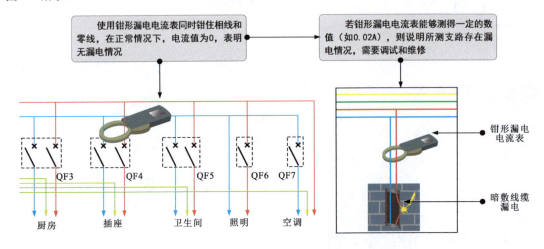

图 9-7 用钳形漏电电流表检测入户低压供配电电路是否漏电

钳形漏电电流表是利用供电回路中相线与零线电流磁通的向量和为零的原理实现测量的。在正常无漏电的情况下，使用钳形漏电电流表同时钳住相线和零线时，由于电流磁通正、负抵消，因此电流应为 0。若实测有数值，则表明电路中有漏电情况，如图 9-8 所示。

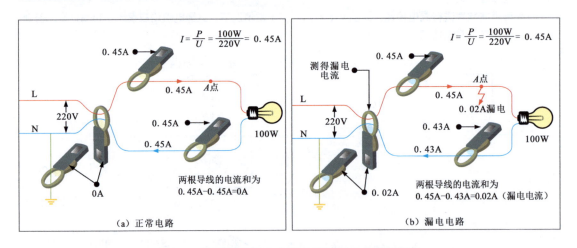

图 9-8 使用钳形漏电电流表检测漏电电流的原理

供配电电路有无漏电也可采用排查法来判断，即根据漏电保护器的动作状态来判断漏电情况。

若闭合总断路器，漏电保护器立刻掉闸，说明相线存在漏电情况。怀疑相线漏电时，可将支路断路器全部断开，然后逐一闭合，若闭合某支路时，漏电保护器立刻掉闸，则说明该支路存在漏电情况。

若闭合总断路器，漏电保护器不立刻掉闸，用一段时间后才掉闸，则多为零线存在漏电情况。将怀疑漏电支路中的用电设备插头全部拔下，然后逐一插上插头，若插上某用电设备的插头时，漏电保护器立刻掉闸，说明该用电设备存在漏电情况。

9.2 低压动力线供配电电路的识图、接线与检测

9.2.1 低压动力线供配电电路的结构

低压动力线供配电电路是为低压动力用电设备提供 380V 交流电源的电路。图 9-9 为低压动力线供配电电路的结构组成。该供配电电路主要是由断路器、交流接触器、限流电阻器、状态指示灯、启动按钮、停止按钮、过流继电器等组成的。

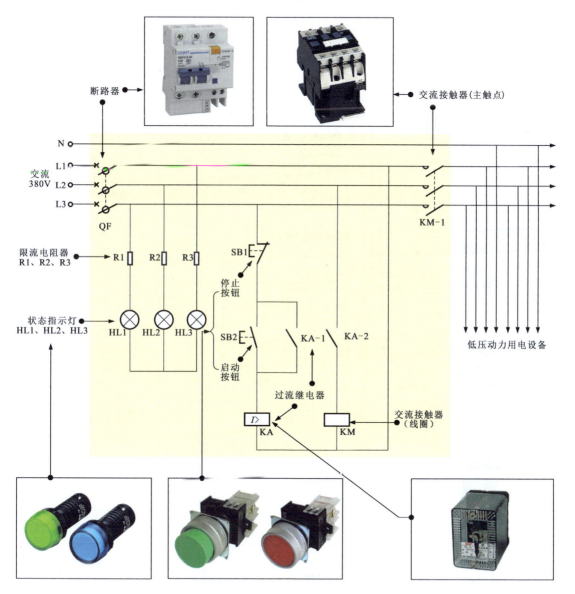

图 9-9 低压动力线供配电电路的结构组成

9.2.2 低压动力线供配电电路的接线

图 9-10 为低压动力线供配电电路的接线示意图。

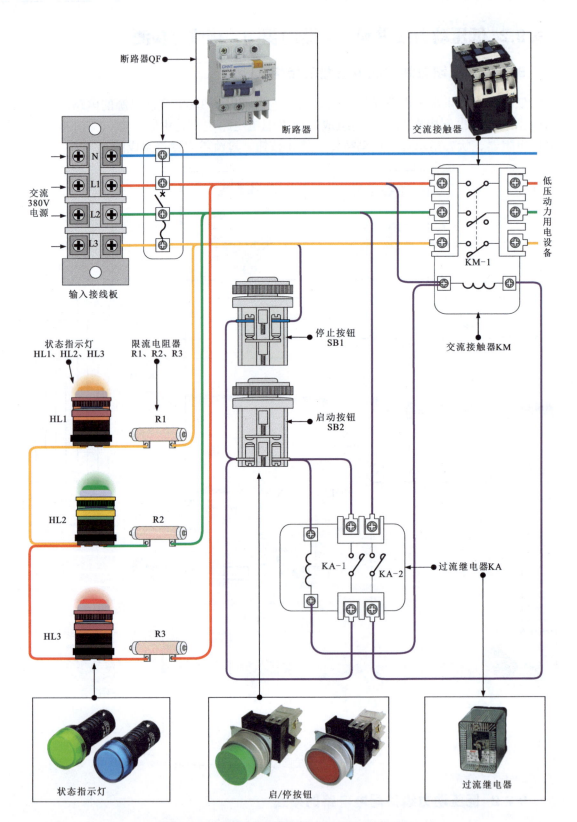

图 9-10 低压动力线供配电电路的接线示意图

9.2.3 低压动力线供配电电路的识图

低压动力线供配电电路的识图如图 9-11 所示。

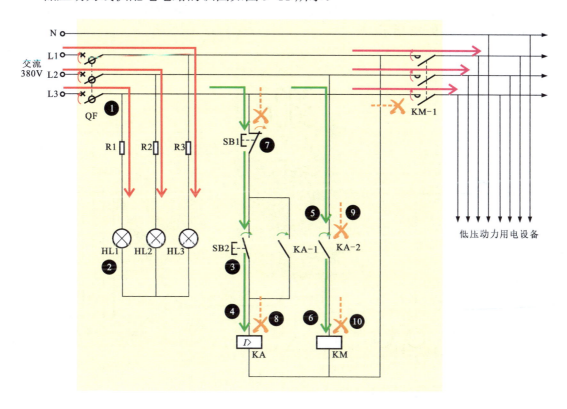

图 9-11 低压动力线供配电电路的识图

资料与提示

图 9-11 中，❶闭合总断路器 QF，380V 三相交流电压送入电路中。
❷三相交流电压分别经限流电阻器 R1～R3 为状态指示灯 HL1～HL3 供电，状态指示灯全部点亮。状态指示灯 HL1～HL3 具有缺相指示功能，任何一相电压不正常，所对应的状态指示灯将熄灭。
❸按下启动按钮 SB2，常开触点闭合。
❹过流继电器 KA 线圈得电。
❺常开触点 KA-1 闭合，实现自锁功能。同时，常开触点 KA-2 闭合，接通交流接触器 KM 线圈供电电路。
❻交流接触器 KM 线圈得电，常开主触点 KM-1 闭合，电路接通，为低压动力用电设备接通交流 380V 电压。
❼当不需要为低压动力用电设备提供交流供电时，按下停止按钮 SB1。
❽过流继电器 KA 线圈失电。
❾常开触点 KA-1 复位断开，解除自锁，常开触点 KA-2 复位断开。
❿交流接触器 KM 线圈失电，常开主触点 KM-1 复位断开，切断交流 380V 供电。此时，低压供配电电路处于准备工作状态，状态指示灯仍点亮，为下一次启动做好准备。

资料与提示

过流继电器是一种保护部件，具有当线圈中的电流高于容许值时，触点自动动作的功能，可在过流时自动切断电路，保护用电设备。

9.2.4 低压动力线供配电电路的检测

按下启动按钮 SB2，在正常情况下，应有 380V 交流电压送入电路；若无电压送入，则可在断电状态下检测主要控制部件的性能，如 SB1、SB2，过流继电器 KA，交流接触器 KM 等，如图 9-12 所示。

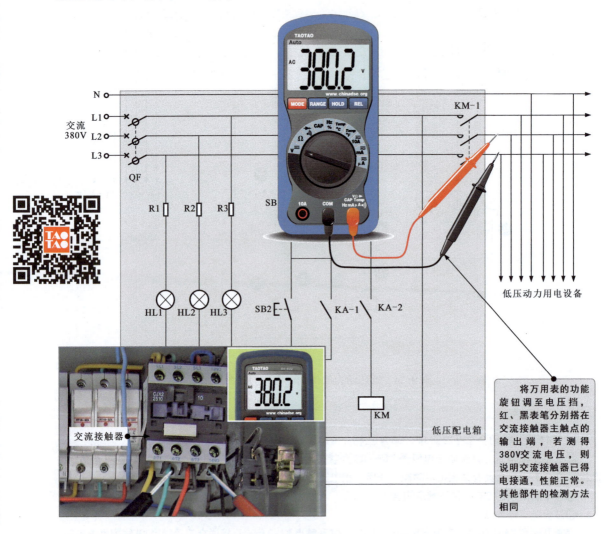

图 9-12　低压动力线供配电电路的检测方法

9.3 低压配电柜供配电电路的结构、识图与检测

9.3.1 低压配电柜供配电电路的结构

低压配电柜供配电电路主要用来为低压用电设备供电。图 9-13 为低压配电柜供配电电路的结构组成。由图可知，该电路主要是由断路器 QF1、QF2，交流接触器 KM1、KM2，电源开关 SB1、SB2，电流互感器 TA1、TA2 等组成的。

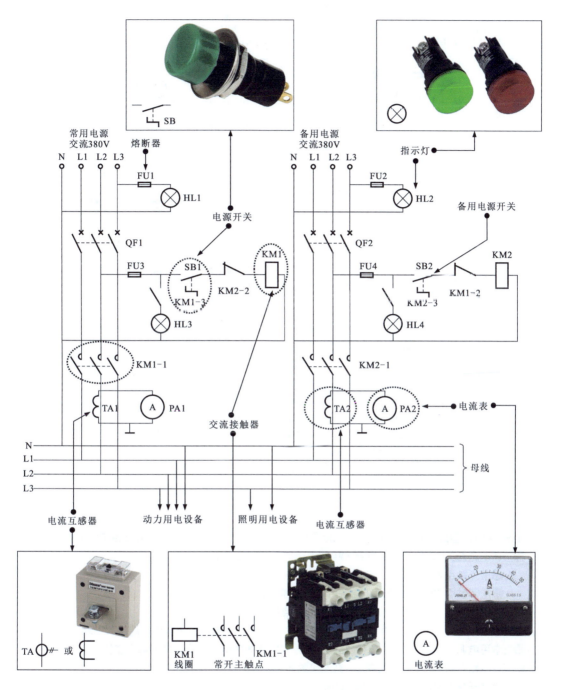

图 9-13 低压配电柜供配电电路的结构组成

9.3.2 低压配电柜供配电电路的识图与检测

低压配电柜供配电电路分为两路：一路作为常用电源；另一路作为备用电源，当两路电源均正常时，黄色指示灯 HL1、HL2 均点亮，若指示灯 HL1 不能点亮，则说明常用电源出现故障或停电，此时需要使用备用电源供电。低压配电柜供配电电路的识图如图 9-14 所示。

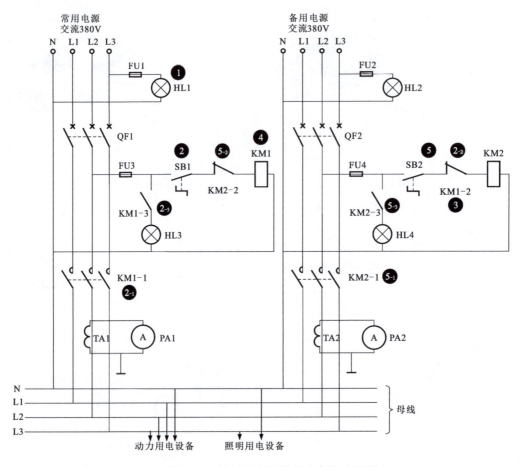

图 9-14 低压配电柜供配电电路的识图

资料与提示

图 9-14 中,❶指示灯 HL1 点亮,表明常用电源正常,合上断路器 QF1,接通三相交流电源。
❷接通电源开关 SB1,交流接触器 KM1 线圈得电,相应触点动作。
  ❷₋₁常开触点 KM1-1 接通,向母线供电。
  ❷₋₂常闭触点 KM1-2 断开,防止备用电源接通,起连锁保护作用。
  ❷₋₃常开触点 KM1-3 接通,红色指示灯 HL3 点亮。
❷₋₃→❸常用电源正常时,KM1 的常闭触点 KM1-2 处于断开状态,备用电源不能接入母线。
❹当常用电源出现故障或停电时,交流接触器 KM1 线圈失电,常开、常闭触点复位。
❺接通断路器 QF2、电源开关 SB2,交流接触器 KM2 线圈得电,相应触点动作。
  ❺₋₁常开触点 KM2-1 接通,向母线供电。
  ❺₋₂常闭触点 KM2-2 断开,防止常用电源接通,起连锁保护作用。
  ❺₋₃常开触点 KM2-3 接通,红色指示灯 HL4 点亮。

资料与提示

当常用电源恢复正常后,由于交流接触器 KM2 的常闭触点 KM2-2 处于断开状态,因此交流接触器 KM1 不能得电,常开触点 KM1-1 不能自动接通,需要断开电源开关 SB2,使交流接触器 KM2 线圈失电,常开、常闭触点复位,为交流接触器 KM1 线圈再次工作提供条件,此时操作电源开关 SB1 才起作用。

根据低压配电柜供配电电路的分析可知，常用电源供配电电路和备用电源供配电电路的结构基本相同，控制方式和功能相同，且存在相互制约关系。根据这一特点，检测低压配电柜供配电电路时，可先在断电状态下检测控制功能，然后接通电源，检测两路电源的互锁关系。

1. 控制功能的检测方法

低压配电柜供配电电路控制功能的检测方法如图 9-15 所示。

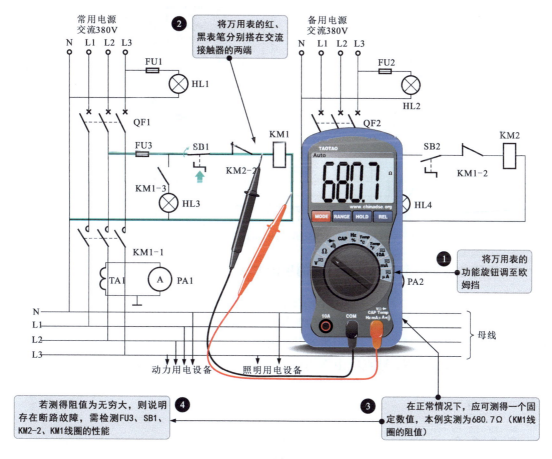

图 9-15 低压配电柜供配电电路控制功能的检测方法

2. 供电电压的检测方法

若控制功能正常，则可闭合断路器，按下启动按钮（以常用电源为例，闭合 QF1 和 SB1），检测供电电路中有无交流电压，如图 9-16 所示。

> **资料与提示**
>
> 在低压配电柜供配电电路中，常用电源和备用电源均设有电流互感器和电流表，可以通过观察电流表上显示的实际供电电流来判断供配电电路是否正常。若接通电源，按下启动按钮后，电流表无电流显示，则说明供电电路异常。

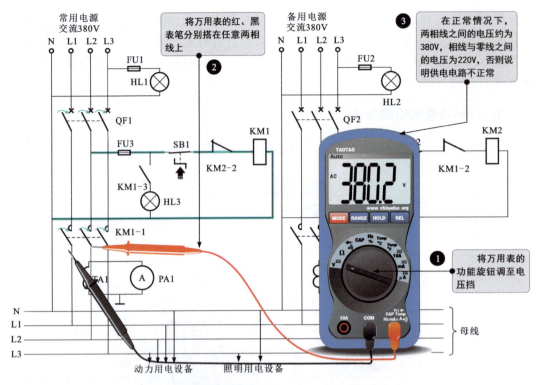

图 9-16　低压配电柜供配电电路供电电压的检测方法

3. 常用电源与备用电源互锁关系的检测方法

当使用常用电源时，常用电源电路中的 KM1 线圈得电，其常闭触点 KM1-2 闭合，切断备用电源电路，确保备用电源无法接通电源；同样，当使用备用电源时，需要锁定常用电源不可使用。例如，可在使用常用电源时，检测备用电源电路中 KM2 线圈两端的电压值，在正常情况下，触点应由常闭变为断开，KM2 线圈端无电压，如图 9-17 所示。

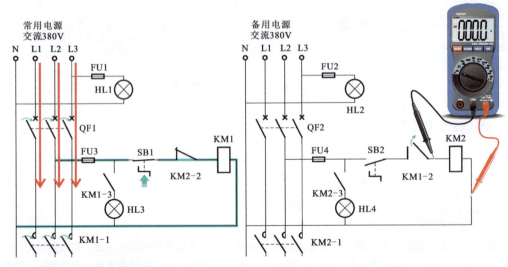

图 9-17　低压配电柜供配电电路中两路电源互锁关系的检测

9.4 楼宇低压供配电电路的结构、识图与检测

9.4.1 楼宇低压供配电电路的结构

楼宇低压供配电电路是一种典型的低压供配电电路，一般由高压供配电电路经变压器降压后引入，经小区配电柜初步分配后，送到各住宅楼为住户供电，同时为住宅楼的公共照明、电梯、水泵等供电。

图9-18为楼宇低压供配电电路的结构组成。

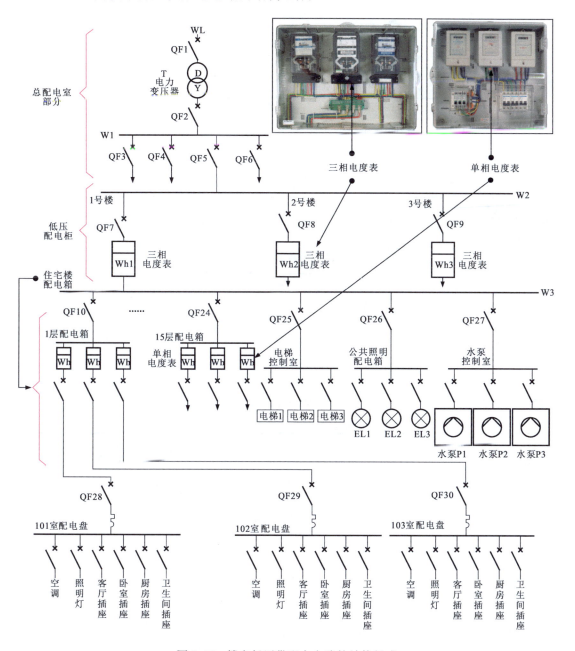

图9-18 楼宇低压供配电电路的结构组成

9.4.2 楼宇低压供配电电路的识图与检测

图 9-19 为楼宇低压供配电电路的识图。

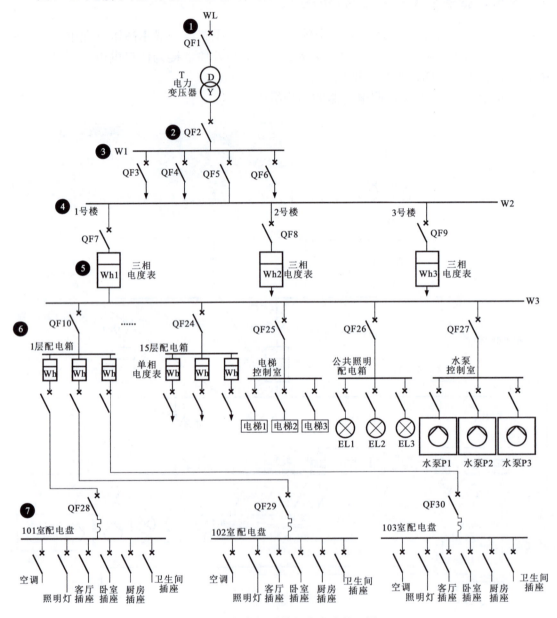

图 9-19 楼宇低压供配电电路的识图

> **资料与提示**
>
> 图 9-19 中，❶高压电源经电源进线口 WL 后送入电力变压器 T 中。
> ❷电力变压器输出 380/220V 电压，经总断路器 QF2 后送入母线 W1。
> ❸经母线 W1 后分为多条支路，每条支路均为一个单独的低压供配电电路。
> ❹其中一条支路的低压经断路器 QF5 后加到母线 W2 上，并分为 3 路分别为 1 号楼～3 号楼供电。
> ❺每一条支路上均安装有一块三相电度表，用于计量每栋楼的用电总量。

❻ 由于每栋楼有 15 层,且除住户用电外,还包括电梯用电、公共照明用电及水泵用电等,因此,加到母线 W3 上的低压分为 18 条支路:15 条支路分别为 1～15 层的住户供电;3 条支路分别为电梯控制室、公共照明配电箱和水泵控制室供电。

❼ 每条支路均经断路器后再分配。以 1 层住户为例,低压经断路器 QF10 后分为 3 路,分别经 3 块单相电度表为 3 个住户供电。

当楼宇低压供配电电路异常时,可首先检测同级电路是否异常(如停电)。若同级电路未发生异常,则应检测异常电路中的设备和线缆的性能;若同级电路异常(如停电),则应检查上级供配电电路是否正常。

图 9-20 为楼宇低压供配电电路的检测方法。

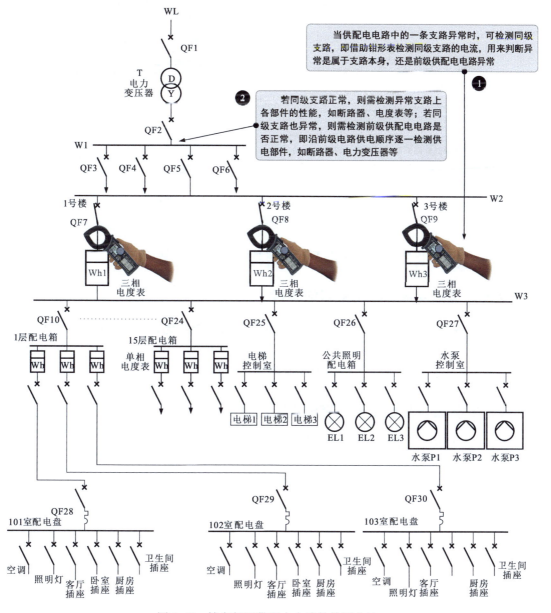

图 9-20 楼宇低压供配电电路的检测方法

资料与提示

检测楼宇供配电电路时，在通电测试前，应根据电路功能逐一检查总配电室、低压配电柜、楼内配电箱内部件的连接是否正常及控制、执行部件的动作是否灵活等，对出现异常的部位进行调整，使其达到最佳的工作状态，如图 9-21 所示。

根据技术图纸核对部件型号，校验搭接点力矩，并做标识

按照电路功能从电源端开始，逐段确认连接线有无漏接、错接之处；检查连接点是否符合工艺要求；相间距是否符合标准；用万用表检测主回路、控制回路的连接有无异常

检查母线及引下线连接是否良好；检查电缆头、接线桩头是否牢固可靠；检查接地线接线桩头是否紧固；检查所有二次回路接线连接是否可靠，绝缘是否符合要求

检查操作开关的操作机构是否到位；检查高压电容放电装置、控制电路的接线螺钉及接地装置是否到位

手动调试断路器机械连锁分合闸是否准确

图 9-21　楼宇低压供配电电路通电测试前的操作

9.5　低压设备供配电电路的结构、识图与检测

9.5.1　低压设备供配电电路的结构

低压设备供配电电路是一种为低压设备供电的配电电路，6～10kV 的高压经主变压器降压后变为交流低压，经熔断式隔离开关为低压动力柜、低压照明、动力设备等供电。低压设备供配电电路的结构组成如图 9-22 所示。

9.5.2　低压设备供配电电路的识图与检测

图 9-23 为低压设备供配电电路的识图。

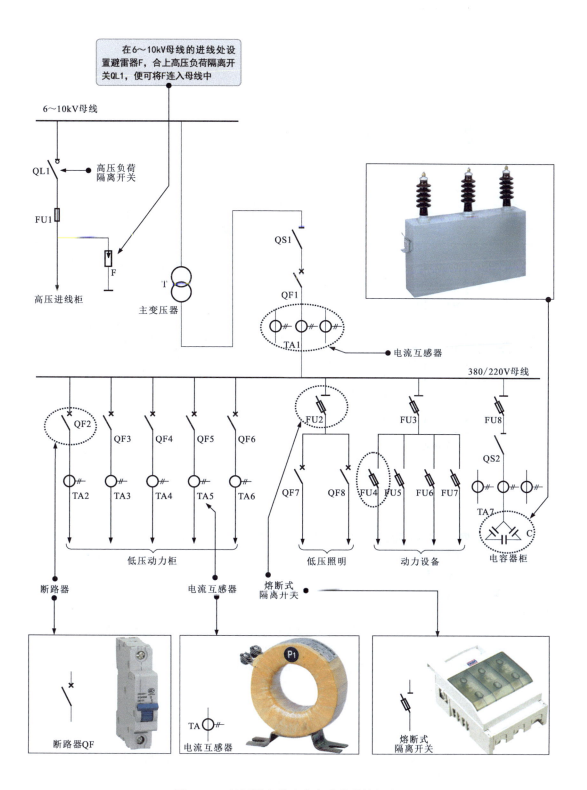

图 9-22 低压设备供配电电路的结构组成

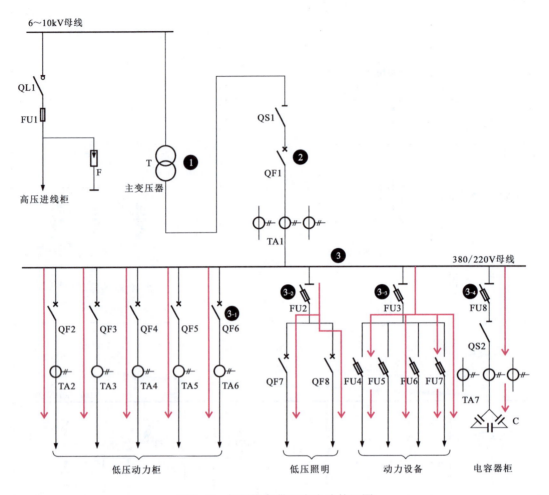

图 9-23 低压设备供配电电路的识图

资料与提示

图 9-23 中，❶ 6～10kV 高压送入主变压器 T 的输入端，输出 380/220V 电压。

❷合上隔离开关 QS1、断路器 QF1 后，380/220V 电压经 QS1、QF1 和电流互感器 TA1 送入 380/220V 母线。

❸ 380/220V 母线上接有多条支路：

❸₋₁ 合上断路器 QF2～QF6 后，380/220V 电压分别经 QF2～QF6、电流互感器 TA2～TA6 为低压动力柜供电。

❸₋₂ 合上 FU2、断路器 QF7/QF8 后，380/220V 电压分别经 FU2、QF7/QF8 为低压照明供电。

❸₋₃ 合上 FU3～FU7 后，380/220V 电压分别经 FU3、FU4～FU7 为动力设备供电。

❸₋₄ 合上 FU8 和隔离开关 QS2 后，380/220V 电压经 FU8、QS2 和电流互感器 TA7 为电容器柜供电。

资料与提示

电容器柜中的电容器又称高压补偿电容器（380V 电路中），是一种耐高压的大型金属壳电容器，有三个端子，由三个电容器制成一体，分别接到三相交流电源上，与负载并联，用于补偿相位延迟的无效功率，提高供电效率。

低压设备供配电电路供电电压的检测方法如图 9-24 所示。若供电电压正常,则说明供配电电路正常;若无供电电压,则需进一步检测供配电电路中主要部件的性能参数。

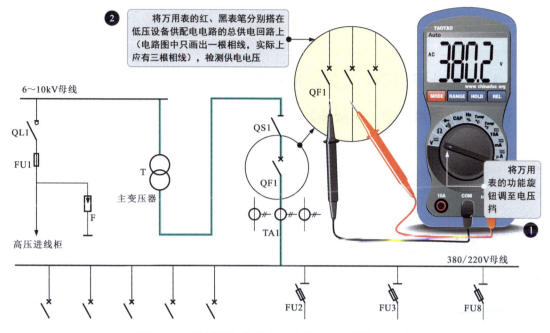

图 9-24　低压设备供配电电路供电电压的检测方法

主要部件包括主变压器、熔断式隔离开关、断路器等。以断路器为例,断开供配电电路,检测断路器如图 9-25 所示。

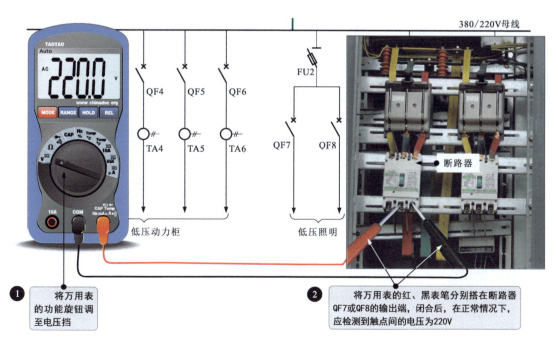

图 9-25　低压设备供配电电路中断路器的检测方法

第10章
电动机控制电路的识图、接线与检测

10.1 电动机点动/连续控制电路的识图、接线与检测

10.1.1 电动机点动/连续控制电路的结构

电动机点动/连续控制电路既能点动控制又能连续控制：当需要短时运转时，按住点动控制按钮，电动机运转，松开点动控制按钮，电动机停止运转；当需要长时间运转时，按下连续控制按钮后再松开，电动机进入持续运转状态。

图 10-1 为三相交流电动机点动/连续控制电路的结构组成。该电路主要由电源总开关 QS、点动控制按钮 SB1、连续控制按钮 SB2、停止按钮 SB3、熔断器 FU1～FU4、交流接触器 KM、三相交流电动机等组成。

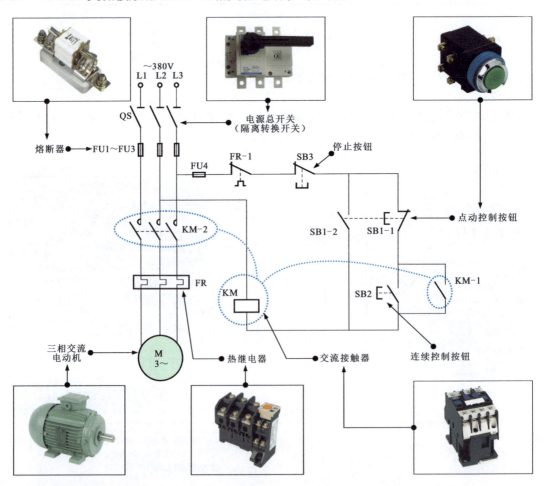

图 10-1 三相交流电动机点动/连续控制电路的结构组成

10.1.2 电动机点动／连续控制电路的接线

图 10-2 为三相交流电动机点动／连续控制电路的接线示意图。

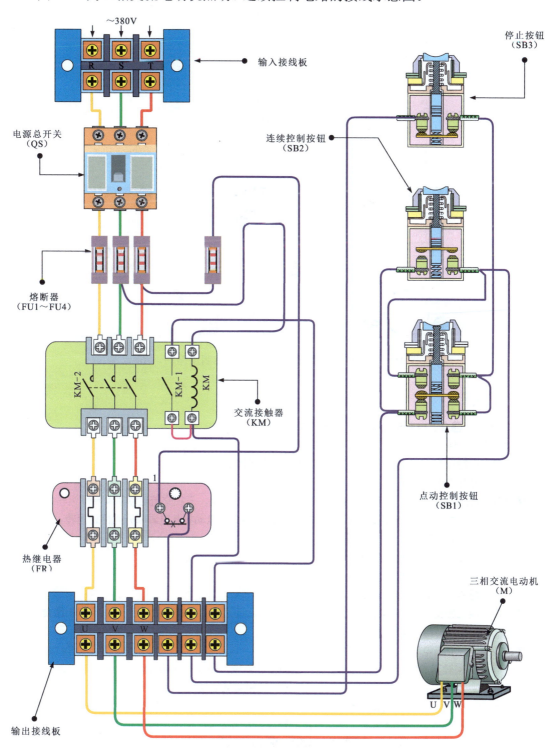

图 10-2　三相交流电动机点动／连续控制电路的接线示意图

10.1.3 电动机点动/连续控制电路的识图

电动机点动/连续控制电路的运行过程包括点动启动、连续启动和停机三个基本过程。图 10-3 为三相交流电动机点动/连续控制电路的识图。

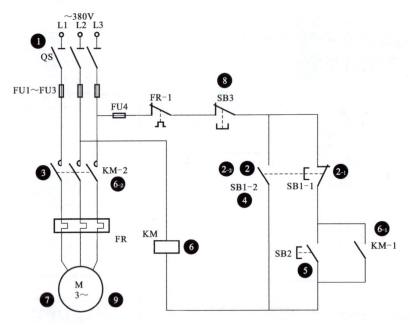

图 10-3 三相交流电动机点动/连续控制电路的识图

> **资料与提示**
>
> 图 10-3 中，❶合上电源总开关 QS，接通三相电源。
> ❷按下点动控制按钮 SB1。
> 　❷₋₁常闭触点 SB1-1 断开，切断 SB2，此时 SB2 不起作用。
> 　❷₋₂常开触点 SB1-2 闭合，交流接触器 KM 线圈得电。
> ❷₋₂→❸ KM 常开主触点 KM-2 闭合，电源为三相交流电动机供电，三相交流电动机 M 启动运转。
> ❹抬起 SB1，触点复位，交流接触器 KM 线圈失电，三相交流电动机 M 电源断开，停止运转。
> ❺按下连续控制按钮 SB2，触点闭合。
> ❺→❻交流接触器 KM 的线圈得电。
> 　❻₋₁常开辅助触点 KM-1 闭合自锁。
> 　❻₋₂常开主触点 KM-2 闭合。
> ❻₋₂→❼接通三相交流电动机电源，三相交流电动机 M 启动运转。当松开按钮后，由于 KM-1 闭合自锁，三相交流电动机仍保持得电运转状态。
> ❽当需要三相交流电动机停机时，按下停止按钮 SB3。
> ❽→❾交流接触器 KM 线圈失电，内部触点全部释放复位，即 KM-1 断开解除自锁，KM-2 断开，三相交流电动机停机；松开按钮 SB3 后，电路未形成通路，三相交流电动机仍处于停机状态。
> 　熔断器 FU1～FU4 起保护电路的作用。其中，FU1～FU3 为主电路熔断器，FU4 为支路熔断器。若 L1、L2 两相中任意一相的熔断器熔断，则交流接触器线圈就会因失电而被迫释放，切断电源，三相交流电动机停止运转。若交流接触器线圈出现短路等故障，则支路熔断器 FU4 也会因过流熔断，切断三相交流电动机电源，起到保护电路的作用。若采用具有过流保护功能的交流接触器，则 FU4 可以省去。

10.1.4 电动机点动/连续控制电路的检测

1. 控制支路通、断状态的检测

断开电源总开关 QS，用验电器检测电路无电后，按下点动控制按钮 SB1 或连续控制按钮 SB2，控制支路接通；按下停止按钮 SB3，控制支路断开。三相交流电动机点动/连续控制电路中控制支路通、断状态的检测方法如图 10-4 所示。

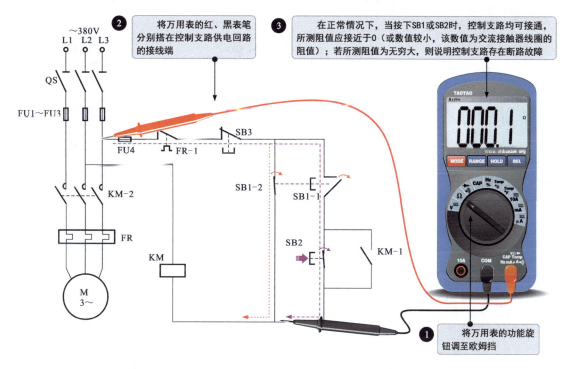

图 10-4 三相交流电动机点动/连续控制电路中控制支路通、断状态的检测方法

资料与提示

图 10-4 中，按下停止按钮 SB3 后，无论 SB1 和 SB2 是否处于按下状态，控制支路均断开，用万用表检测控制支路供电回路两端的阻值应为无穷大，否则说明控制支路存在短路故障，如图 10-5 所示。

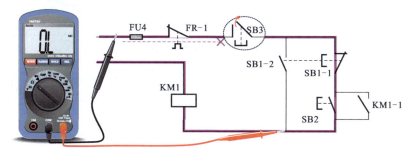

图 10-5 三相交流电动机点动/连续控制电路中控制支路存在短路故障的检测方法

2. 供电电压的检测

三相交流电动机点动／连续控制电路供电电压的检测方法如图 10-6 所示。

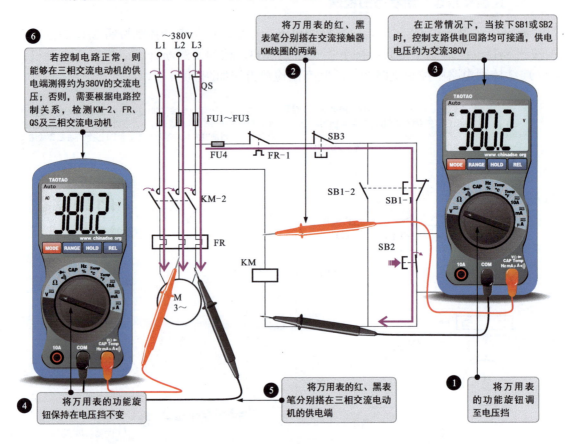

图 10-6　三相交流电动机点动／连续控制电路供电电压的检测方法

资料与提示

图 10-6 中，若供电电压为 0V，则需要对熔断器进行检测；若熔断器损坏，会造成三相交流电动机无法正常启动的故障。

检测时，可使用万用表检测熔断器输入端和输出端的电压是否正常。若输入电压和输出电压均正常，则说明熔断器良好，如图 10-7 所示。

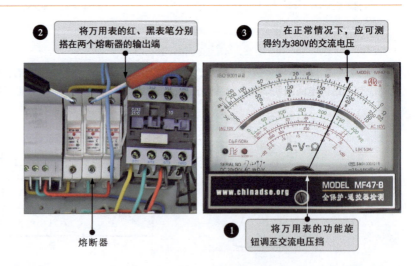

图 10-7　三相交流电动机点动／连续控制电路中熔断器的检测方法

10.2 电动机启/停控制电路的识图、接线与检测

10.2.1 电动机启/停控制电路的结构

电动机启/停控制电路是由控制按钮、接触器等功能部件实现对电动机启动和停止的电气控制，是电动机最基本的电气控制电路。

图10-8为单相交流电动机启/停控制电路的结构组成。由图可知，该电路主要由单相交流电动机M、启动按钮SB1、停止按钮SB2、交流接触器KM、热继电器FR、熔断器、停机指示灯HL1、运转指示灯HL2等组成。

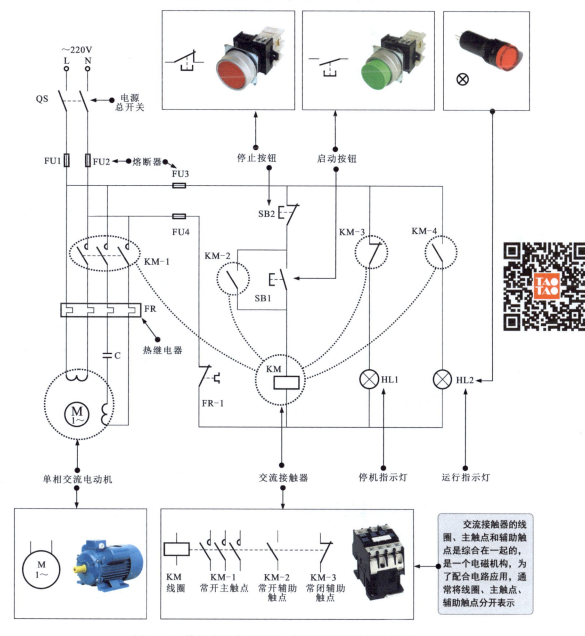

图10-8 单相交流电动机启/停控制电路的结构组成

10.2.2 电动机启/停控制电路的接线

图 10-9 为单相交流电动机启/停控制电路的接线示意图。

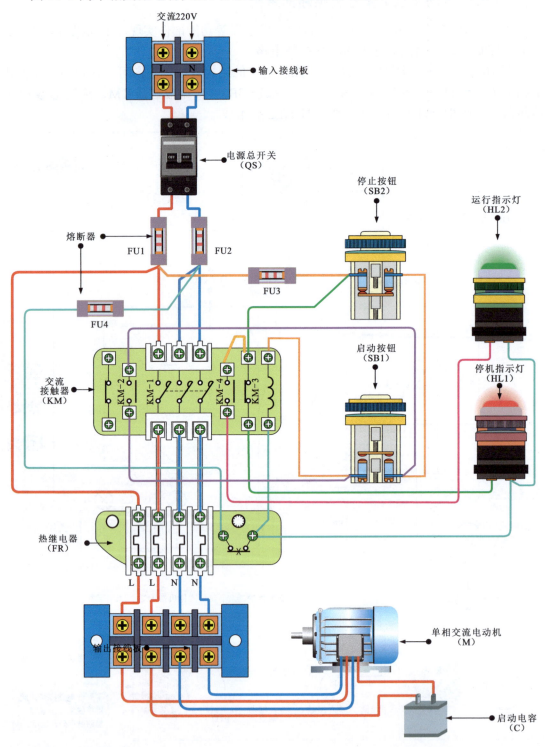

图 10-9 单相交流电动机启/停控制电路的接线示意图

10.2.3 电动机启/停控制电路的识图

图 10-10 为单相交流电动机启/停控制电路的识图。

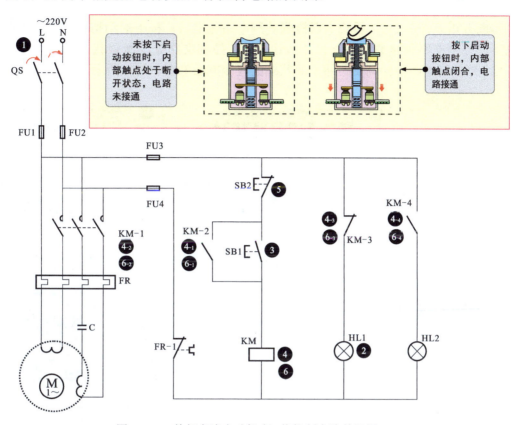

图 10-10　单相交流电动机启/停控制电路的识图

> 资料与提示

图 10-10 中，❶合上电源总开关 QS，接通单相电源。

❶→❷单相电源经常闭触点 KM-3 为停机指示灯 HL1 供电，HL1 点亮。

❸按下启动按钮 SB1。

❸→❹交流接触器 KM 线圈得电。

　　　　　❹₁常开辅助触点 KM-2 闭合，实现自锁功能。

　　　　　❹₂常开主触点 KM-1 闭合，单相交流电动机接通单相电源，开始启动运转。

　　　　　❹₃常闭辅助触点 KM-3 断开，切断停机指示灯 HL1 的供电电源，HL1 熄灭。

　　　　　❹₄常开辅助触点 KM-4 闭合，运行指示灯 HL2 点亮，指示电动机处于工作状态。

❺当需要单相交流电动机停机时，按下停止按钮 SB2。

❺→❻交流接触器 KM 线圈失电。

　　　　　❻₁KM 的常开辅助触点 KM-2 复位断开，解除自锁功能。

　　　　　❻₂KM 的常开主触点 KM-1 复位断开，切断单相交流电动机的供电电源，单相交流电动机停止运转。

　　　　　❻₃KM 的常闭辅助触点 KM-3 复位闭合，停机指示灯 HL1 点亮，指示单相交流电动机处于停机状态。

　　　　　❻₄KM 的常开辅助触点 KM-4 复位断开，切断运行指示灯 HL2 的电源供电，HL2 熄灭。

10.2.4 电动机启/停控制电路的检测

1. 控制支路通、断状态的检测

断开电源开关 QS,用验电器检测被测电路无电后,按下启动按钮 SB1,在正常情况下,控制支路可接通;按下停止按钮 SB2,控制支路处于断路状态。单相交流电动机启/停控制电路中控制支路通、断状态的检测方法如图 10-11 所示。

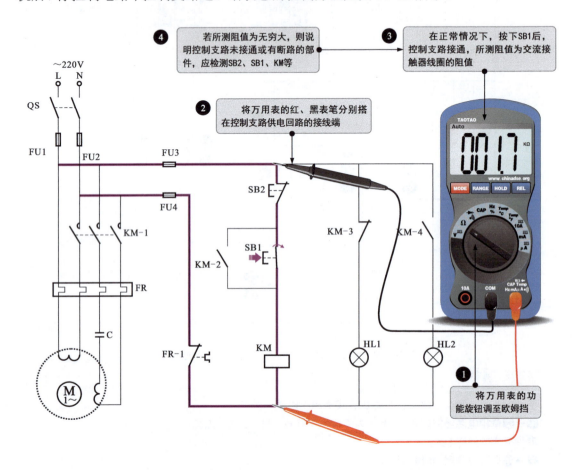

图 10-11 单相交流电动机启/停控制电路中控制支路通、断状态的检测方法

> **资料与提示**
>
> 图 10-11 中,按下停止按钮 SB2 后,控制支路的供电回路处于断路状态,借助万用表检测供电回路的阻值应为无穷大;否则,说明停止按钮 SB2 失常,需要检测停止按钮 SB2 的性能。

2. 单相交流电动机供电电压的检测方法

单相交流电动机启/停控制电路中单相交流电动机供电电压的检测方法如图 10-12 所示。

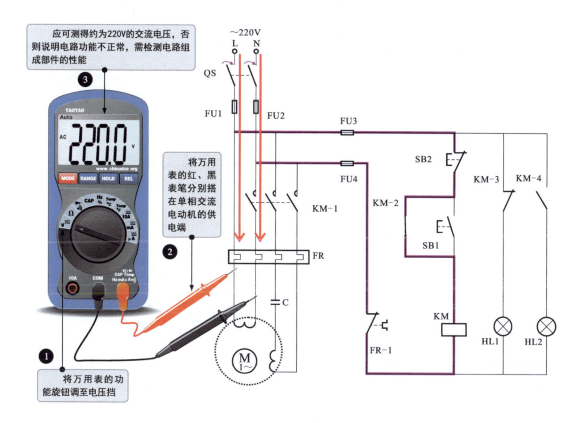

图 10-12　单相交流电动机启 / 停控制电路中单相交流电动机供电电压的检测方法

❋ 3. 电路主要组成部件性能的检测方法

在单相交流电动机启 / 停控制电路中，启 / 停按钮、交流接触器是实现电路控制的关键部件，若电路功能失常，则需要重点检测这些部件的性能。以启动按钮 SB1 为例，可借助万用表检测其在被按下与松开时，触点的接通与断开功能是否正常，如图 10-13 所示。

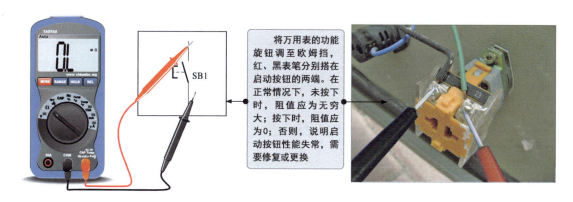

图 10-13　单相交流电动机启 / 停控制电路中启动按钮的检测方法

10.3 电动机Y-△降压启动控制电路的识图、接线与检测

10.3.1 电动机Y-△降压启动控制电路的结构

电动机Y-△降压启动控制电路是在电动机启动时，定子绕组先以Y连接方式进入降压启动状态，待电动机转速达到一定值后，定子绕组再以△连接方式进入全压运行状态。

图10-14为三相交流电动机Y-△降压启动控制电路的结构组成。由图可知，该电路主要由电源总开关、时间继电器、交流接触器、热继电器、启动按钮、停止按钮等组成。

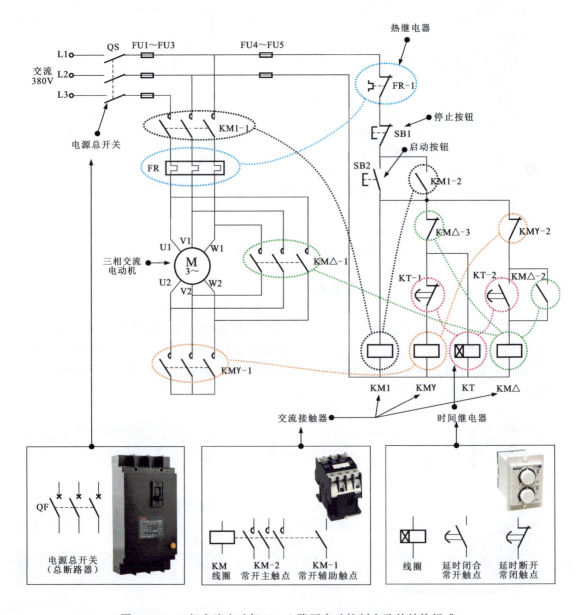

图10-14 三相交流电动机Y—△降压启动控制电路的结构组成

10.3.2 电动机 Y- △降压启动控制电路的接线

图 10-15 为三相交流电动机 Y- △降压启动控制电路的接线示意图。

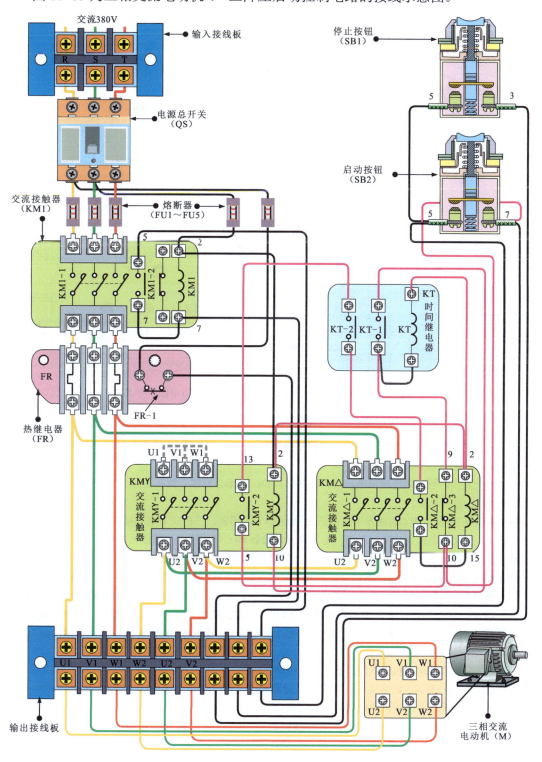

图 10-15 三相交流电动机 Y- △降压启动控制电路的接线示意图

10.3.3 电动机 Y-△降压启动控制电路的识图

图 10-16 为三相交流电动机 Y-△降压启动控制电路的识图。

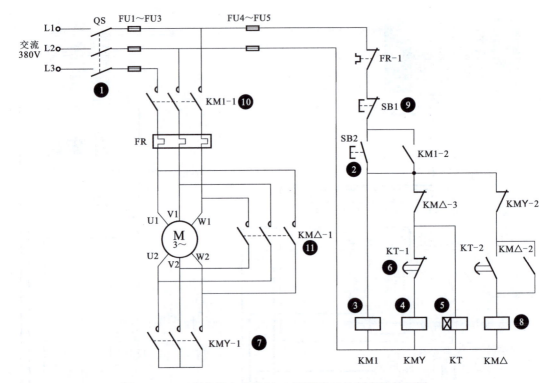

图 10-16　三相交流电动机 Y-△降压启动控制电路的识图

> **资料与提示**

图 10-16 中，❶闭合电源总开关 QS，接通三相电源。

❷按下启动按钮 SB2。

❷→❸交流接触器 KM1 线圈得电，常开辅助触点 KM1-2 闭合自锁，常开主触点 KM1-1 闭合，为三相交流电动机的启动做好准备。

❷→❹交流接触器 KMY 线圈得电，常开主触点 KMY-1 闭合，三相交流电动机以 Y 方式接通电源，降压启动运转；常闭辅助触点 KMY-2 断开，防止交流接触器 KM△线圈得电，起连锁保护作用。

❷→❺时间继电器 KT 线圈得电（按预先设定的降压启动运转时间），进入降压启动计时状态。

❻当 KT 达到预先设定的降压启动运转时间时，常闭触点 KT-1 断开，常开触点 KT-2 闭合。

❻→❼交流接触器 KMY 线圈失电，触点全部复位，KMY-2 复位闭合，常开主触点 KMY-1 复位断开。

❻→❽KM△线圈得电，常开主触点 KM△-1 闭合，三相交流电动机由 Y 转为△运转，常闭辅助触点 KM△-3 断开，切断时间继电器 KT 线圈的供电，停止计时工作，常闭触点 KT-1 复位闭合，常开触点 KT-2 复位断开。

❾当需要三相交流电动机停机时，按下停止按钮 SB1。

❾→❿交流接触器 KM1 线圈失电，常开辅助触点 KM1-2 复位断开，解除自锁功能；常开主触点 KM1-1 复位断开，切断三相交流电动机的供电电源，三相交流电动机停止运转。

❾→⓫交流接触器 KM△线圈失电，常开辅助触点 KM△-2 复位断开，解除自锁功能；常开主触点 KM△-1 复位断开，解除三相交流电动机定子绕组的△连接方式；常闭辅助触点 KM△-3 复位闭合，为下一次降压启动做好准备。

电动机降压启动控制除 Y-△降压启动控制外，还有一种常见的串电阻降压启动控制，如图 10-17 所示。三相交流电动机串电阻降压启动控制电路是在三相交流电动机定子绕组中串入电阻，启动时，串入电阻具有降压、限流作用，当三相交流电动机启动完毕后，将串入电阻短接，三相交流电动机进入全压运行状态。

由图 10-17 可知，该电路主要由电源总开关 QS、启动按钮 SB1、停止按钮 SB2、交流接触器 KM1/KM2、时间继电器 KT、熔断器 FU1～FU5、启动电阻器 R1～R3、热继电器 FR、三相交流电动机等组成。

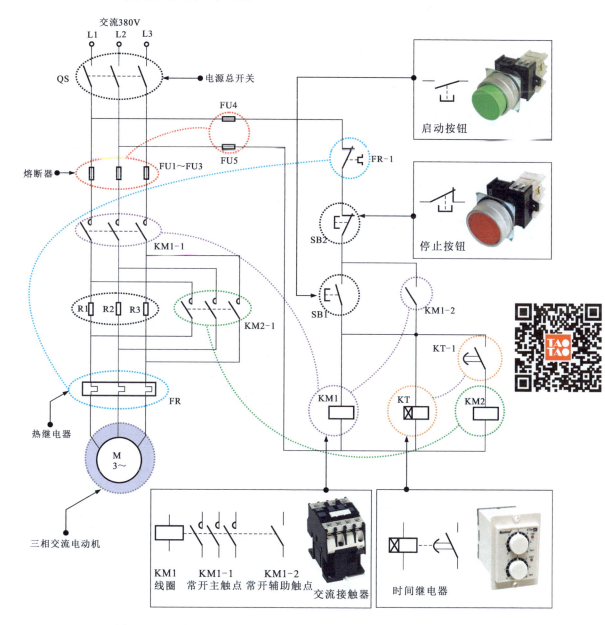

图 10-17 三相交流电动机串电阻降压启动控制电路的结构组成

图 10-18 为三相交流电动机串电阻降压启动控制电路的接线示意图。

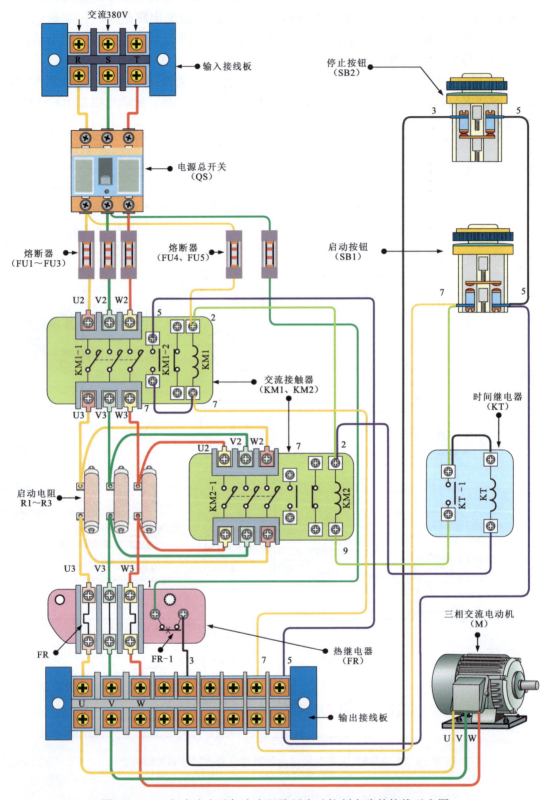

图 10-18　三相交流电动机串电阻降压启动控制电路的接线示意图

三相交流电动机串电阻降压启动控制电路的运行过程包括降压启动、全压运行和停机3个过程，如图10-19所示。

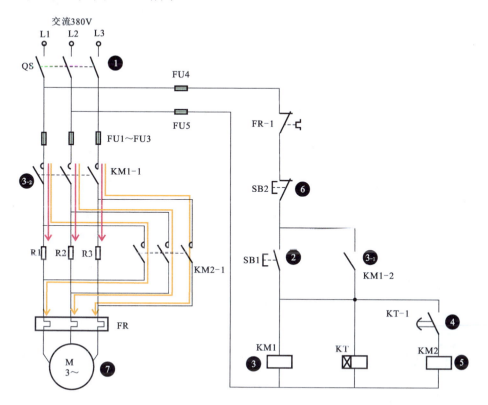

图 10-19 三相交流电动机串电阻降压启动控制电路的识图

> 资料与提示

图 10-19 中，❶合上电源总开关 QS，接通三相电源。

❷按下启动按钮 SB1，常开触点闭合。

❷→❸交流接触器 KM1 线圈得电，时间继电器 KT 线圈得电。

　　　　❸₋₁常开辅助触点 KM1-2 闭合，实现自锁功能。

　　　　❸₋₂常开主触点 KM1-1 闭合，电源经启动电阻 R1～R3 为三相交流电动机 M 供电，M 降压启动。

❹当时间继电器 KT 达到预定的延时时间后，常开触点 KT-1 延时闭合。

❹→❺交流接触器 KM2 线圈得电，常开主触点 KM2-1 闭合，短接启动电阻 R1～R3，三相交流电动机在全压状态下运行。

❻当需要三相交流电动机停机时，按下停止按钮 SB2，交流接触器 KM1、KM2 和时间继电器 KT 线圈均失电，触点全部复位。

❻→❼KM1、KM2 的常开主触点 KM1-1、KM2-1 复位断开，切断三相交流电动机的供电电源，三相交流电动机停止运转。

10.3.4 电动机 Y-△ 降压启动控制电路的检测

三相交流电动机 Y-△ 降压启动控制电路中交流接触器的检测方法如图 10-20 所示。

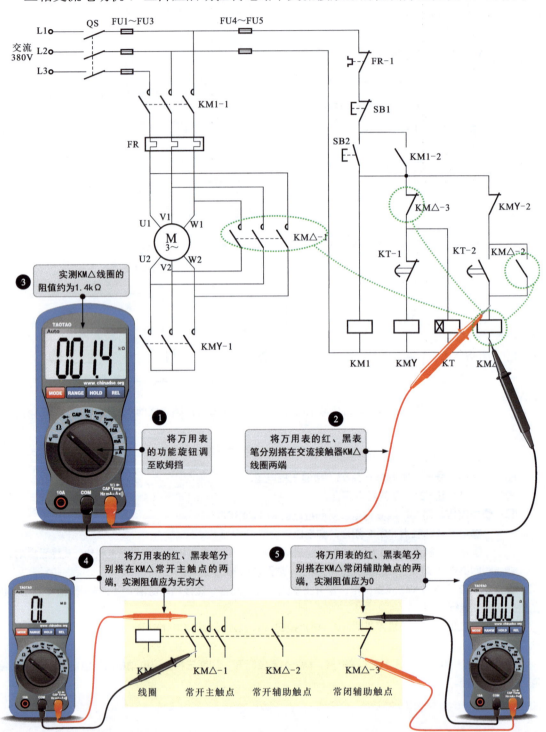

图 10-20 三相交流电动机 Y-△ 降压启动控制电路中交流接触器的检测方法

10.4 电动机反接制动控制电路的识图、接线与检测

10.4.1 电动机反接制动控制电路的结构

电动机反接制动控制电路通过反接电动机的供电相序改变电动机的运转方向，降低电动机的转速，最终达到停机的目的。图10-21为三相交流电动机反接制动控制电路的结构组成。

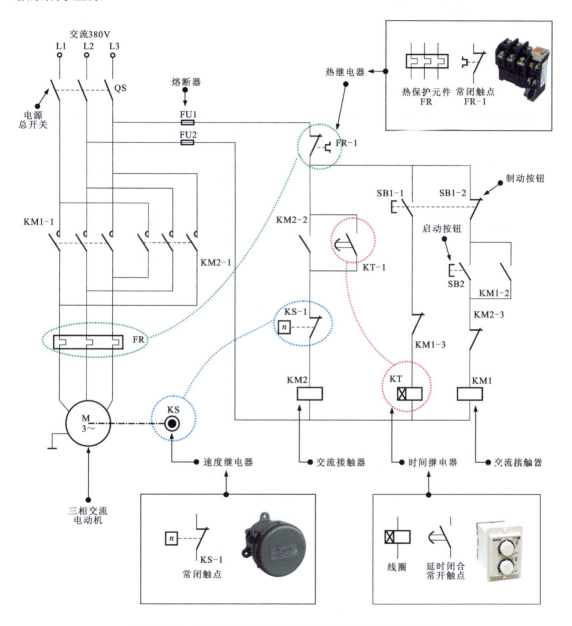

图 10-21　三相交流电动机反接制动控制电路的结构组成

资料与提示

速度继电器主要与接触器配合使用,实现电动机控制系统的反接制动。常用的速度继电器主要有JY1型、JFZ0-1型和JFZ0-2型。图10-22为速度继电器。

	JY1型	适合在700~3600r/min范围内可靠工作
JFZ0型	JFZ0-1型	适合在300~1000r/min范围内可靠工作
	JFZ0-2型	适合在1000~3600r/min范围内可靠工作

图10-22 速度继电器

速度继电器主要是由转子、定子和触点等三部分组成的,如图10-23所示。在电路中,速度继电器通常用字母KS表示,常用在三相异步电动机的反接制动电路中。工作时,速度继电器的转子和定子与电动机连接,当电动机的相序改变,反相运转时,速度继电器的转子也随之反转,产生与实际运转方向相反的旋转磁场,从而产生制动力矩。这时,速度继电器的定子触动另外一组触点,使其断开或闭合。当电动机停止时,速度继电器的触点即可复位。

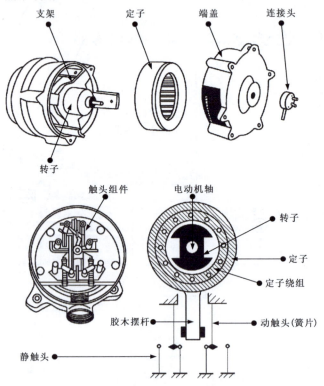

图10-23 速度继电器的结构组成

10.4.2 电动机反接制动控制电路的接线

图10-24为三相交流电动机反接制动控制电路的接线示意图。

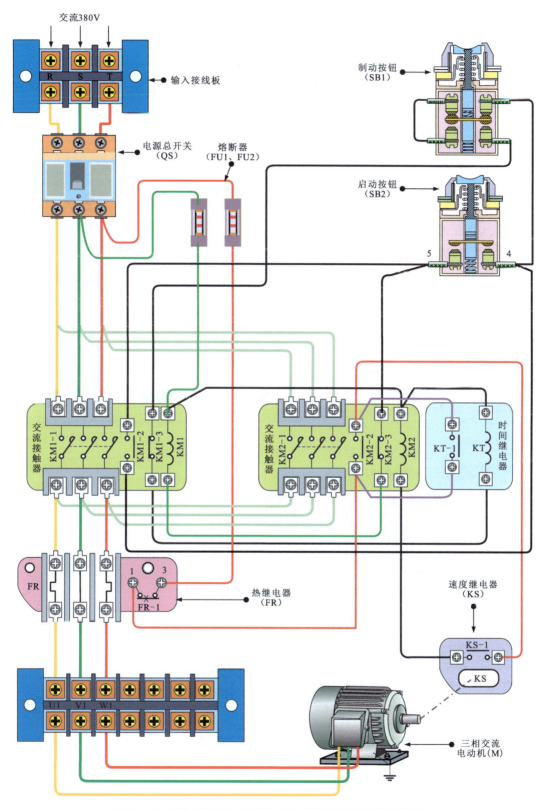

图 10-24 三相交流电动机反接制动控制电路的接线示意图

10.4.3 电动机反接制动控制电路的识图

三相交流电动机反接制动控制电路的识图如图 10-25 所示。

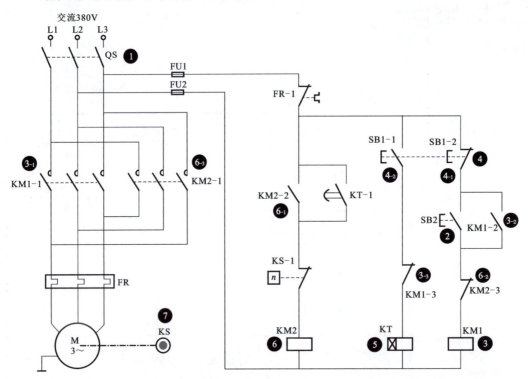

图 10-25 三相交流电动机反接制动控制电路的识图

> **资料与提示**

图 10-25 中，❶合上电源总开关 QS，接通三相电源。
❷按下启动按钮 SB2，常开触点闭合。
❷→❸交流接触器 KM1 线圈得电。
　　❸₁常开主触点 KM1-1 闭合，三相交流电动机按 L1、L2、L3 的相序接通三相电源，开始正向启动运转。
　　❸₂常开辅助触点 KM1-2 闭合，实现自锁功能。
　　❸₃常闭触点 KM1-3 断开，防止 KT 线圈得电。
❹如需制动停机，则按下制动按钮 SB1。
　　❹₂常闭触点 SB1-2 断开，交流接触器 KM1 线圈失电，触点全部复位。
　　❹₁常开触点 SB1-1 闭合，时间继电器 KT 线圈得电。
❺当达到时间继电器 KT 预先设定的时间时，常开触点 KT-1 延时闭合。
❻交流接触器 KM2 线圈得电。
　　❻₁常开触点 KM2-2 闭合自锁。
　　❻₂常闭触点 KM2-3 断开，防止交流接触器 KM1 线圈得电。
　　❻₃常开触点 KM2-1 闭合，改变三相交流电动机中定子绕组的电源相序，使三相交流电动机有反转趋势，产生较大的制动力矩，三相交流电动机开始减速。
❼当三相交流电动机减速到一定值时，速度继电器常开触点 KS-1 断开，KM2 线圈失电，触点全部复位，切断三相交流电动机的制动电源，三相交流电动机停止运转。

10.4.4 电动机反接制动控制电路的检测

由图 10-25 的分析可知，启动按钮 SB2 控制三相交流电动机启动运转；制动按钮 SB1 控制三相交流电动机制动停机；三相交流电动机在电路的控制下实现正相序启动运转、反相序制动停机功能。

检测时，可接通电源总开关，按下启动按钮 SB2，对供电电压进行检测，若正常，说明控制功能正常；若无供电电压，则需要在断电状态下检测所有组成部件的性能。

1. 供电电压的检测方法

三相交流电动机反接制动控制电路供电电压的检测方法如图 10-26 所示。

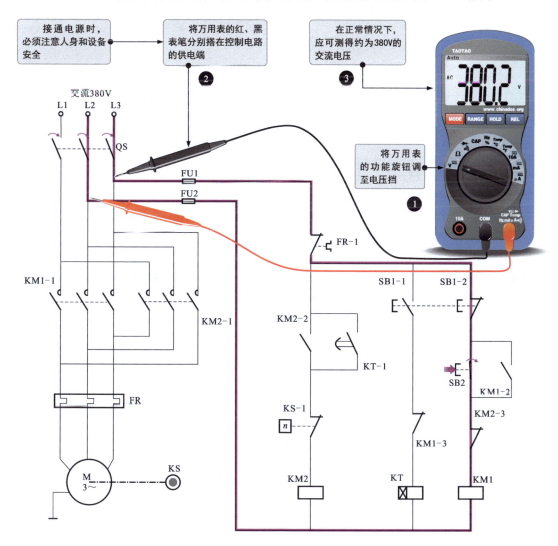

图 10-26 三相交流电动机反接制动控制电路供电电压的检测方法

2. 电路组成部件的检测方法

三相交流电动机反接制动控制电路主要组成部件的检测方法如图 10-27 所示，使用电阻测量法，首先切断总电源，将万用表的功能旋钮置于电阻挡，检测怀疑部件的阻值是否正常。

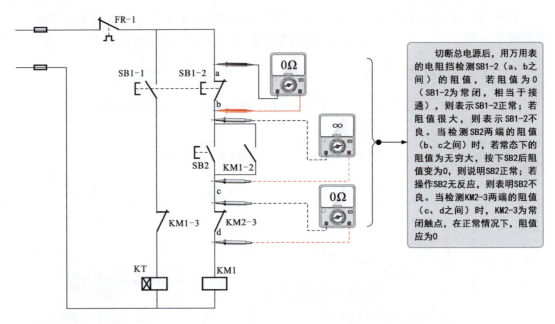

图 10-27　三相交流电动机反接制动控制电路主要组成部件的检测方法

> **资料与提示**
>
> 在检测控制电路的组成部件时，可以保持万用表的一支表笔固定不动，将另一支表笔沿电路走向逐级检测，当发现阻值不正常时，即为重要的故障点，由此可判断电路中的故障，此法被称为电阻分阶测量法，如图 10-28 所示。

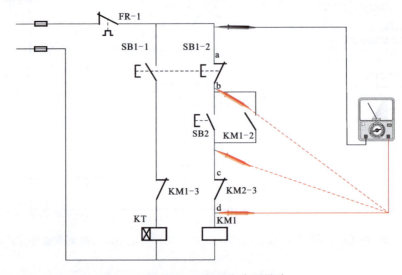

图 10-28　电阻分阶测量法

10.5 电动机调速控制电路的识图、接线与检测

10.5.1 电动机调速控制电路的结构

电动机调速控制电路利用时间继电器控制电动机低速或高速运转，并可通过低速运转按钮和高速运转按钮实现对电动机低速和高速运转的切换控制。

图 10-29 为三相交流电动机调速控制电路的结构组成。

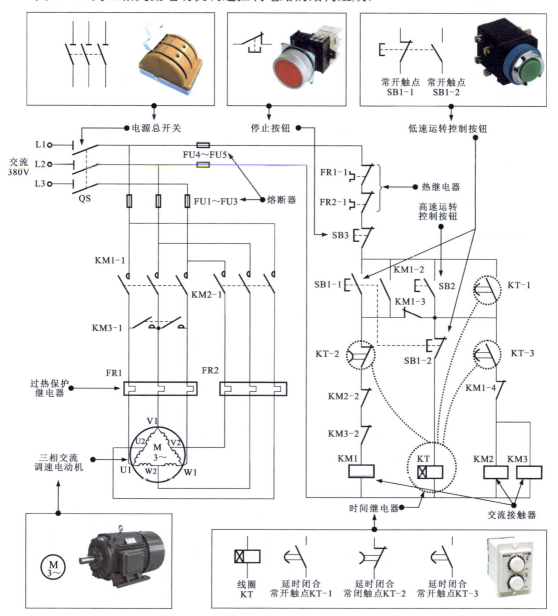

图 10-29 三相交流电动机调速控制电路的结构组成

10.5.2 电动机调速控制电路的接线

图 10-30 为三相交流电动机调速控制电路的接线示意图。

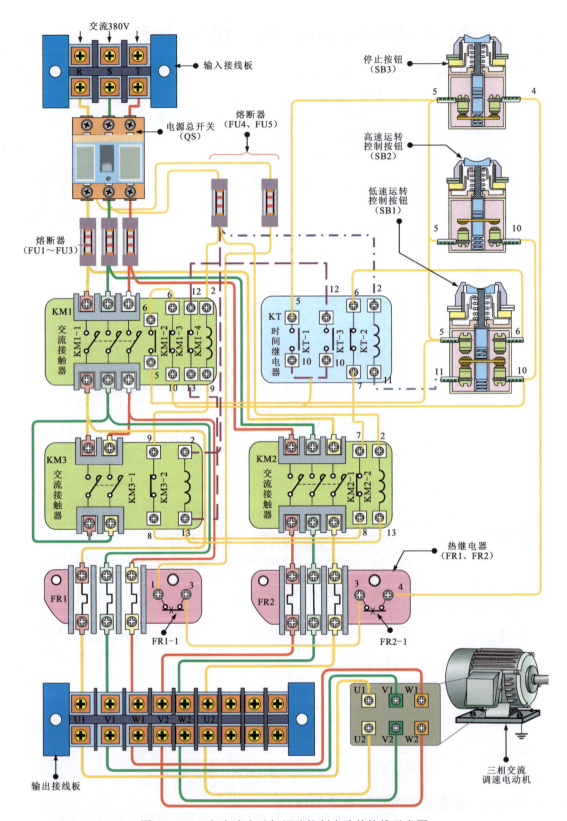

图 10-30 三相交流电动机调速控制电路的接线示意图

10.5.3 电动机调速控制电路的识图

三相交流电动机调速控制电路的识图如图 10-31 所示。

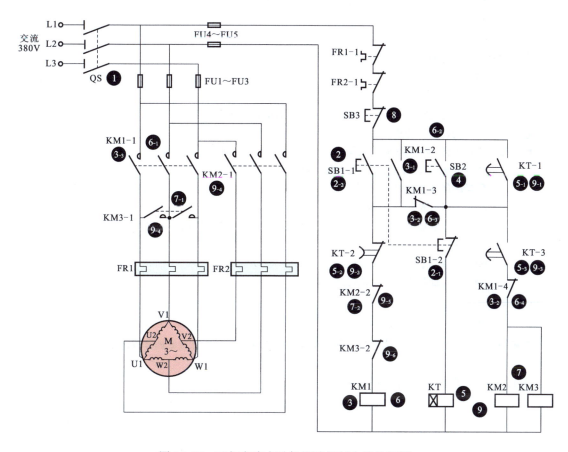

图 10-31 三相交流电动机调速控制电路的识图

资料与提示

图 10-31 中，❶合上电源总开关 QS，接通三相电源。
❷按下低速运转控制按钮 SB1。
  ❷₁常闭触点 SB1-2 断开，防止时间继电器 KT 线圈得电，起连锁保护作用。
  ❷₂常开触点 SB1-1 闭合。
❷₂→❸交流接触器 KM1 线圈得电。
  ❸₁常开辅助触点 KM1-2 闭合自锁。
  ❸₂常闭辅助触点 KM1-3 和 KM1-4 断开，防止交流接触器 KM2 和 KM3 的线圈及时间继电器 KT 得电，起连锁保护作用。
  ❸₃常开主触点 KM1-1 闭合，三相交流电动机定子绕组以△方式连接，开始低速运转。
❹按下高速运转控制按钮 SB2。
❹→❺时间继电器 KT 的线圈得电，进入高速运转计时状态，达到预定时间后，相应延时动作的触点发生动作。
  ❺₁常开触点 KT-1 闭合，锁定 SB2，即使松开 SB2 也仍保持接通状态。
  ❺₂常闭触点 KT-2 断开。

❺₃ 常开触点 KT-3 闭合。

❺₂→❻ 交流接触器 KM1 线圈失电。

❻₁ 常开主触点 KM1-1 复位断开，切断三相交流电动机的供电电源。

❻₂ 常开辅助触点 KM1-2 复位断开，解除自锁。

❻₃ 常开辅助触点 KM1-3 复位闭合。

❻₄ 常开辅助触点 KM1-4 复位闭合。

❺₃→❼ 交流接触器 KM2 和 KM3 线圈得电。

❼₁ 常开主触点 KM3-1 和 KM2-1 闭合，使三相交流电动机定子绕组以 Y 方式连接，三相交流电动机开始高速运转。

❼₂ 常闭辅助触点 KM2-2 和 KM3-2 断开，防止 KM1 线圈得电，起连锁保护作用。

❽ 当需要停机时，按下停止按钮 SB3。

❽→❾ 交流接触器 KM2/KM3 和时间继电器 KT 线圈均失电，触点全部复位。

❾₁ 常开触点 KT-1 复位断开，解除自锁。

❾₂ 常闭触点 KT-2 复位闭合。

❾₃ 常开触点 KT-3 复位断开。

❾₄ 常开主触点 KM3-1 和 KM2-1 断开，切断三相交流电动机的供电电源，三相交流电动机停止运转。

❾₅ 常开辅助触点 KM2-2 复位闭合。

❾₆ 常开辅助触点 KM3-2 复位闭合。

> **资料与提示**
>
> 三相交流电动机的调速方法有多种，如变极调速、变频调速和变转差率调速等。双速电动机控制是目前最常用的一种变极调速方法。
>
> 图 10-32 为双速电动机定子绕组的连接方法。

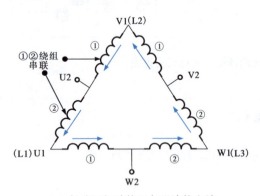   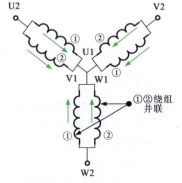

（a）低速运行时的三角形连接方法　　　　（b）高速运行时的星形连接方法

图 10-32　双速电动机定子绕组的连接方法

在图 10-32（a）中，双速电动机的三相定子绕组接成三角形，三相电源 L1、L2、L3 分别连接在定子绕组的三个出线端 U1、V1、W1 上，由绕组中点接出的接线端 U2、V2、W2 悬空，每相的①②绕组串联。若双速电动机的磁极为 4 极，则同步转速为 1500r/min。

在图 10-32（b）中，三相电源 L1、L2、L3 连接在双速电动机定子绕组的出线端 U2、V2、W2 上，且将接线端 U1、V1、W1 连接在一起，每相的①②绕组并联。若双速电动机的磁极为 2 极，则同步转速为 3000r/min。

10.5.4 电动机调速控制电路的检测

1. 电路未启动时供电电压的检测

在电路未启动时，闭合电源总开关，用万用表交流电压挡检测电路供电端电压应为380V，交流接触器KM1线圈两端的电压应为0V，如图10-33所示。

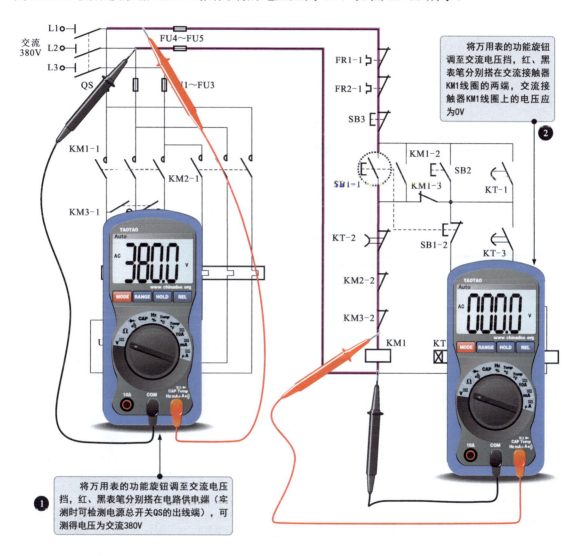

图10-33 三相交流电动机调速控制电路未启动时供电电压的检测方法

2. 电路启动后供电电压的检测

如图10-34所示，保持万用表两表笔分别搭在交流接触器KM1线圈的两端不动，按下低速运转控制按钮SB1，在正常情况下，应能测得380V交流电压。

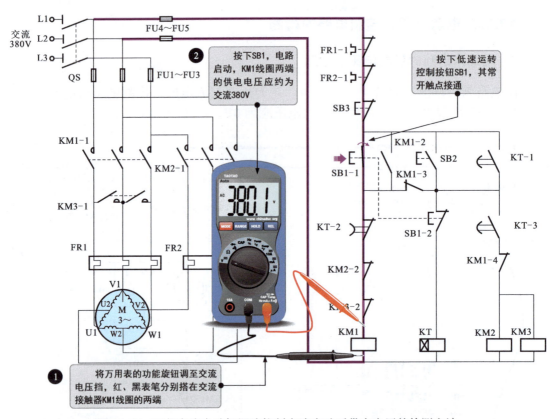

图 10-34　三相交流电动机调速控制电路启动后供电电压的检测方法

若按下低速运转控制按钮 SB1 后，三相交流电动机调速控制电路无动作，则应对电路中的控制及保护元器件进行检测，如低速运转控制按钮 SB1、停止按钮 SB3、交流接触器 KM1、时间继电器 KT、热继电器 FR1 和 FR2 等。以热继电器为例。热继电器是利用电流热效应原理实现过热保护的一种继电器，是一种电气保护部件。它利用电流的热效应来推动动作机构使触头闭合或断开，用于电动机的过载保护、断相保护、电流不平衡保护等。

热继电器的检测方法如图 10-35 所示。

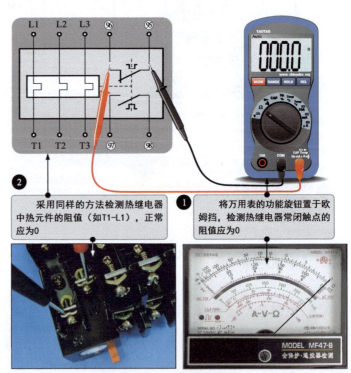

图 10-35　热继电器的检测方法

10.6 电动机定时启/停控制电路的结构、识图与检测

10.6.1 电动机定时启/停控制电路的结构

电动机定时启/停控制电路是通过时间继电器实现的。当按下启动按钮后,电动机会根据设定时间自动启动运转,运转一段时间后会自动停机。电动机进入启动状态的时间(定时启动时间)和运转工作的时间(定时停机时间)都是由时间继电器控制的。定时启动时间和定时停机时间可预先由时间继电器进行延时设定。

图 10-36 为三相交流电动机定时启/停控制电路的结构组成。

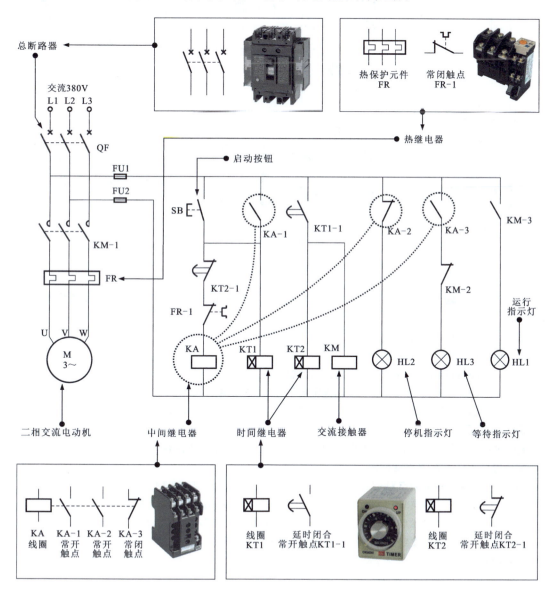

图 10-36 三相交流电动机定时启/停控制电路的结构组成

10.6.2 电动机定时启/停控制电路的识图与检测

三相交流电动机定时启/停控制电路的识图如图10-37所示。

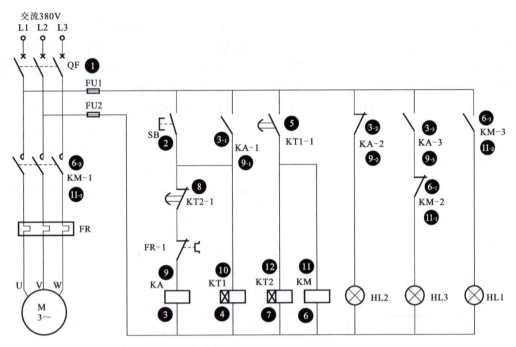

图10-37 三相交流电动机定时启/停控制电路的识图

资料与提示

图10-37中，❶合上总断路器QF，接通三相电源，经中间继电器KA的常闭触点KA-2为停机指示灯HL2供电，HL2点亮。

❷按下启动按钮SB，常开触点闭合。

❷→❸中间继电器KA线圈得电。

　　❸₁常开触点KA-1闭合，实现自锁功能。

　　❸₂常闭触点KA-2断开，切断停机指示灯HL2的供电，HL2熄灭。

　　❸₃常开触点KA-3闭合，等待指示灯HL3点亮，三相交流电动机处于等待启动状态。

❷→❹时间继电器KT1线圈得电，进入等待计时状态（预先设置的等待时间）。

❺当时间继电器KT1到达预先设置的等待时间时，常开触点KT1-1闭合。

❺→❻交流接触器KM线圈得电。

　　❻₁常闭辅助触点KM-2断开，切断等待指示灯HL3的供电，HL3熄灭。

　　❻₂常开主触点KM-1闭合，三相交流电动机接通三相电源，启动运转。

　　❻₃常开辅助触点KM-3闭合，运行指示灯HL1点亮，三相交流电动机处于运转状态。

❺→❼时间继电器KT2线圈得电，进入运转计时状态（预先设置的运转时间）。

❽当时间继电器KT2到达预先设置的运转时间时，常闭触点KT2-1断开。

❽→❾中间继电器KA线圈失电。

　　❾₁常开触点KA-1复位断开，解除自锁。

　　❾₂常闭触点KA-2复位闭合，停机指示灯HL2点亮，指示三相交流电动机处于停机状态。

　　❾₃常开触点KA-3复位断开，切断等待指示灯HL3的供电电源，HL3熄灭。

⑨₁→⑩ KT1 线圈失电，常开触点 KT1-1 复位断开。

⑩→⑪ 交流接触器 KM 线圈失电。

⑪ 常闭辅助触点 KM-2 复位闭合，为等待指示灯 HL3 得电做好准备。

⑪ 常开辅助触点 KM-3 复位断开，运行指示灯 HL1 熄灭。

⑪ 常开主触点 KM-1 复位断开，切断三相交流电动机的供电电源，三相交流电动机停止运转。

⑩→⑫ 时间继电器 KT2 线圈失电，KT2-1 复位闭合，为三相交流电动机的下一次定时启动、定时停机做好准备。

资料与提示

时间继电器是一种延时或周期性定时接通、切断控制电路的继电器，主要由瞬间触点、延时触点、弹簧片、线圈、衔铁、杠杆等组成。当线圈通电后，衔铁利用反力弹簧的阻力与铁芯吸合。推杆在推板的作用下，压缩宝塔弹簧，使瞬间触点和延时触点动作。

图 10-38 为时间继电器的内部结构。

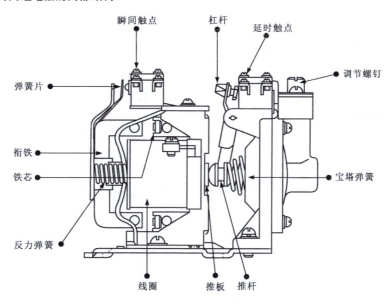

图 10-38 时间继电器的内部结构

电动机控制电路的控制功能不同，所选用时间继电器的类型也不同。有些时间继电器的常开触点闭合时延时、断开时立即动作；有些时间继电器的常开触点闭合时立即动作、断开时延时动作。识图时，可根据时间继电器触点类型的电路图形符号进行判断，如图 10-39 所示。

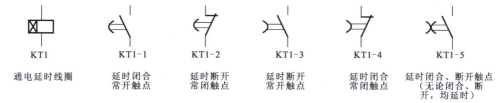

图 10-39 时间继电器触点类型的电路图形符号

时间继电器的控制关系和连接关系如图10-40所示。

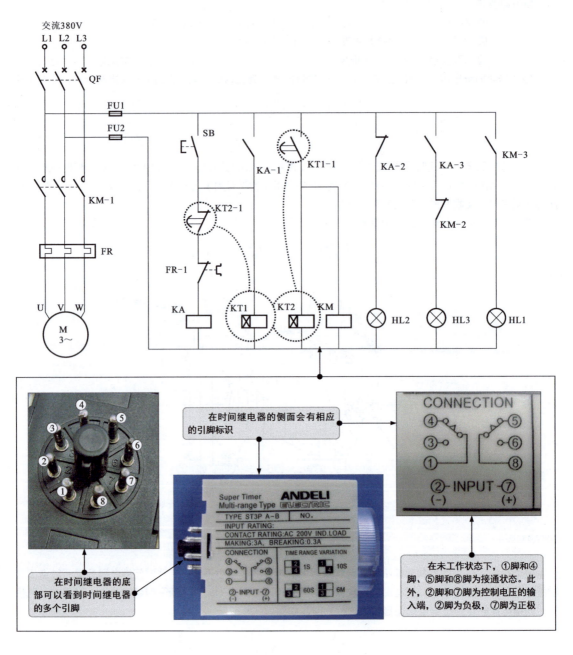

图10-40 时间继电器的控制关系和连接关系

当需要判断时间继电器的性能是否正常时，可对主要的触点进行检测，即检测常闭触点、常开触点之间的通/断状态是否正常，如图10-41所示。

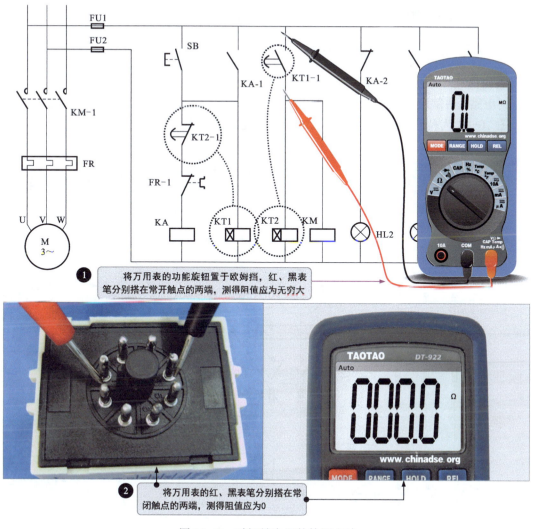

图 10-41 时间继电器的检测方法

资料与提示

拆开时间继电器，可分别对内部的控制电路和机械部分进行检查。若控制电路中有元器件损坏，则应更换损坏的元器件；若机械部分损坏，则直接将机械部分更换。图 10-42 为时间继电器的内部结构。

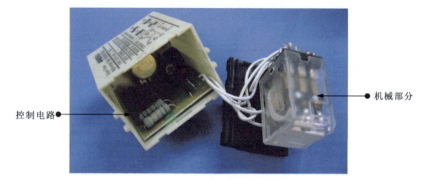

图 10-42 时间继电器的内部结构

10.7 电动机连锁控制电路的结构、识图与检测

10.7.1 电动机连锁控制电路的结构

电动机连锁控制电路可对两台或两台以上电动机的启动顺序进行控制，也称为顺序控制电路，通常应用在要求一台电动机先运行，另一台或几台电动机后运行的设备中。

图 10-43 为两台三相交流电动机连锁控制电路的结构组成。

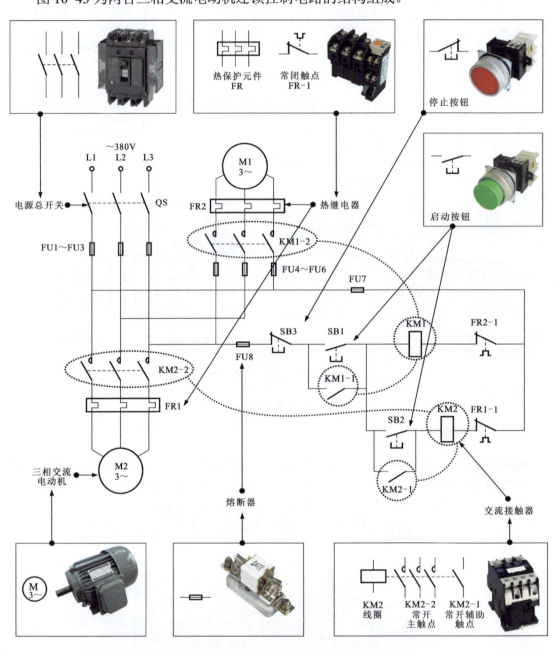

图 10-43　两台三相交流电动机连锁控制电路的结构组成

10.7.2 电动机连锁控制电路的识图与检测

电动机连锁控制电路的运行过程主要包括启动、顺序启动和停机等。图 10-44 为两台三相交流电动机连锁控制电路的识图。

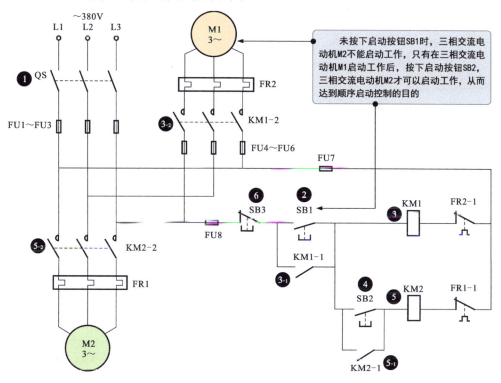

图 10-44　两台三相交流电动机连锁控制电路的识图

> **资料与提示**
>
> 图 10-44 中，❶合上电源总开关 QS，接通三相电源。
> ❷按下启动按钮 SB1，常开触点闭合。
> ❷→❸交流接触器 KM1 线圈得电。
> 　　　❸₋₁常开辅助触点 KM1-1 接通，实现自锁功能。
> 　　　❸₋₂常开主触点 KM1-2 接通，三相交流电动机 M1 开始运转。
> ❹当按下启动按钮 SB2 时，常开触点闭合。
> ❹→❺交流接触器 KM2 线圈得电。
> 　　　❺₋₁常开辅助触点 KM2-1 接通，实现自锁功能。
> 　　　❺₋₂常开主触点 KM2-2 接通，三相交流电动机 M2 开始运转，实现顺序启动。
> ❻当两台三相交流电动机均需要停止运转时，按下停止按钮 SB3，交流接触器 KM1、KM2 线圈失电，所有触点全部复位，三相交流电动机 M1、M2 停止运转。

> **资料与提示**
>
> 电动机连锁控制电路除可借助控制按钮实现顺序启/停外，还可借助时间继电器实现自动连锁控制：按下启动按钮后，第一台电动机先启动，再由时间继电器控制第二台电动机自动启动；停机时，按下停止按钮，先断开第二台电动机，再由时间继电器控制第一台电动机自动停机。由时间继电器控制的两台三相交流电动机连锁控制电路如图 10-45 所示。

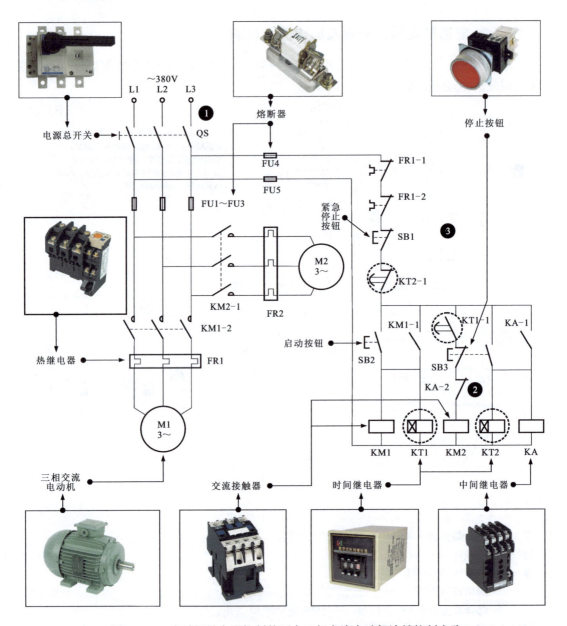

图 10-45　由时间继电器控制的两台三相交流电动机连锁控制电路

❶ 合上电源总开关 QS，按下启动按钮 SB2，交流接触器 KM1 线圈得电，常开辅助触点 KM1-1 接通，实现自锁功能；常开主触点 KM1-2 接通，三相交流电动机 M1 启动运转，同时时间继电器 KT1 线圈得电，延时常开触点 KT1-1 延时接通，交流接触器 KM2 线圈得电，常开主触点 KM2-1 接通，三相交流电动机 M2 启动运转。

❷ 当需要三相交流电动机停机时，按下停止按钮 SB3，常闭触点断开，KM2 线圈失电，常开触点 KM2-1 断开，三相交流电动机 M2 停止运转；SB3 的常开触点接通，时间继电器 KT2 线圈得电，常闭触点 KT2-1 断开，交流接触器 KM1 线圈失电，常开触点 KM1-2 断开，三相交流电动机 M1 停止运转。按下 SB3 的同时，中间继电器 KA 线圈得电，常开触点 KA-1 接通，锁定 KA 中间继电器，即使停止按钮复位，三相交流电动机仍处于停机状态，常闭触点 KA-2 断开，保证线圈 KM2 不会得电。

❸ 当电路出现故障，需要三相交流电动机立即停机时，按下紧急停止按钮 SB1，两台三相交流电动机可立即停机。

如图 10-46 所示，合上电源总开关 QS，在未按下启动按钮 SB1 的情况下，使用万用表检测 KM2 线圈两端的供电电压应为 0V，即使按下 SB2，KM2 线圈两端的供电电压依然为 0V。

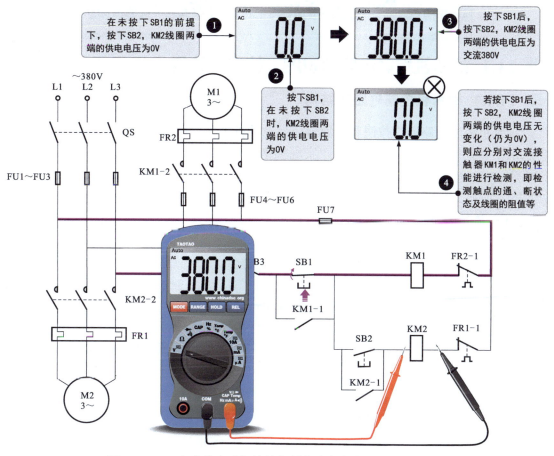

图 10-46 三相交流电动机连锁控制电路中连锁关系的检测方法

资料与提示

根据控制按钮的关系，若松开 SB1，即使 SB2 闭合，交流接触器 KM2 线圈所在供电电路也被切断，无法获得供电电压，由此可实现三相交流电动机一先一后的顺序启动控制。此时，用万用表检测 KM2 绕组的供电电压为 380V，如图 10-47 所示。

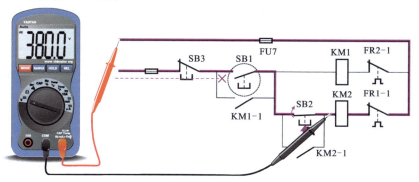

图 10-47 KM2 绕组供电电压的检测方法

第11章

农机控制电路的识图、接线与检测

11.1 抽水机控制电路的识图、接线与检测

11.1.1 抽水机控制电路的结构

抽水机控制电路通过按钮和接触器控制电动机工作,利用电动机带动抽水泵旋转,将水从某一处抽出并输送到另一处,实现抽水的目的。图 11-1 为抽水机控制电路的结构组成。

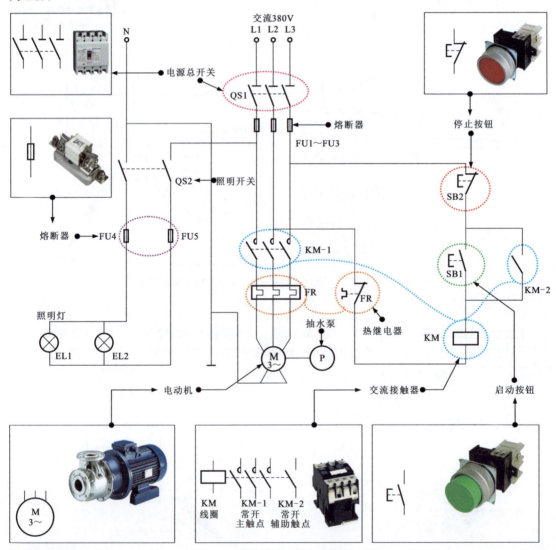

图 11-1 抽水机控制电路的结构组成

11.1.2 抽水机控制电路的接线

图 11-2 为抽水机控制电路的接线示意图。

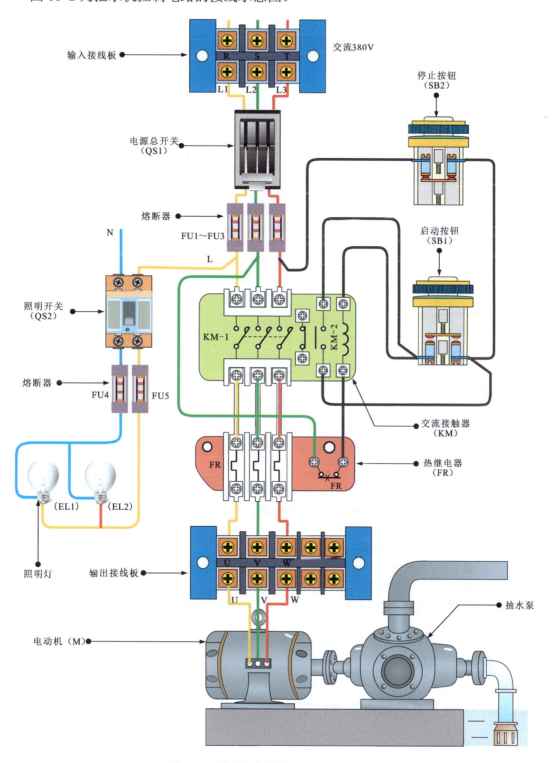

图 11-2　抽水机控制电路的接线示意图

11.1.3 抽水机控制电路的识图

图 11-3 为抽水机控制电路的识图。

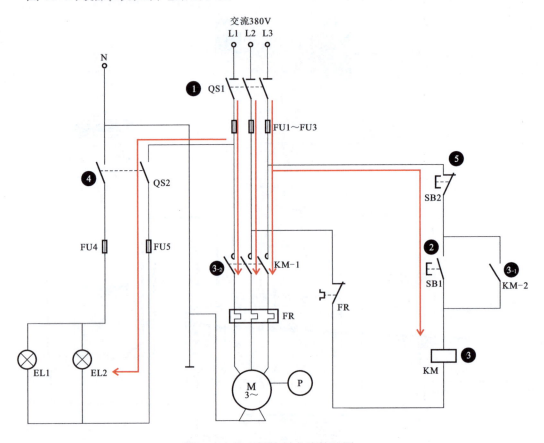

图 11-3　抽水机控制电路的识图

> **资料与提示**
>
> 图 11-3 中，❶合上电源总开关 QS1，接通三相电源。
> ❷按下启动按钮 SB1，触点闭合。
> ❷→❸ 交流接触器 KM 的线圈得电，触点全部动作。
> 　　　　❸₁常开辅助触点 KM-2 闭合自锁。
> 　　　　❸₂常开主触点 KM-1 闭合，接通电动机三相电源，电动机得电启动运转，带动抽水泵工作。
> ❹在需要照明时，合上照明开关 QS2，照明灯 EL1、EL2 接通电源，点亮，不需要照明时，关闭照明开关 QS2，EL1、EL2 熄灭。
> ❺需要停机时，按下停止按钮 SB2，交流接触器 KM 的线圈失电，触点全部复位，切断电动机供电电源，电动机及抽水泵停止运转。

11.1.4 抽水机控制电路的检测

抽水机控制电路的结构和工作过程比较简单，检测时，可根据电路的工作状态，直接检测最可能引发故障的部件。例如，按下启动按钮后，若电路无任何反应，则根据电路控制关系，可能引发故障的部件有启动按钮、交流接触器、抽水泵、电动机；若照明灯不亮，则多为照明开关 QS2、照明灯或熔断器故障；若按下启动按钮后，电动机不工作，同时闭合 QS2，照明灯也不亮，则多为电路的公共部分异常，即电源总开关 QS1 或熔断器 FU1～FU3 损坏。

抽水机控制电路的检测如图 11-4 所示。

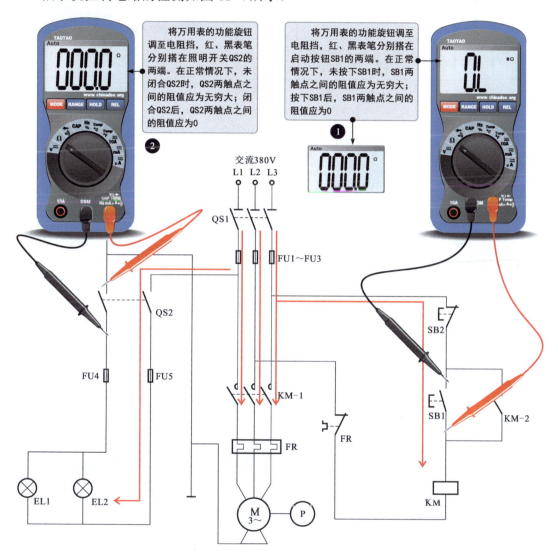

图 11-4　抽水机控制电路的检测

11.2　农田自动排灌控制电路的结构、识图与检测

11.2.1　农田自动排灌控制电路的结构

农田自动排灌控制电路根据排灌渠中水位的高低自动控制排灌电动机的启动和停机，可防止排灌渠中无水而排灌电动机仍然工作的现象，起到保护排灌电动机的作用。

图11-5为农田自动排灌控制电路的结构组成。

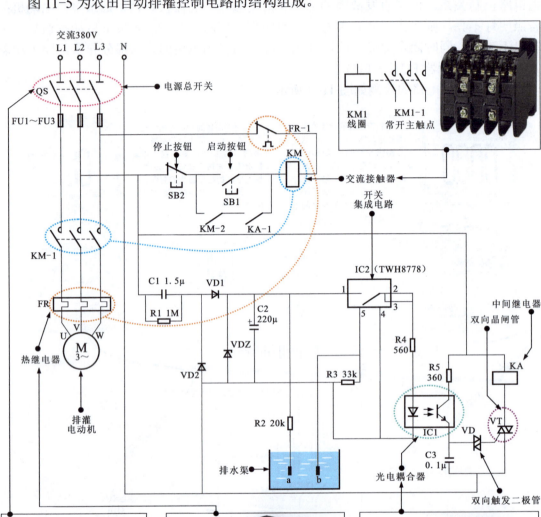

图 11-5　农田自动排灌控制电路的结构组成

11.2.2　农田自动排灌控制电路的识图与检测

图11-6为农田自动排灌控制电路的识图。

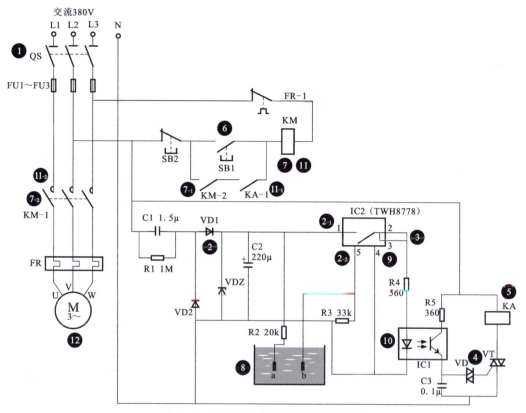

图 11-6 农田自动排灌控制电路的识图

资料与提示

图 11-6 中，❶闭合电源总开关 QS。

❷交流 220V 电压经电阻器 R1 和电容器 C1 降压，整流二极管 VD1、VD2 整流，稳压二极管 VDZ 稳压，滤波电容器 C2 滤波后，输出 +9V 直流电压。

❷₋₁一路加到开关集成电路 IC2 的 1 脚。

❷₋₂另一路经 R2 和电极 a、b 加到 IC2 的 5 脚。

❷₋₁ + ❷₋₂→❸开关集成电路 IC2 内部的电子开关导通，由 2 脚输出 +9V 电压。

❸→❹ +9V 直流电压经 R4 为光电耦合器 IC1 供电，输出触发信号，触发双向触发二极管 VD 导通。

❹→❺ VD 导通后，双向晶闸管 VT 导通，中间继电器 KA 线圈得电，常开触点 KA-1 闭合。

❻按下启动按钮 SB1，触点闭合。

❼交流接触器 KM 线圈得电，相应的触点动作。

❼₋₁常开自锁触点 KM-2 闭合自锁，锁定启动按钮 SB1，即使松开 SB1，KM 线圈仍可保持得电状态。

❼₋₂常开主触点 KM-1 闭合，接通电源，排灌电动机 M 启动运转，对农田进行灌溉。

❽当排水渠水位降低至最低时，水位检测电极 a、b 由于无水而处于开路状态。

❽→❾开关集成电路 IC2 内部的电子开关复位断开。

❾→❿光电耦合器 IC1、双向触发二极管 VD、双向晶闸管 VT 均截止，中间继电器 KA 线圈失电，触点 KA-1 复位断开。

❿→⓫交流接触器 KM 的线圈失电，触点复位。

⓫₋₁常开自锁触点 KM-2 复位断开。

⓫₋₂主触点 KM-1 复位断开，解除 SB1 反锁，为控制电路下次启动做好准备。

⓬排灌电动机电源被切断，排灌电动机停止运转，自动停止灌溉作业。

在排灌电动机进行农田灌溉过程中，若需要手动控制排灌电动机停止运转，则可按下停止按钮 SB2，交流接触器 KM 线圈失电，常开辅助触点 KM-2 复位断开，解除自锁功能；同时，常开主触点 KM-1 复位断开，切断排灌电动机的供电电源，排灌电动机停止运转。

在排灌控制电路中，还有一种池塘排灌控制电路，可根据池塘中的水位，利用三相交流电动机带动水泵工作，对水位进行调节，使水位保持在设定值。

图 11-7 为池塘排灌控制电路的结构和控制关系。

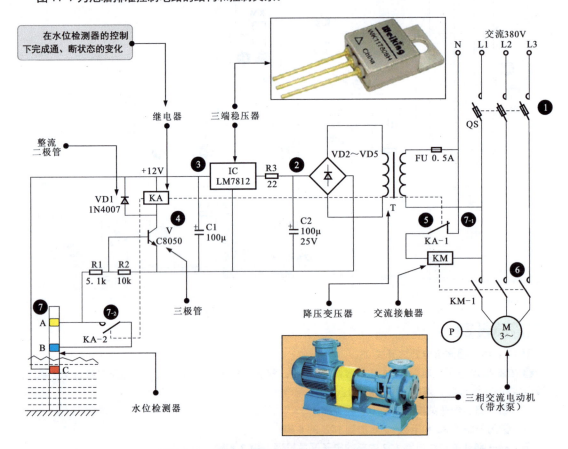

图 11-7 池塘排灌控制电路的结构和控制关系

> **资料与提示**

图 11-7 中，❶将带有熔断器的刀闸总开关 QS 闭合。

❷交流 380V 电压经降压变压器 T 降压后变为交流低压，再经桥式整流电路 VD2～VD5 整流输出直流电压。

❷→❸直流电压经电容器 C2 滤波后，由三端稳压器 IC 稳定为 +12V，为检测电路供电。

❹当水位检测器检测到池塘中的水位低于 C 时，三极管 V 截止。

❹→❺继电器 KA 不动作，常闭触点 KA-1 保持闭合，交流接触器 KM 线圈得电。

❺→❻交流接触器 KM 的常开触点 KM-1 闭合，三相交流电动机 M 得电启动运转，带动水泵工作。

❼当水位检测器检测到池塘中的水位高于 A 时，三极管 V 导通，继电器 KA 线圈得电。

❼₋₁ KA 的常闭触点 KA-1 断开，交流接触器 KM 线圈失电，常开触点 KM-1 复位断开，三相交流电动机 M 失电，停止工作。

❼₋₂ KA 的常开触点 KA-2 闭合。

在农田自动排灌控制电路中，接通供电电源后，由开关集成电路 IC2、光电耦合器 IC1、启动按钮 SB1 等对电路进行控制，当水位达到要求时，可进行排灌；当水位过低时，则停止排灌。

由此可知，当电路控制功能出现异常，如水位正常、排灌不正常时，可能是开关集成电路 IC2、光电耦合器 IC1、中间继电器 KA、交流接触器 KM 及启动按钮 SB1 等出现异常，应分别对这几个重要部件进行检测。

※ **1. 开关集成电路的检测方法**

开关集成电路是农田自动排灌控制电路中的主要控制部件之一，判断该部件是否正常时，可以在排灌状态下，检测开关集成电路 2 脚输出的电压是否正常，若输出电压异常，则可以在断电状态下，对开关集成电路的内部触点进行检测，即检测 1 脚与 5 脚之间的阻值是否正常，如图 11-8 所示。

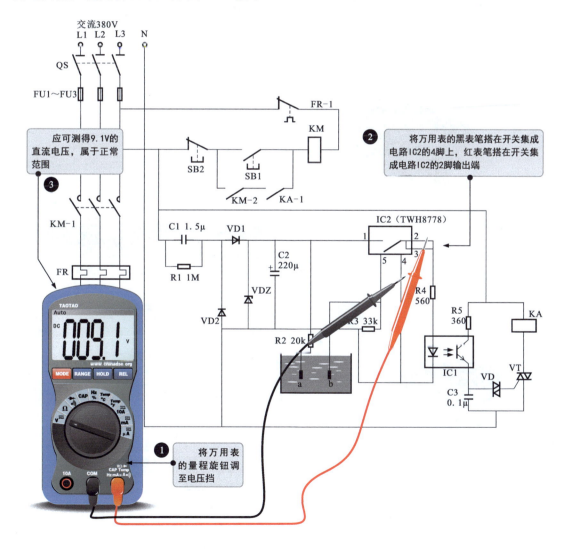

图 11-8 开关集成电路输出电压的检测方法

2. 光电耦合器的检测方法

若开关集成电路正常，则根据电路控制关系，可进一步检测光电耦合器是否正常。光电耦合器的内部是由一个发光二极管和一个光敏三极管构成的，检测时，需分别检测发光二极管和光敏三极管是否正常，如图 11-9 所示。

将万用表的量程旋钮调至×10kΩ挡。

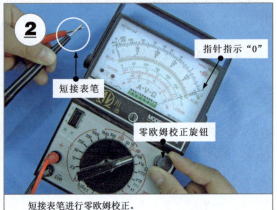

短接表笔进行零欧姆校正。

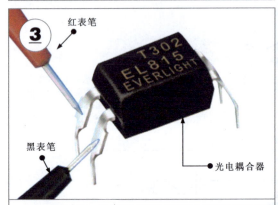

将万用表的红、黑表笔分别搭在光电耦合器内部发光二极管的两引脚端，检测正、反向阻值。

在正常情况下，发光二极管的正向有一定阻值，反向阻值为无穷大。

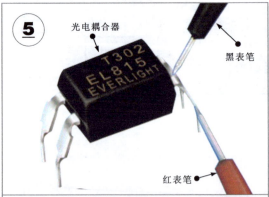

将万用表的红、黑表笔分别搭在光电耦合器内部光敏三极管的两引脚端，检测正、反向阻值。

在正常情况下，光敏三极管的正、反向阻值均趋于无穷大。

图 11-9　光电耦合器的检测方法

3. 中间继电器的检测方法

中间继电器 KA 是电路中的重要部件，主要用于控制交流接触器线圈的得电状态，因此对中间继电器性能的检测是非常重要的。

判断中间继电器 KA 是否正常时，可将 KA 从电路中拆下，并借助万用表检测 KA 线圈及触点之间的阻值是否正常，如图 11-10 所示。

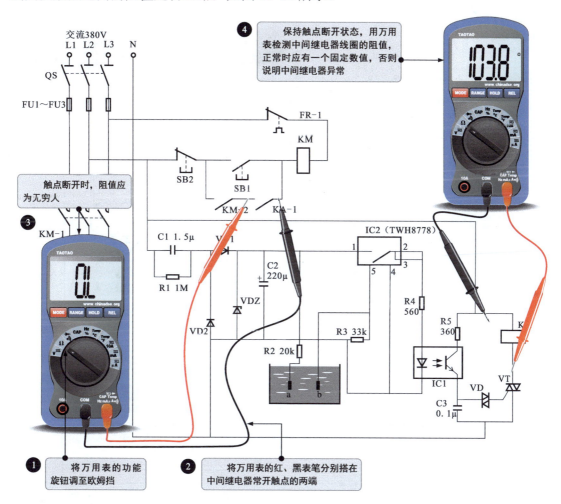

图 11-10 中间继电器的检测方法

4. 交流接触器和启动按钮的检测方法

交流接触器和启动按钮可实现对排灌电动机的控制，若异常，将造成排灌电动机启/停功能失常、供电性能异常。

检测时，按下启动按钮 SB1，触点接通，交流接触器线圈 KM 的控制回路处于接通状态，使用万用表检测控制回路两端的阻值应接近于 0；松开启动按钮 SB1，交流接触器线圈 KM 的控制回路处于断开状态，使用万用表检测控制回路两端的阻值应接近于无穷大。

11.3 磨面机控制电路的结构、识图与检测

11.3.1 磨面机控制电路的结构

磨面机控制电路是利用电气部件对磨面电动机进行控制,从而实现磨面功能的。图 11-11 为磨面机控制电路的结构组成。

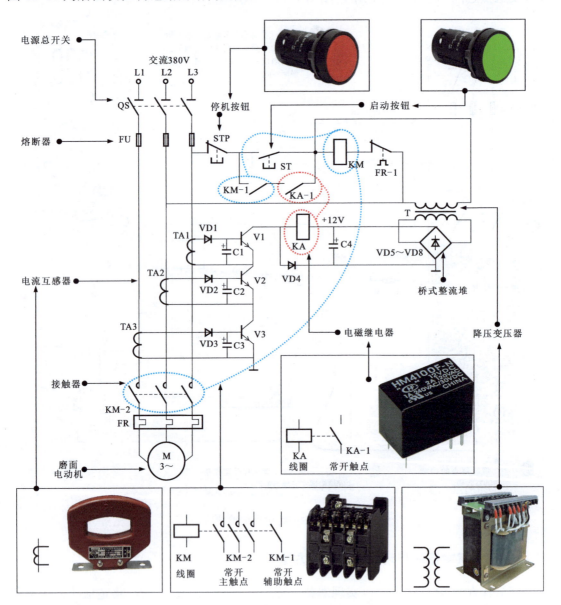

图 11-11 磨面机控制电路的结构组成

11.3.2 磨面机控制电路的识图与检测

图 11-12 为磨面机控制电路的识图。

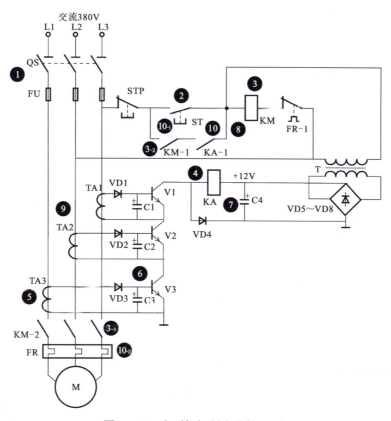

图 11-12 磨面机控制电路的识图

> **资料与提示**

图 11-12 中，❶当需要磨面时，接通电源总开关 QS。

❷按下启动按钮 ST，交流 380V 电压经降压变压器 T 降压、VD5～VD8 整流、C4 滤波后，输出 +12V 直流电压为 KA 供电，KA 的线圈得电。

❷→❸交流接触器 KM 的线圈得电。

❸₋₁主触点 KM-2 闭合，接通三相电源，磨面电动机 M 启动运转。

❸₋₂辅助常开触点 KM-1 闭合，实现自锁，锁定启动按钮 ST。

❷→❹电磁继电器 KA 线圈得电，常开触点 KA-1 闭合，KM-1、KA-1 串联，锁定启动按钮 ST，即使松开 ST，交流接触器 KM 线圈仍保持得电状态。

❺磨面电动机启动后，电流互感器 TA1～TA3 中感应出交流电压。

❺→❻交流电压经整流二极管 VD1～VD3 后输出直流电压，分别经滤波电容器 C1～C3 滤波后，加到三极管 V1～V3 的基极上。

❻→❼三极管 V1～V3 均导通，电磁继电器 KA 线圈得电。

❽电磁继电器 KA 的常开触点 KA-1 闭合，KA-1 与 KM-1 串联，维持交流接触器 KM 的吸合状态，磨面电动机 M 正常工作。

❾当供电有缺相时，电流互感器 TA1～TA3 中会有一个无感应电压输出，则三极管 V1、V2、V3 中会有一个截止，电磁继电器 KA 线圈失电。

❾→❿电磁继电器 KA 常开触点 KA-1 复位断开，交流接触器 KM 的线圈失电。

❿₋₁自锁触点 KM-1 复位断开，解除自锁。

❿₋₂主触点 KM-2 复位断开，切断三相电源，磨面电动机 M 停止工作，实现缺相保护。

1. 供电电压的检测方法

磨面电动机需在供电电压正常的前提下才能运行。在正常情况下，交流 380V 电压经变压、整流和滤波后变为 +12V 的直流电压为控制部件供电，可使用万用表检测该直流电压是否正常，如图 11-13 所示。

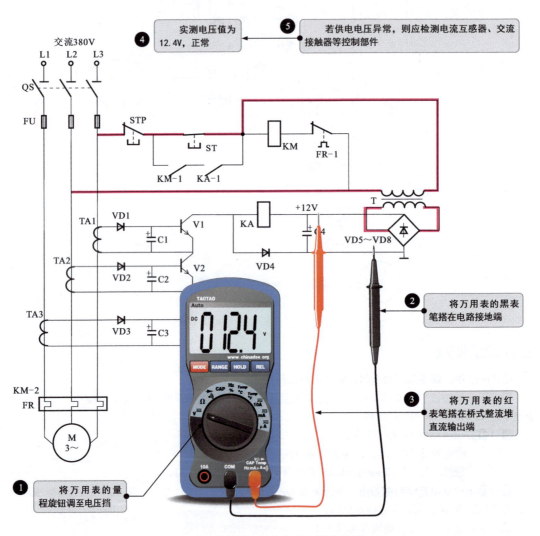

图 11-13 磨面机控制电路供电电压的检测方法

2. 主要控制部件的检测方法

图 11-14 为磨面机控制电路中电流互感器的检测方法。

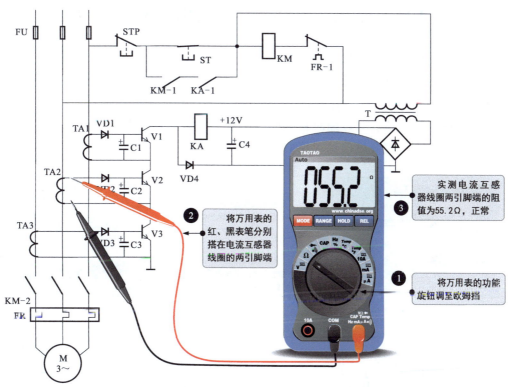

图 11-14 磨面机控制电路中电流互感器的检测方法

交流接触器是控制电路中的重要控制部件，只有在交流接触器线圈 KM 得电，主触点 KM-2 闭合时，磨面电动机才可得电启动。因此，当电路异常时，需要重点检测交流接触器线圈 KM 的供电电压是否正常，如图 11-15 所示。

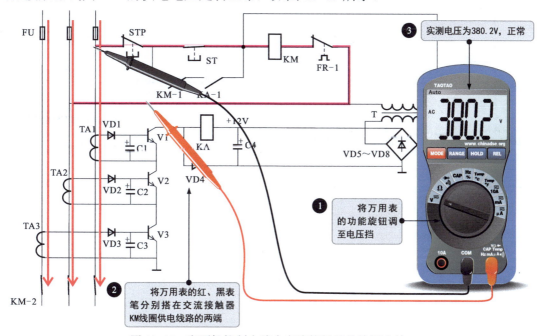

图 11-15 磨面机控制电路中交流接触器的检测方法

295

11.4 土壤湿度检测电路的结构、识图与检测

11.4.1 土壤湿度检测电路的结构

土壤湿度检测电路利用湿敏电阻器感测湿度的变化，通过指示灯进行提示，可以实现对土壤湿度的实时监测，防止因湿度过大导致减产的情况发生，多用于农业种植中检测湿度，使种植者可以随时根据检测设备的提醒对湿度进行调节。

图 11-16 为土壤湿度检测电路的结构组成。

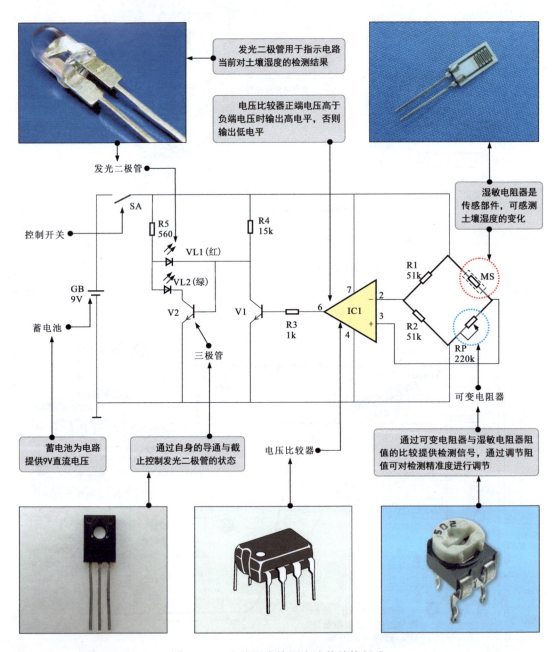

图 11-16 土壤湿度检测电路的结构组成

11.4.2 土壤湿度检测电路的识图与检测

图 11-17 为土壤湿度检测电路的识图。

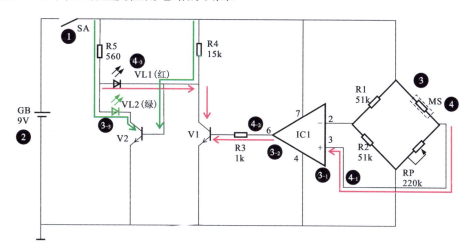

图 11-17 土壤湿度检测电路的识图

> **资料与提示**

图 11-17 中，❶当需要启动土壤湿度检测电路时，按下 SA，接通电路。
❷蓄电池为检测电路提供 9V 直流电压。
❸当土壤湿度正常时，湿敏电阻器 MS 的阻值大于可变电阻器 RP 的阻值。
　　❸-₁电压比较器 IC1 的 3 脚电压低于 2 脚电压。
　　❸-₂电压比较器 IC1 的 6 脚输出低电平，经 R5、R4 为 V2 提供导通电压，V2 导通，V1 截止。
　　❸-₃VL2 满足导通条件，点亮，指示湿度正常。
❹当土壤湿度过大时，湿敏电阻器 MS 的阻值减小，小于可变电阻器 RP 的阻值。
　　❹-₁电压比较器 IC1 的 3 脚电压高于 2 脚电压。
　　❹-₂电压比较器 IC1 的 6 脚输出高电平，经 R4 为 V1 集电极提供偏压，IC1 的 6 脚为 V1 基极提供触发信号。
　　❹-₃V1 导通，V2 截止，VL1 满足导通条件，点亮，指示湿度过大。

> **资料与提示**

在土壤湿度检测电路中，湿敏电阻器是电路的核心部件。湿敏电阻器的阻值会随周围环境湿度的变化而发生变化，常用作传感器，用于检测湿度。图 11-18 为湿敏电阻器的实物外形。湿敏电阻器由感湿片、电极引线和具有一定强度的绝缘基体组成。

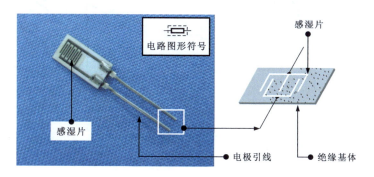

图 11-18 湿敏电阻器的实物外形

由土壤湿度检测电路的分析可知，湿敏电阻器的阻值会因土壤湿度的变化而变化，使电压比较器 IC1 的 6 脚电压发生变化。该电压的变化由发光二极管 VL1、VL2 直观地体现出来。因此，检测时，应重点检测 IC1 的 6 脚电压。

1. IC1 的 6 脚电压的检测方法

电压比较器 IC1 的 6 脚电压的检测方法如图 11-19 所示。

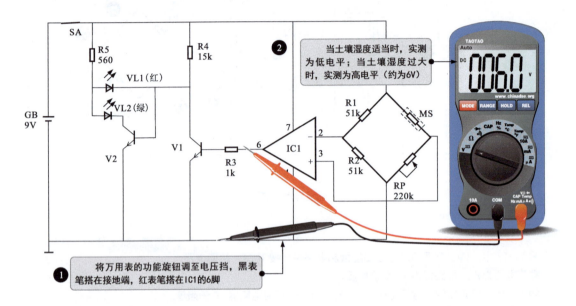

图 11-19　电压比较器 IC1 的 6 脚电压的检测方法

2. 湿敏电阻器的检测方法

湿敏电阻器的检测方法如图 11-20 所示。

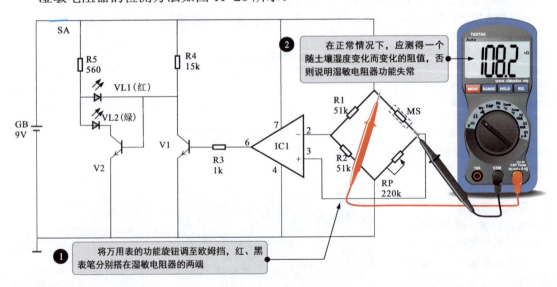

图 11-20　湿敏电阻器的检测方法

11.5 鱼类孵化池换水和增氧控制电路的结构、识图与检测

11.5.1 鱼类孵化池换水和增氧控制电路的结构

鱼类孵化池换水和增氧控制电路是一种能够自动工作的电路，通电后，每隔一段时间便会自动接通或切断水泵、增氧泵的供电，维持水的含氧量、清洁度。

图 11-21 为鱼类孵化池换水和增氧控制电路的结构组成。

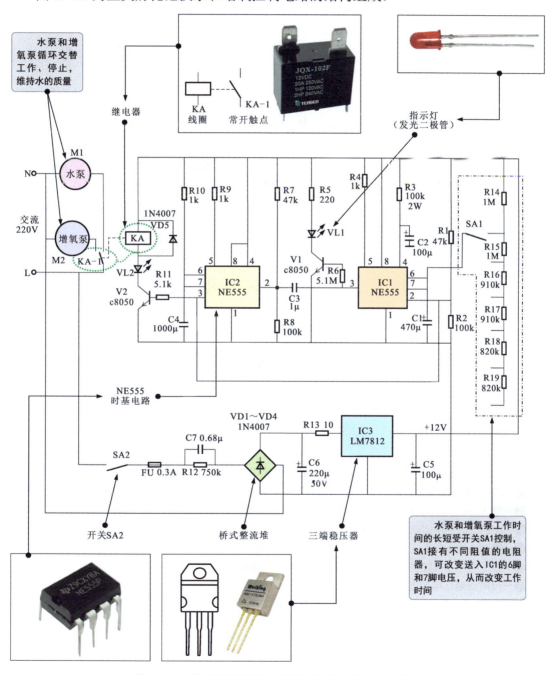

图 11-21 鱼类孵化池换水和增氧控制电路的结构组成

11.5.2 鱼类孵化池换水和增氧控制电路的识图与检测

图 11-22 为鱼类孵化池换水和增氧控制电路的识图。

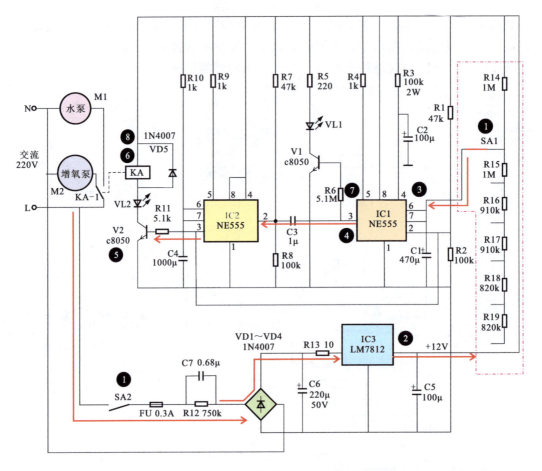

图 11-22 鱼类孵化池换水和增氧控制电路的识图

> **资料与提示**
>
> 图 11-22 中，❶闭合 SA1、SA2 开关，交流 220V 电压为电路供电。在初始状态下，水泵工作，增氧泵停机。
>
> ❷交流 220V 电压经桥式整流堆整流、电容器 C6 滤波、三端稳压器 IC3 稳压后，输出 +12V 直流电压。
>
> ❷→❸ +12V 直流电压经 SA1 后为电容器 C1 充电，电容器 C1 电压上升，IC1 的 6、7 脚电压也升高。
>
> ❹IC1 的 3 脚端输出低电平，送到 IC2 的 2 脚上。
>
> ❹→❺ IC2 的 2 脚为低电平，使 IC2 的 3 脚输出高电平，V2 导通，指示灯 VL2 点亮。
>
> ❺→❻继电器 KA 线圈得电，触点转换，水泵停机，增氧泵工作。
>
> ❼一段时间后（电容器 C1 充电完成，IC1 的 6、7 脚电压升高，使 IC1 的 3 脚输出高电平），IC2 的 2 脚上升到高电平，3 脚输出低电平，电路又回到初始状态。
>
> ❽继电器 KA 的线圈失电，触点复位，水泵工作，增氧泵停机。

由鱼类孵化池换水和增氧控制电路的分析可知,电路正常工作需要电源部分提供+12V的直流电压,在供电正常时,由IC2的3脚控制电气部件的工作状态,因此,检测时,应主要检测电路的供电条件和控制功能。

1. 供电条件的检测方法

交流220V电压送入电路后,经整流、滤波、稳压输出+12V直流电压。若该电压异常,则整个电路将无法工作,此时可借助万用表检测电源部分的供电条件,如图11-23所示。

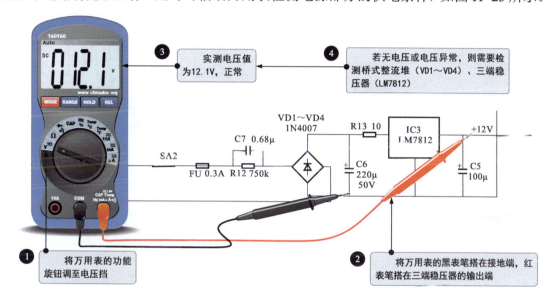

图11-23 鱼类孵化池换水和增氧控制电路供电条件的检测方法

资料与提示

三端稳压器是一种稳压器件,可将输入电压进行稳压处理,使电压稳定在某一个固定值后输出。图11-23中,LM7812可将输入电压进行稳压处理后,输出+12V直流电压。三端稳压器的输入电压可能会偏高或偏低,但都不影响输出电压,只要输入电压在三端稳压器的承受范围内,输出电压均为一个稳定的电压值。

当怀疑三端稳压器异常时,可借助万用表检测三端稳压器的输入、输出电压。若输入电压正常,无输出电压或输出电压异常,则多为三端稳压器内部损坏,如图11-24所示。

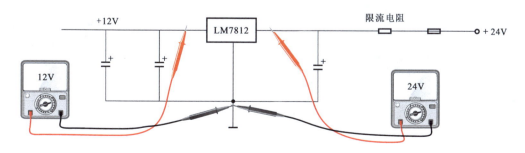

图11-24 三端稳压器的检测方法

2. 电路控制功能的检测方法

根据电路分析可知,两个 NE555 时基电路用来控制增氧泵、水泵的工作状态。电路控制功能的检测方法如图 11-25 所示。

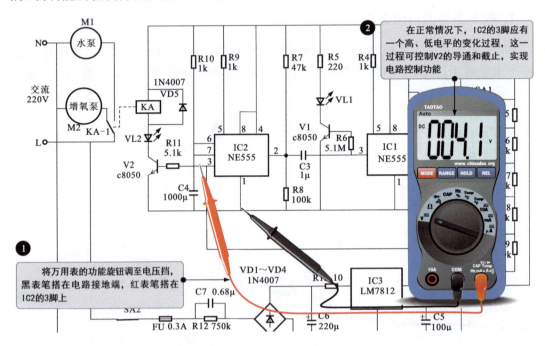

图 11-25 电路控制功能的检测方法

若 IC2 的 3 脚电平变化正常,则说明电路控制功能正常;若 IC2 的 3 脚电平变化异常,则需要检测 IC2、IC1、V2 及供电部分。若 IC2 的 3 脚电平变化正常,电路控制功能仍不能实现,则需要对继电器 KA 及其触点 KA-1 进行检测,如图 11-26 所示。

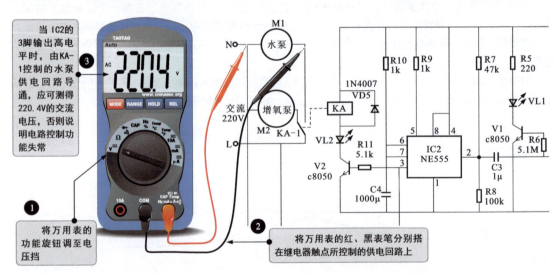

图 11-26 继电器的检测方法

11.6 蔬菜大棚温度控制电路的结构、识图与检测

11.6.1 蔬菜大棚温度控制电路的结构

蔬菜大棚温度控制电路是能够自动对大棚内的环境温度进行调控的电路，即利用热敏电阻器检测环境温度，并通过热敏电阻器的阻值变化控制整个电路的工作，使加热器在温度低时开始加热、温度高时停止加热，维持大棚内的温度恒定。

图 11-27 为蔬菜大棚温度控制电路的结构组成。

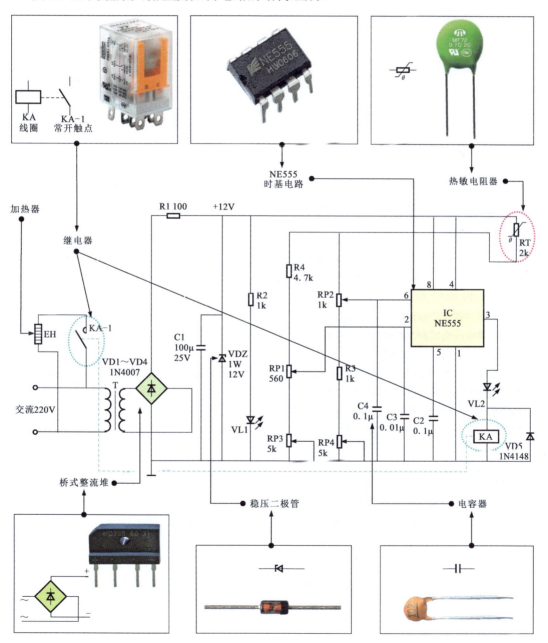

图 11-27 蔬菜大棚温度控制电路的结构组成

11.6.2 蔬菜大棚温度控制电路的识图与检测

图 11-28 为蔬菜大棚温度控制电路的识图。

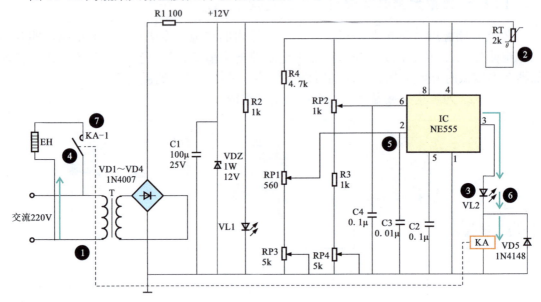

图 11-28　蔬菜大棚温度控制电路的识图

> **资料与提示**

图 11-28 中，❶交流 220V 电压送入电路中后分为两路：一路经继电器常开触点 KA-1 为加热器供电；另一路经降压变压器 T 降压、桥式整流电路整流后变为直流电压，再经 C1 滤波、VDZ 稳压，变为直流 +12V 电压为后级电路供电。

❷当大棚中的温度较低时，热敏电阻器 RT 的阻值减小，经分压电路后，使 IC（NE555）的 2 脚电压升高，直到 2 脚电压满足 NE555 内部电路触发条件。

❷→❸ IC 的 3 脚输出高电平，指示灯 VL2 点亮。

❸→❹继电器 KA 线圈得电，触点动作，常开触点 KA-1 接通，加热器得电，开始加热，大棚内的温度升高。

❺当大棚中的温度较高时，热敏电阻器 RT 的阻值变大，使 IC 的 2 脚电压降低。

❺→❻ IC 的 3 脚输出低电平，指示灯 VL2 熄灭。

❻→❼继电器 KA 线圈失电，触点复位，常开触点 KA-1 复位断开，加热器失电，停止加热。

加热器反复工作，维持大棚内的温度恒定。

> **资料与提示**

热敏电阻器是一种阻值随温度的变化而自动发生变化的电阻器，有正温度系数（PTC）和负温度系数（NTC）两种。其中，正温度系数热敏电阻器的阻值随温度的升高而增大，随温度的降低而减小；负温度系数热敏电阻器的阻值随温度的升高而减小，随温度的降低而增大。

蔬菜大棚温度控制电路中采用的热敏电阻器为正温度系数热敏电阻器，如图 11-29 所示。

图 11-29　正温度系数热敏电阻器的实物外形

由蔬菜大棚温度控制电路的分析可知,电路正常工作需要电源部分提供 +12V 的直流电压。在供电正常时,热敏电阻器 RT 将感测的温度信息传递到控制电路,由 NE555、继电器 KA 控制加热器的供电。

因此,检测蔬菜大棚温度控制电路时,主要针对电路的供电电压、热敏电阻器 RT 的阻值变化、继电器 KA 触点的控制状态进行检测。

❋ 1. 供电电压的检测方法

蔬菜大棚温度控制电路供电电压的检测方法如图 11-30 所示。

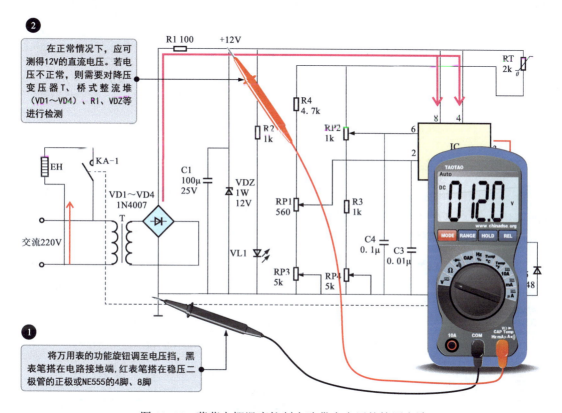

图 11-30 蔬菜大棚温度控制电路供电电压的检测方法

❋ 2. 热敏电阻器的检测方法

热敏电阻器是蔬菜大棚温度控制电路中用于检测温度,并将温度变化转换为电信号的关键部件。热敏电阻器失灵,将直接导致温度控制功能失常的故障。

判断热敏电阻器是否正常,可在改变热敏电阻器 RT 周围环境温度的前提下,借助万用表检测其阻值的变化情况,在正常情况下,应符合正温度系数热敏电阻器的阻值随温度的升高而增大、随温度的降低而减小的规律,如图 11-31 所示。

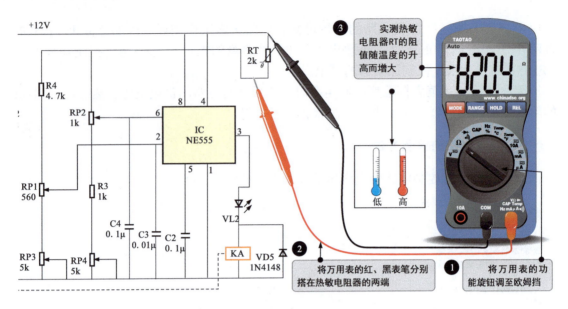

图 11-31　蔬菜大棚温度控制电路中热敏电阻器的检测方法

❋ 3. 继电器 KA 控制状态的检测方法

在温度检测和控制电路正常的前提下，当蔬菜大棚内的温度偏低时，继电器 KA 线圈得电，触点 KA-1 闭合，接通加热器 EH 的供电。因此，当电路控制功能正常时，用万用表检测加热器的两端应可测得接近市电的电压，如图 11-32 所示。

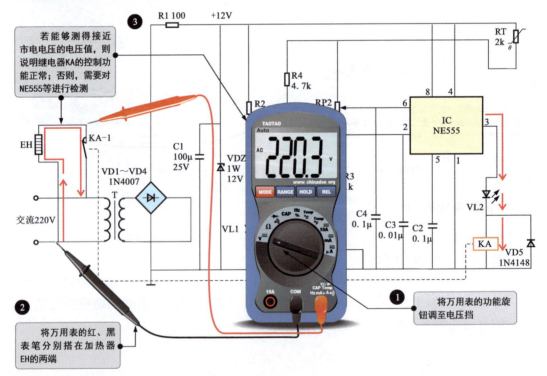

图 11-32　蔬菜大棚温度控制电路继电器 KA 控制状态的检测方法

11.7 稻谷加工机控制电路的结构、识图与检测

11.7.1 稻谷加工机控制电路的结构

稻谷加工机控制电路通过启动按钮、停止按钮、交流接触器等控制各功能三相交流电动机启动运转，带动稻谷加工机的机械部件运作，完成稻谷加工作业。

图 11-33 为稻谷加工机控制电路的结构组成。

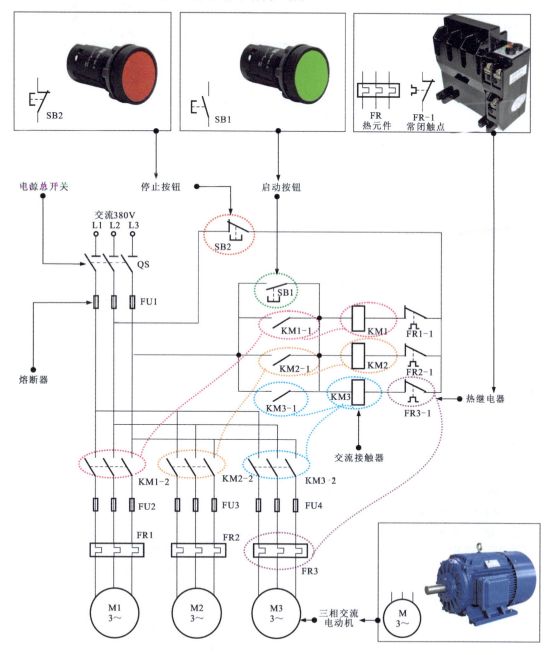

图 11-33　稻谷加工机控制电路的结构组成

11.7.2 稻谷加工机控制电路的识图与检测

图 11-34 为稻谷加工机控制电路的识图。

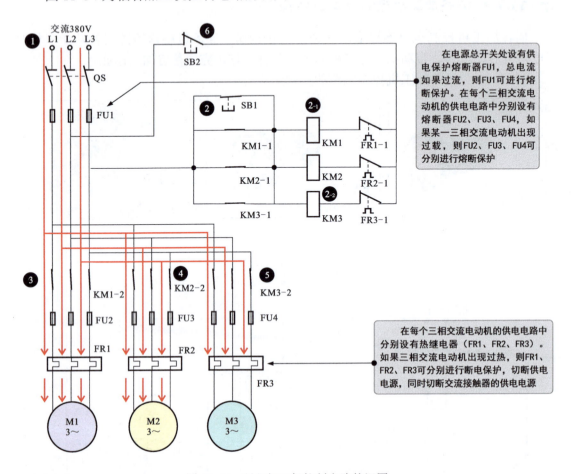

图 11-34 稻谷加工机控制电路的识图

> **资料与提示**
>
> 图 11-34 中，❶闭合电源总开关 QS。
> ❷按下启动按钮 SB1，触点闭合。
>   ❷₋₁ 交流接触器 KM1 的线圈得电，相应触点动作。
>   ❷₋₂ 交流接触器 KM2、KM3 的线圈得电，相应触点动作。
> ❷₋₁→❸自锁常开触点 KM1-1 闭合，实现自锁，即使松开 SB1，交流接触器 KM1 仍保持得电状态，控制三相交流电动机 M1 的常开主触点 KM1-2 闭合，三相交流电动机 M1 得电启动运转。
> ❷₋₂→❹自锁常开触点 KM2-1 闭合，实现自锁，即使松开 SB1，交流接触器 KM2 仍保持得电状态，控制三相交流电动机 M2 的常开主触点 KM2-2 闭合，三相交流电动机 M2 得电启动运转。
> ❷₋₂→❺自锁常开触点 KM3-1 闭合，实现自锁，即使松开 SB1，交流接触器 KM3 仍保持得电状态，控制三相交流电动机 M3 的常开主触点 KM3-2 闭合，三相交流电动机 M3 得电启动运转。
> ❻当工作完成后，按下停止按钮 SB2，交流接触器 KM1、KM2、KM3 的线圈失电，自锁触点 KM1-1、KM2-1、KM3-1 断开，KM1-2、KM2-2、KM3-2 断开，三相交流电动机 M1、M2、M3 的供电被切断，停止工作。

※ 1. 电路启/停功能的检测

在稻谷加工机控制电路中，启动按钮和停止按钮用来控制整个电路的启/停状态。当按下启动按钮时，交流接触器的线圈接通供电部分，可用万用表进行检测，如图 11-35 所示。

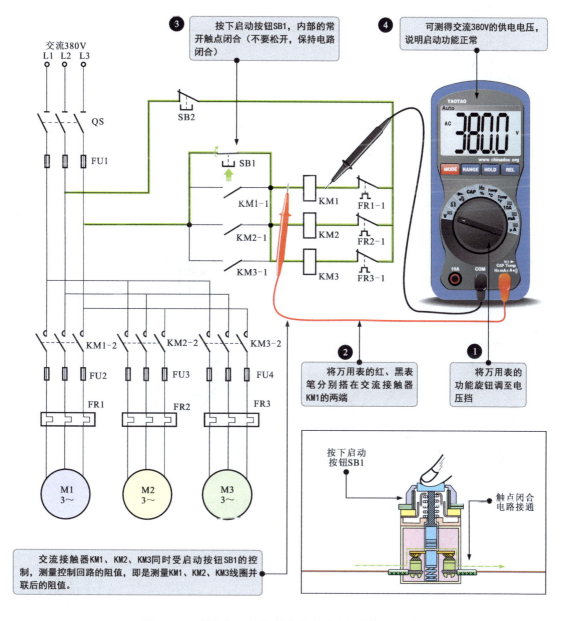

图 11-35 稻谷加工机控制电路启动功能的检测方法

在电路启动状态下，保持万用表表笔位置不动，按下停止按钮 SB2，交流接触器线圈将失电，此时用万用表检测的电压由 380V 变为 0V，说明电路的停止控制功能基本正常。

2. 电路供电性能的检测

在稻谷加工机控制电路中，交流 380V 电压为电路提供工作电压，在初步判断电路启/停功能正常后，可接通电源，检测电路的供电性能，如图 11-36 所示。

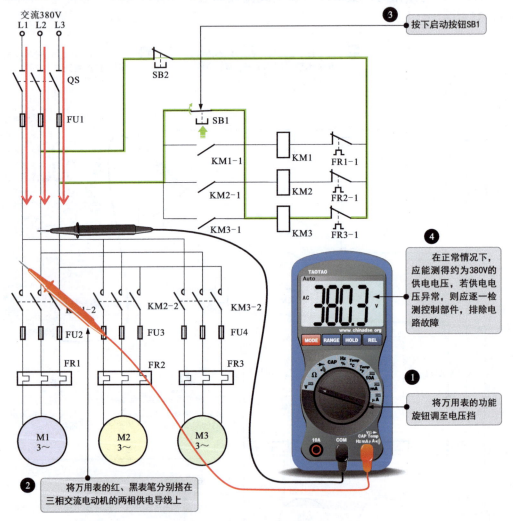

图 11-36　稻谷加工机控制电路供电性能的检测

资料与提示

热继电器是稻谷加工机控制电路中的过热保护部件。一旦电路出现过热情况，则热继电器常闭触点 FR-1 将断开，切断控制电路的供电通路，实现过热保护功能。

图 11-37 为热继电器的检测方法。

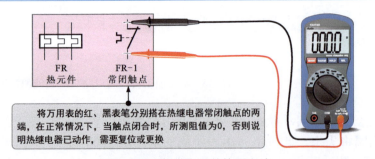

图 11-37　热继电器的检测方法

11.8 秸秆切碎机控制电路的结构、识图与检测

11.8.1 秸秆切碎机控制电路的结构

秸秆切碎机控制电路是通过控制两台三相交流电动机带动机械设备动作，完成送料和切碎秸秆的控制电路，可有效节省人力，提高工作效率。

图 11-38 为秸秆切碎机控制电路的结构组成。

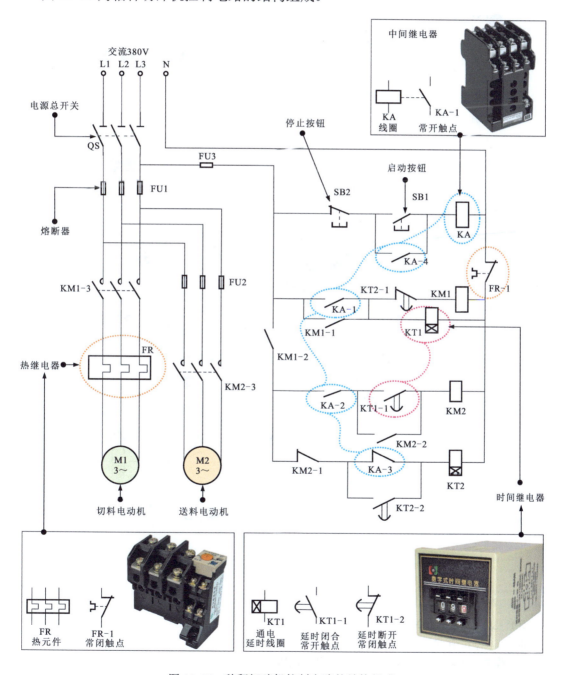

图 11-38 秸秆切碎机控制电路的结构组成

11.8.2 秸秆切碎机控制电路的识图与检测

图 11-39 为秸秆切碎机控制电路的识图。

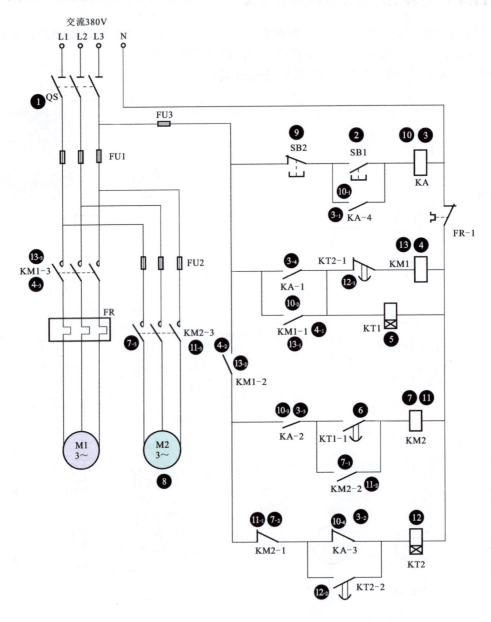

图 11-39 秸秆切碎机控制电路的识图

> **资料与提示**
>
> 图 11-39 中，❶闭合电源总开关 QS。
> ❷按下启动按钮 SB1，触点闭合。
> ❷→❸中间继电器 KA 的线圈得电，相应触点动作。
> ❸自锁常开触点 KA-4 闭合，实现自锁，即使松开 SB1，中间继电器 KA 仍保持得电状态。

③-3 控制时间继电器 KT2 的常闭触点 KA-3 断开，防止时间继电器 KT2 得电。

③-4 控制交流接触器 KM2 的常开触点 KA-2 闭合，为 KM2 线圈得电做好准备。

③-5 控制交流接触器 KM1 的常开触点 KA-1 闭合。

③-4 → ④ 交流接触器 KM1 的线圈得电，相应触点动作。

④-1 自锁常开触点 KM1-1 闭合，实现自锁控制，即当触点 KA-1 断开后，交流接触器 KM1 仍保持得电状态。

④-2 辅助常开触点 KM1-2 闭合，为 KM2、KT2 得电做好准备。

④-3 常开主触点 KM1-3 闭合，切料电动机 M1 启动运转。

③-4 → ⑤ 时间继电器 KT1 的线圈得电，开始计时（30s），实现延时功能。

⑤ → ⑥ 30s 后，时间继电器 KT1 延时闭合的常开触点 KT1-1 闭合。

④-3 + ⑥ → ⑦ 交流接触器 KM2 的线圈得电。

⑦-1 自锁常开触点 KM2-2 闭合，实现自锁。

⑦-2 时间继电器 KT2 线路上的常闭触点 KM2-1 断开。

⑦-3 常开主触点 KM2-3 闭合。

⑦-3 → ⑧ 接通送料电动机 M2 的电源，M2 启动运转，实现 M2 在 M1 启动 30s 后才启动，可以防止因进料过多而溢出。

⑨ 当需要系统停止工作时，按下停止按钮 SB2，触点断开。

⑨ → ⑩ 中间继电器 KA 的线圈失电。

⑩-1 自锁常开触点 KA-4 复位断开，接触自锁。

⑩-2 控制常开触点 KA-1 断开，由于 KM1-1 自锁，此时 KM1 线圈仍处于得电状态。

⑩-3 控制常开触点 KA-2 断开。

⑩-4 控制常开触点 KA-3 闭合。

⑩-3 → ⑪ 交流接触器 KM2 的线圈失电。

⑪-1 辅助常闭触点 KM2-1 复位闭合。

⑪-2 自锁常开触点 KM2-2 复位断开，解除自锁。

⑪-3 常开主触点 KM2-3 复位断开，送料电动机 M2 停止工作。

⑩-4 + ⑪-1 → ⑫ 时间继电器 KT2 线圈得电，相应的触点开始动作。

⑫-1 延时断开的常闭触点 KT2-1 在 30s 后断开。

⑫-2 延时闭合的常开触点 KT2-2 在 30s 后闭合。

⑫-1 → ⑬ 交流接触器 KM1 的线圈失电，触点复位。

⑬-1 自锁常开触点 KM1-1 复位断开，解除自锁，时间继电器 KT1 的线圈失电。

⑬-2 辅助常开触点 KM1-2 复位断开，时间继电器 KT2 的线圈失电。

⑬-3 常开主触点 KM1-3 复位断开，切料电动机 M1 停止工作，M1 在 M2 停转 30s 后停转。

> **资料与提示**
>
> 若秸秆切碎机控制电路出现过载、堵转、过热，则热继电器 FR 在主电路中的热元件会发热，使常闭触点 FR-1 自动断开，切断控制电路的供电，交流接触器线圈断电，带动触点复位断开，三相交流电动机停转，进入保护状态。

1. 控制电路启/停功能的检测

秸秆切碎机控制电路启动功能的检测方法如图 11-40 所示。

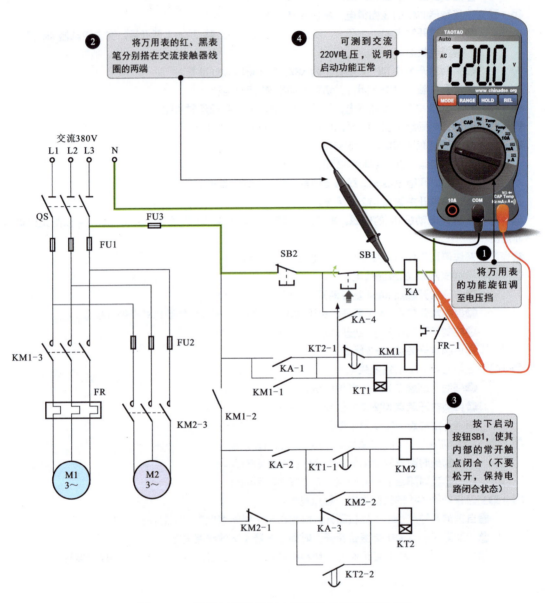

图 11-40 秸秆切碎机控制电路启动功能的检测方法

在控制电路启动状态下，保持万用表的表笔位置不动，按下停止按钮 SB2，交流接触器线圈将失电，此时用万用表检测的电压由 220V 变为 0V，说明电路的停止控制功能基本正常。

> **资料与提示**
>
> 交流接触器 KM1 的常开辅助触点 KM1-2 控制交流接触器 KM2 和时间继电器 KT2 线圈的供电通路，在断电状态下，KM1-2 处于断开状态。

2. 控制电路定时功能的检测

秸秆切碎机控制电路定时功能的检测方法如图 11-41 所示。

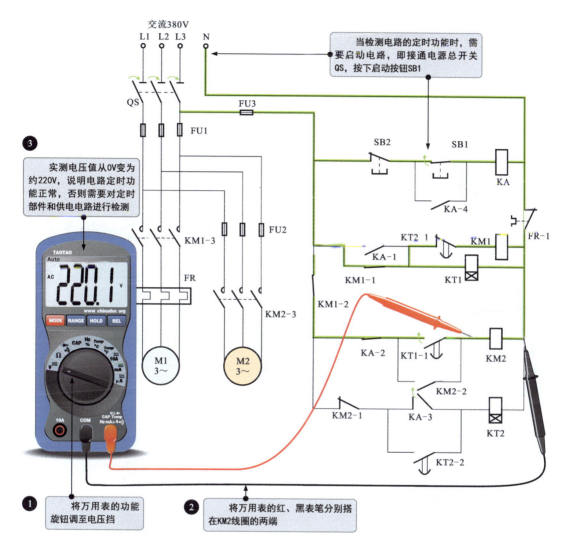

图 11-41　秸秆切碎机控制电路定时功能的检测方法

在秸秆切碎机控制电路中，中间继电器 KA 是主要控制部件，在电路中设有三个常开触点 KA-1、KA-2、KA-4 及一个常闭触点 KA-3，分别用于控制交流接触器 KM1 和时间继电器 KT1、交流接触器 KM2 和时间继电器 KT2 的供电。若交流接触器和时间继电器无供电，则需要重点检测中间继电器 KA 相关触点的状态。

在正常情况下，当中间继电器 KA 线圈未得电时，KA-1、KA-2、KA-4 触点为断开状态，KA-3 为闭合状态；接通电源后，触点同时动作，KA-1、KA-2、KA-4 由断开变为闭合，KA-3 由闭合变为断开。秸秆切碎机控制电路中中间继电器的检测方法如图 11-42 所示。

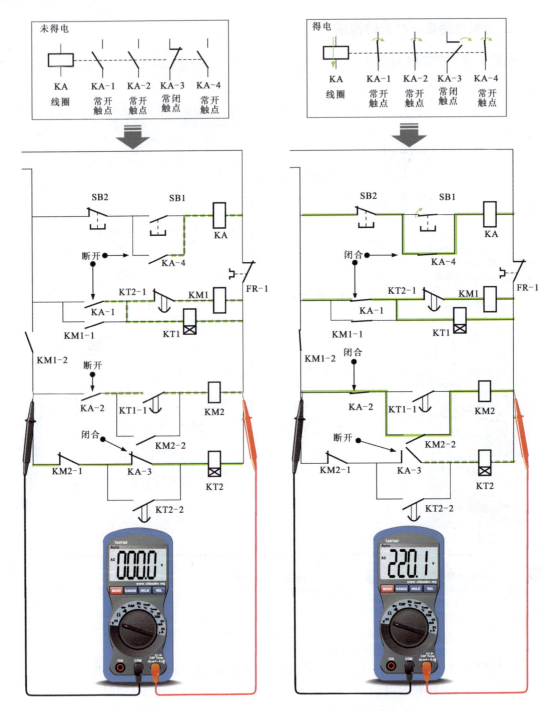

图 11-42 秸秆切碎机控制电路中间继电器的检测方法

第12章
机电控制电路的识图、接线与检测

12.1 车床控制电路的识图、接线与检测

12.1.1 车床控制电路的结构

车床主要用于车削精密零件，加工公制、英制、径节螺纹等。车床控制电路用来控制车床完成相应的工作。

图12-1为车床控制电路的结构组成。由图可知，车床控制电路主要是由电源总开关、主轴电动机、冷却泵电动机、启动按钮、停止按钮、转换开关、交流接触器、热继电器、熔断器、照明灯等组成的。

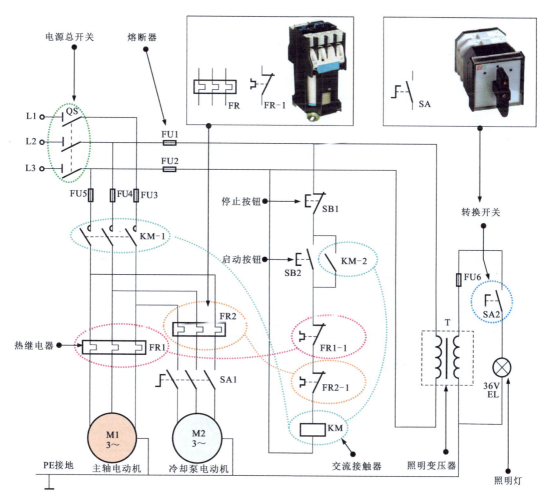

图 12-1 车床控制电路的结构组成

12.1.2 车床控制电路的接线

图 12-2 为车床控制电路的接线示意图。

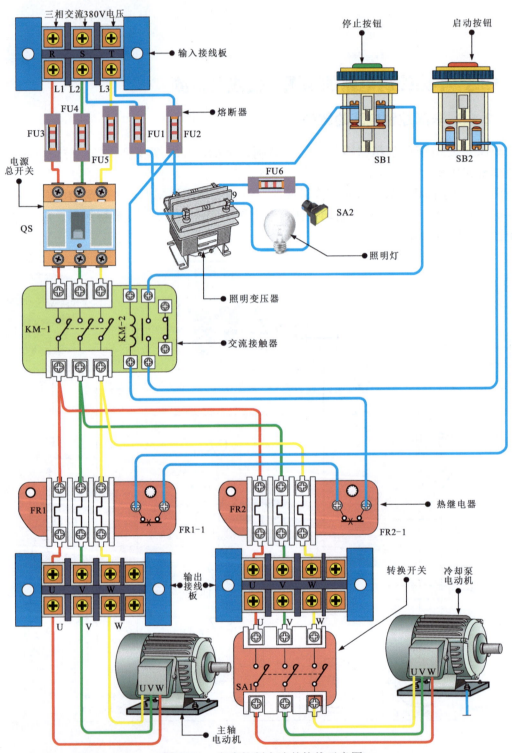

图 12-2　车床控制电路的接线示意图

12.1.3 车床控制电路的识图

图 12-3 为车床控制电路的识图。

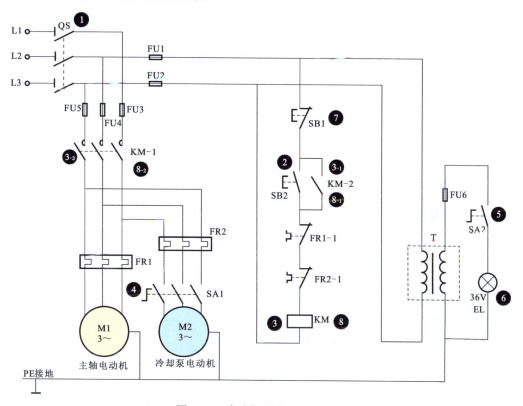

图 12-3 车床控制电路的识图

> **资料与提示**

图 12-3 中，❶合上电源总开关 QS，接通三相电源。
❷按下启动按钮 SB2，内部常开触点闭合。
❷→❸交流接触器 KM 的线圈得电。
　　　　　❸常开辅助触点 KM-2 闭合自锁，使 KM 线圈保持得电。
　　　　　❸常开主触点 KM-1 闭合，主轴电动机 M1 接通三相电源，开始启动运转。
❸→❹闭合转换开关 SA1，冷却泵电动机 M2 接通三相电源，开始启动运转。
❺当需要照明时，将 SA2 旋至接通状态。
❺→❻照明变压器二次侧输出 36V 电压，照明灯 EL 点亮。
❼当需要停机时，按下停止按钮 SB1。
❼→❽交流接触器 KM 的线圈失电，触点全部复位。
　　　　　❽常开辅助触点 KM-2 复位断开。
　　　　　❽常开主触点 KM-1 复位断开，切断主轴电动机、冷却泵电动机的供电，主轴电动机和
　　　　　冷却泵电动机均停止运转。

12.1.4 车床控制电路的检测

车床控制电路故障时，主要应根据故障现象对相关的电气部件进行检测。
停止按钮 SB1 的检测方法如图 12-4 所示。

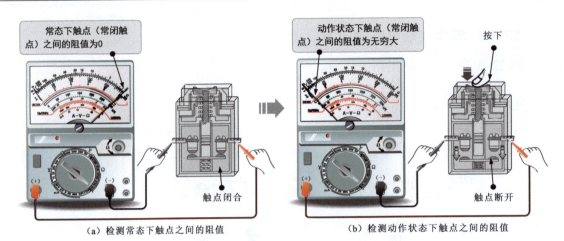

图 12-4 停止按钮 SB1 的检测方法（单按钮式）

12.2 货物升降机控制电路的结构、识图与检测

12.2.1 货物升降机控制电路的结构

货物升降机控制电路主要用于控制升降机自动在两个高度下进行升降作业，即升降机将货物升高到固定高度且等待一段时间后，自动下降到规定高度，以便进行下一次操作。

图 12-5 为货物升降机控制电路的结构组成。

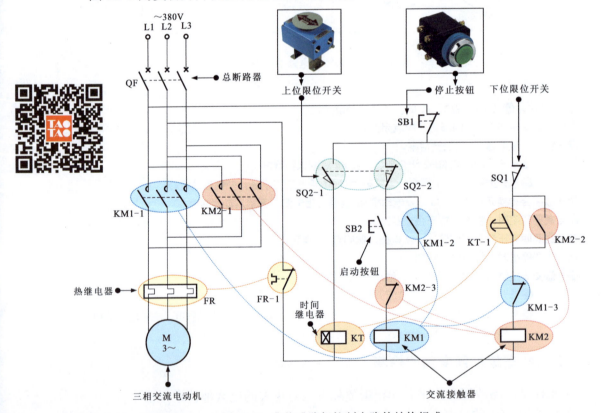

图 12-5 货物升降机控制电路的结构组成

12.2.2 货物升降机控制电路的识图与检测

图 12-6 为货物升降机控制电路的识图。

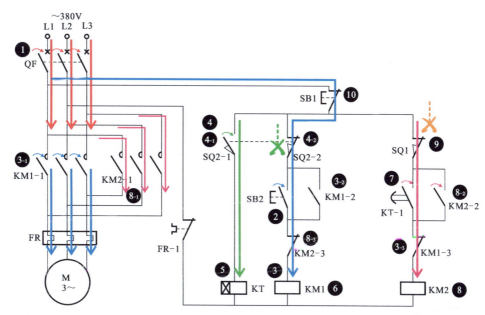

图 12-6 货物升降机控制电路的识图

> **资料与提示**

图 12-6 中，❶合上总断路器 QF，接通三相电源。
❷按下启动按钮 SB2，常开触点闭合。
❸交流接触器 KM1 线圈得电。
　　❸₁常开主触点 KM1-1 闭合，三相交流电动机接通三相电源，开始正向运转，升降机上升。
　　❸₂常开辅助触点 KM1-2 闭合自锁，使 KM1 线圈保持得电。
　　❸₃常闭辅助触点 KM1-3 断开，防止交流接触器 KM2 线圈得电。
❸→❹当升降机上升到规定高度时，上位限位开关 SQ2 动作。
　　❹₁常开触点 SQ2-1 闭合。
　　❹₂常闭触点 SQ2-2 断开。
❹₁→❺时间继电器 KT 线圈得电吸合，进入定时计时状态。
❹₂→❻KM1 线圈失电，触点全部复位。KM1-1 复位断开，切断三相交流电动机的供电电源，三相交流电动机停止运转。
❼时间继电器 KT 线圈得电，经过定时时间后，常开触点 KT-1 闭合。
❼→❽交流接触器 KM2 线圈得电。
　　❽₁常开主触点 KM2-1 闭合，三相电源反相接通，三相交流电动机反向旋转，升降机下降。
　　❽₂常开辅助触点 KM2-2 闭合自锁。
　　❽₃常闭辅助触点 KM2-3 断开，防止 KM1 线圈得电。
❾当升降机下降到规定高度时，下位限位开关 SQ1 动作，常闭触点断开，交流接触器 KM2 线圈失电，触点全部复位，常开主触点 KM2-1 复位断开，切断三相交流电动机供电电源，三相交流电动机停止运转。
❿若需要停机时，按下停止按钮 SB1，交流接触器 KM1 或 KM2 线圈失电，对应触点均复位。
常开主触点 KM1-1 或 KM2-1 复位断开，切断三相交流电动机的供电电源，三相交流电动机停止运转。
常开辅助触点 KM1-2 或 KM2-2 复位断开，解除自锁功能。
常闭辅助触点 KM1-3 或 KM2-3 复位闭合，为三相交流电动机下一次启动或停机做好准备。

1. 电路启动功能的检测

货物升降机控制电路启动功能的检测方法如图12-7所示。

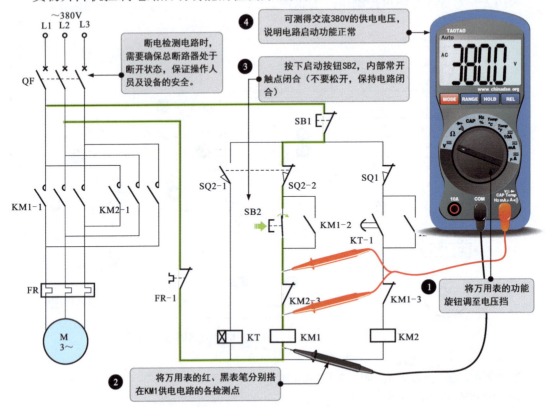

图12-7 货物升降机控制电路启动功能的检测方法

> **资料与提示**
>
> 电路停止功能的检测方法与启动功能的检测方法相同，可保持万用表的红、黑表笔分别搭在 KM1 供电电路各检测点不动，松开启动按钮 SB2 或按下停止按钮 SB1，万用表测得电压为 0V，说明电路停止功能正常，如图12-8所示，否则说明电路中存在短路故障。

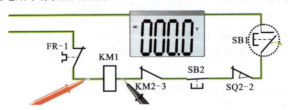

图12-8 电路停止功能的检测方法

2. 限位控制功能的检测

货物升降机控制电路限位控制功能的检测方法如图12-9所示。

货物升降机控制电路中限位开关的检测方法如图12-10所示。

3. 供电电压的检测

货物升降机控制电路供电电压的检测方法如图12-11所示。

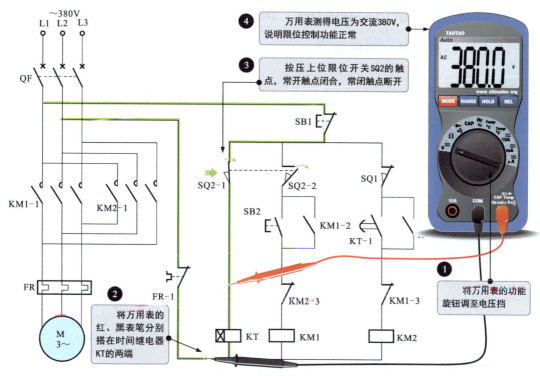

图 12-9 货物升降机控制电路限位控制功能的检测方法

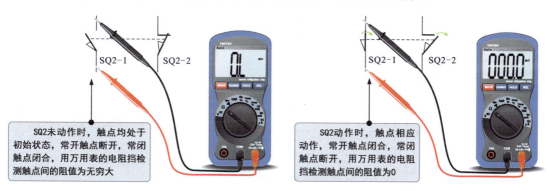

图 12-10 货物升降机控制电路中限位开关的检测方法

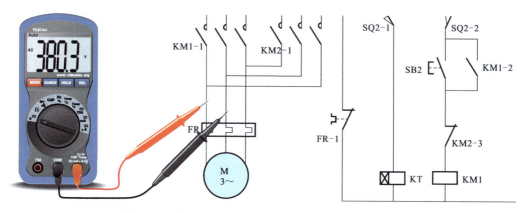

图 12-11 货物升降机控制电路供电电压的检测方法

12.3 钻床控制电路的结构、识图与检测

12.3.1 钻床控制电路的结构

钻床主要用于对工件进行钻孔、扩孔、铰孔、镗孔等。钻床共配置两台三相交流电动机，分别为主轴电动机 M1 和冷却泵电动机 M2。其中，冷却泵电动机 M2 只有在钻床需要冷却液时才启动工作。

图 12-12 为钻床控制电路的结构组成。

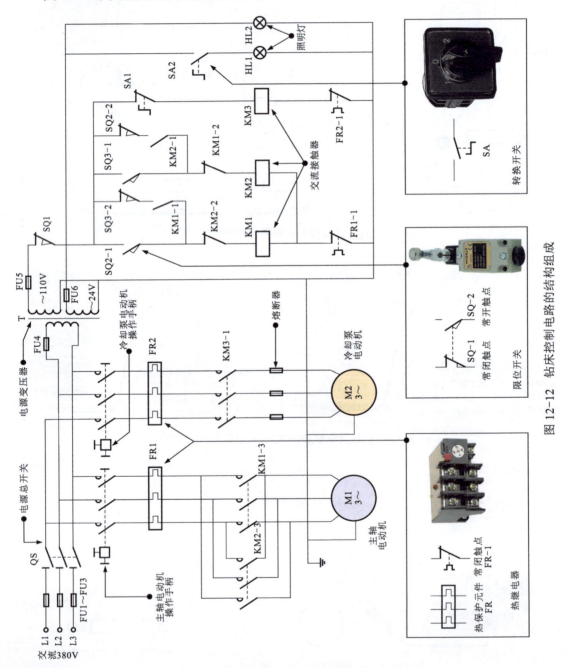

图 12-12 钻床控制电路的结构组成

12.3.2 钻床控制电路的识图与检测

图 12-13 为钻床控制电路的识图。

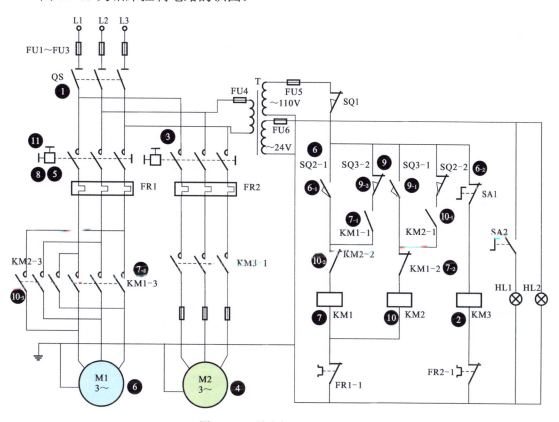

图 12-13 钻床控制电路的识图

资料与提示

图 12-13 中，❶合上电源总开关 QS。
❷交流接触器 KM3 的线圈得电，常开主触点 KM3-1 闭合，接通 M2 的供电。
❸当钻床需要冷却液时，将冷却泵电动机操作手柄调至冷却位置。
❷ + ❸→❹冷却泵电动机 M2 启动运转。
❺将主轴电动机操作手柄调至正转位置。
❺→❻限位开关 SQ2 动作。
　　　　❻₁常开触点 SQ2-1 闭合，接通控制电路电源。
　　　　❻₂常闭触点 SQ2-2 断开，防止 KM2 得电，起连锁控制作用。
❻→❼交流接触器 KM1 的线圈得电，相应触点动作。
　　　　❼₁常开辅助触点 KM1-1 闭合自锁。
　　　　❼₂常闭触点 KM1-2 断开，防止 KM2 得电，起连锁保护作用。
　　　　❼₃常开主触点 KM1-3 闭合，接通主轴电动机 M1 电源，M1 开始正向运转。
❽将主轴电动机操作手柄调至反转位置。
❽→❾限位开关 SQ3 动作。
　　　　❾₁常开触点 SQ3-1 闭合。
　　　　❾₂常闭 SQ3-2 断开，防止 KM1 的线圈得电。

⑨→⑩交流接触器 KM2 的线圈得电。
⑩₁常开辅助触点 KM2-1 闭合自锁。
⑩₂常闭辅助触点 KM2-2 断开,防止 KM1 的线圈得电。
⑩₃常开主触点 KM2-3 闭合,接通主轴电动机 M1 反相序电源,M1 开始反向运转。
⑪当需要主轴电动机 M1 停转时,将主轴电动机操作手柄调至停止位置,限位开关 SQ2、SQ3 被释放,触点全部复位,限位开关 SQ1 动作,触点断开,交流接触器 KM1、KM2 线圈失电,触点全部复位,主轴电动机 M1 停止运转。

钻床控制电路供电电压的检测方法如图 12-14 所示。

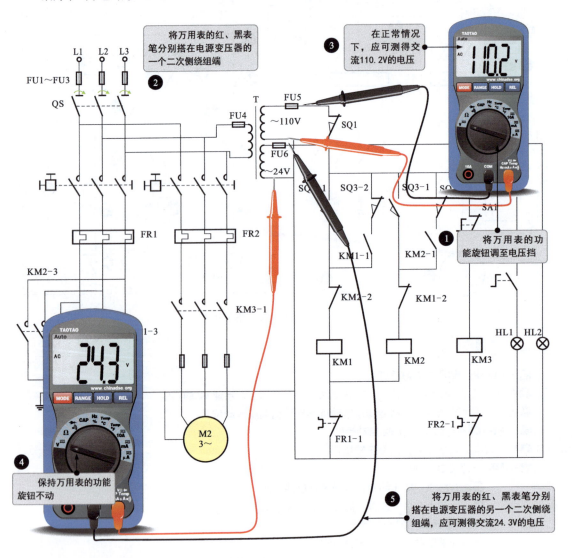

图 12-14 钻床控制电路供电电压的检测方法

当供电电压正常时,闭合冷却泵电动机操作手柄,M2 得电工作,检测 M2 的绕组端应有交流 380V 的电压,否则说明电路控制功能失常,如图 12-15 所示。

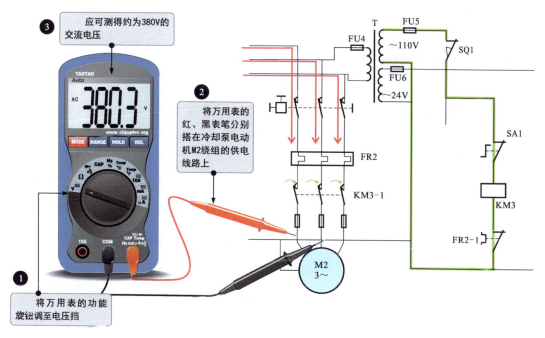

图 12-15 钻床控制电路中 M2 供电电压的检测方法

钻床控制电路中的照明电路比较独立，两个照明灯通过转换开关 SA2 连接在电源变压器 T 的交流 24V 输出端。若照明功能失常，则需检测照明灯两端的供电电压或 SA2 的性能，如图 12-16 所示。

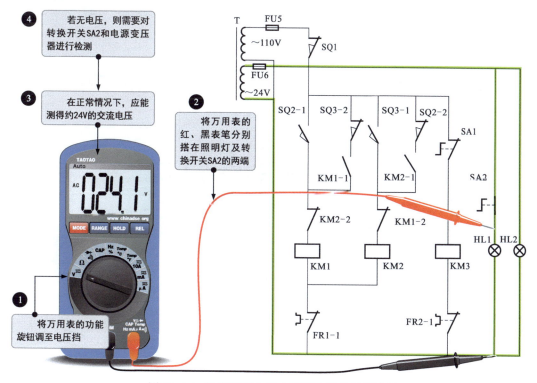

图 12-16 钻床控制电路中照明电路的检测方法

12.4 铣床控制电路的结构、识图与检测

12.4.1 铣床控制电路的结构

铣床用于对工件进行铣削加工。图12-17为铣床控制电路的结构组成。该电路共配置两台电动机，分别为冷却泵电动机M1和铣头电动机M2。其中，铣头电动机M2采用调速和正/反转控制，可根据加工工件设置运转方向和旋转速度；冷却泵电动机根据需要通过转换开关进行控制。

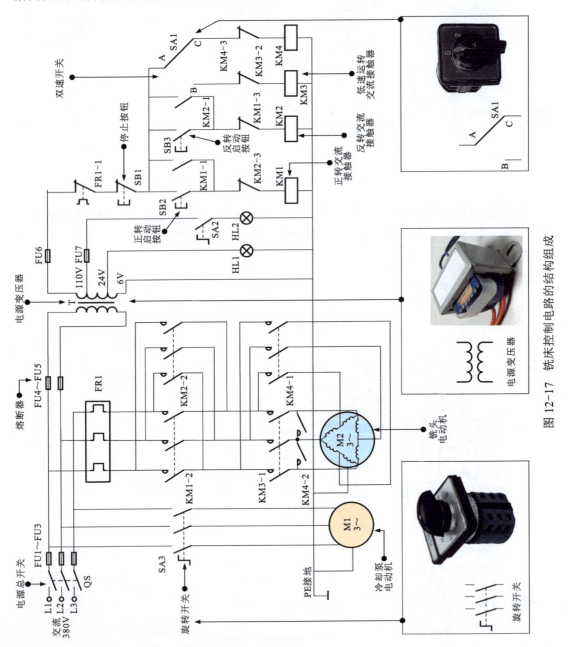

图12-17 铣床控制电路的结构组成

12.4.2 铣床控制电路的识图与检测

图 12-18 为铣床控制电路的识图。

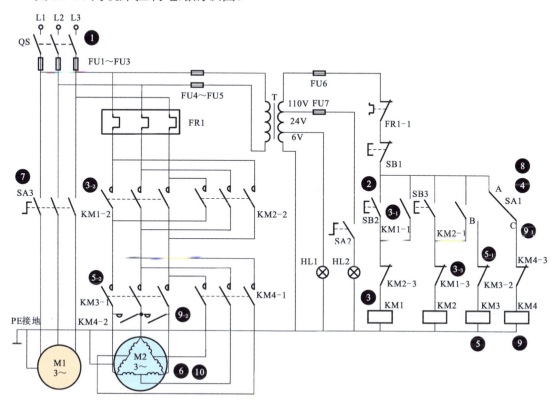

图 12-18 铣床控制电路的识图

资料与提示

图 12-18 中，❶合上电源总开关 QS。

❷按下正转启动按钮 SB2，触点闭合。

❷→❸正转交流接触器 KM1 的线圈得电，相应触点动作。

　　　❸₋₁常开辅助触点 KM1-1 闭合，实现自锁功能。

　　　❸₋₂常开主触点 KM1-2 闭合，为 M2 正转做好准备。

　　　❸₋₃常闭辅助触点 KM1-3 断开，防止 KM2 的线圈得电。

❹转动双速开关 SA1，触点 A、B 接通。

❹→❺低速运转交流接触器 KM3 的线圈得电，相应触点动作。

　　　❺₋₁常闭辅助触点 KM3-2 断开，防止 KM4 的线圈得电。

　　　❺₋₂常开主触点 KM3-1 闭合，为 M2 供电。

❸₋₂ + ❺₋₂→❻铣头电动机 M2 绕组呈△连接接入电源，开始低速正向运转。

❼闭合旋转开关 SA3，冷却泵电动机 M1 启动运转。

❽转动双速开关 SA1，触点 A、C 接通。

❽→❾交流接触器 KM4 的线圈得电，相应触点动作。

　　　❾₋₁常闭辅助触点 KM4-3 断开，防止 KM3 的线圈得电。

　　　❾₋₂常开触点 KM4-1、KM4-2 闭合，为铣头电动机 M2 供电。

❸₋₂ + ❾₋₂→❿铣头电动机 M2 绕组呈 Y 连接接入电源，开始高速正向运转。

资料与提示

铣头电动机 M2 的低速反向运转和高速反向运转过程与低速正向运转和高速正向运转相似,当铣头电动机需要反向运转加工工件时,按下反转启动按钮 SB3,反转交流接触器 KM2 线圈得电。铣削加工完成后,按下停止按钮 SB1,反转交流接触器 KM2 线圈失电,铣头电动机 M2 停止运转。

在铣床控制电路中,铣床的变速运行受双速开关 SA1 的控制,若铣床调速失常,则主要检测双速开关 SA1 及交流接触器 KM1～KM4 是否正常。

在电路接通电源的状态下,当双速开关 SA1 的 A、B 触点接通时,交流接触器 KM3 的线圈应有交流 110V 电压,如图 12-19 所示,否则说明双速开关 SA1 控制失常。

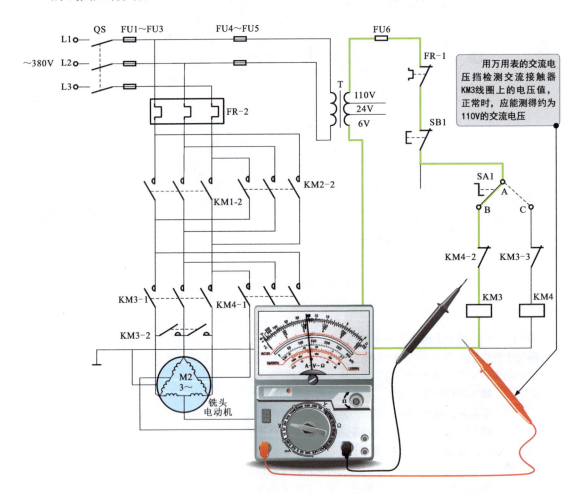

图 12-19 铣床控制电路的检测

资料与提示

在检测过程中,若铣头电动机 M2 无法启动,则应对主电路及控制电路进行检测。
①检查电源总开关 QS、熔断器 FU1～FU3 是否存在接触不良或连线断路。
②检查热继电器是否有常闭触点不复位或接触不良,可手动复位、修复或更换。
③检查启动按钮 SB2、SB3 触点接触是否正常,接线端是否存在连接断开情况。
④检查交流接触器线圈是否开路或接线端是否存在连接断开情况。

第13章
PLC及变频电路的识读、接线与检测

13.1 PLC的安装与接线

13.1.1 PLC的安装要求

PLC属于新型自动化控制装置,为了保证PLC系统的稳定性,安装和接线均有一定的要求。

1. PLC的安装环境要求

PLC的安装环境应符合PLC的基本工作要求,如温度、湿度、振动及周边设备等,见表13-1。

表13-1 PLC的安装环境要求

安装环境	要求
温度	环境温度不得超过PLC允许的温度范围,通常,PLC允许的环境温度范围为0~55℃,当温度过高或过低时,均会导致PLC内部的元器件工作失常
湿度	环境湿度范围为35%~85%,当湿度太高时,会使PLC内部元器件的导电性增强,导致元器件击穿损坏的故障
振动	不能安装在振动比较频繁的环境中(振动频率为10~55Hz、幅度为0.5mm),若振动过大,则会导致PLC内部的固定螺钉或元器件脱落、焊点虚焊
周边设备	应确保PLC远离600V高压电缆、高压设备及大功率设备
其他环境	应避免安装在有大量灰尘或导电灰尘、腐蚀或可燃性气体、潮湿或淋雨、过热等环境中

PLC一般安装在专门的控制柜内,如图13-1所示,可防止灰尘、油污、水滴等进入PLC内部。

图13-1 PLC控制柜

2. PLC 的安装原则

PLC 的安装原则如图 13-2 所示。

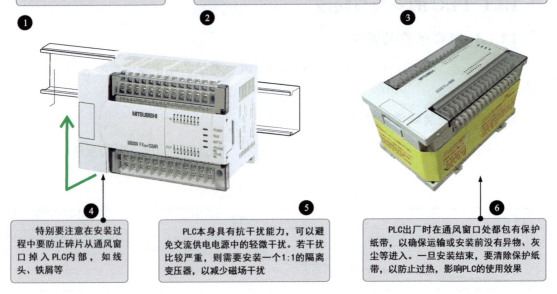

图 13-2　PLC 的安装原则

3. PLC 的接地要求

有效的接地可以避免脉冲信号的冲击干扰，因此在安装 PLC 时应保证良好的接地，如图 13-3 所示。

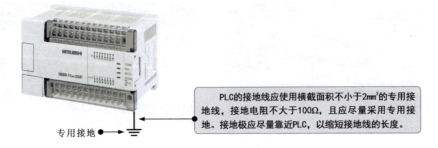

图 13-3　PLC 的接地要求

> **资料与提示**
>
> 若无法采用专用接地，则将 PLC 的接地极与其他设备的接地极连接，构成共用接地，如图 13-4 所示，严禁将 PLC 的接地线与其他设备的接地线连接，而采用共用接地线的方法接地。

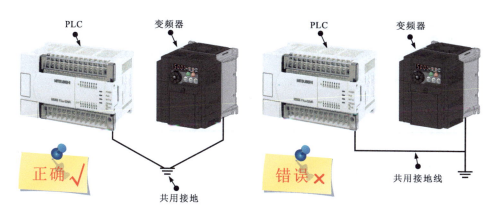

图 13-4 PLC 接地的注意事项

4. PLC 输入端的接线要求

PLC 的输入端常与外部传感器连接。PLC 输入端的接线要求见表 13-2。

表 13-2 PLC 输入端的接线要求

项目	要求
接线长度	输入端的连接线不能太长，应在30m以内，若连接线过长，则控制能力会下降，影响控制信号输入的精度
避免干扰	输入端连接线和输出端连接线不能使用同一根多芯电缆，以免引起干扰或因连接线绝缘层损坏造成短路故障

5. PLC 输出端的接线要求

PLC 的输出端用来连接控制设备，如继电器、接触器、电磁阀、变频器、指示灯等。PLC 输出端的接线要求见表 13-3。

表 13-3 PLC 输出端的接线要求

项目	要求
外部设备	若PLC的输出端连接继电器，则应尽量选用工作寿命（内部开关动作次数）比较长的继电器，以免电感性负载影响继电器的工作寿命
输出端子及电源接线	应将独立输出和公共输出分组连接。不同的组采用不同类型和电压输出等级的输出电源；同一组只能选择同类型、同电压等级的输出电源
输出端保护	输出端应安装熔断器进行保护，由于PLC输出端的元器件安装在印制电路板上，并使用连接线连接到端子板，若因错接而将输出端短路，则会烧毁印制电路板。安装熔断器后，若出现短路故障，则熔断器可快速熔断，保护印制电路板
防干扰	PLC的输出负载可能产生噪声干扰，要采取措施加以控制
安全	除了在PLC中设置控制程序防止对用户造成伤害，还应在外部设计紧急停止工作电路，在PLC出现故障后，能够手动或自动切换电源，防止发生危险
电源输出引线	直流输出引线和交流输出引线不应使用同一个电缆，且要尽量远离高压线和动力线，避免并行或干扰

6. PLC 供电电源的接线要求

供电电源是 PLC 正常工作的基本条件，必须严格按照要求连接，确保 PLC 稳定可靠。PLC 电源的接线要求见表 13-4。

表 13-4 PLC 供电电源的接线要求

项目	要求
电源输入端	●交流输入时，相线必须接在L端，零线必须接在N端 ●直流输入时，必须注意接点的极性（+、-） ●电源电缆绝不能接在PLC的其他端子上 ●电源电缆的截面积不小于2mm² ●维修时，要有可靠的方法使PLC与高压电源完全隔离 ●在急停状态下，需要通过外部电路切断PLC的基本单元和其他配置单元的输入电源
电源公共端	●如果从PLC主机到功能性扩展模块都使用电源公共端，则应连接0V端子，不应连接24V端子 ●PLC主机的24V端子不能接外部电源

7. PLC 扩展模块的连接要求

当整体式 PLC 不能满足系统要求时，可采用连接扩展模块的方式扩展功能在将 PLC 主机与扩展模块连接时也有一定的要求，以三菱 FX_{2N} 系列 PLC 的（基本单元）为例。

（1）三菱 FX_{2N} 系列 PLC 的基本单元与 FX_{2N}/FX_{0N} 扩展模块 / 扩展单元 / 特殊功能模块的连接要求

当三菱 FX_{2N} 系列 PLC 基本单元的右侧与 FX_{2N}/FX_{0N} 的扩展单元 / 扩展模块 / 特殊功能模块连接时，可直接通过扁平电缆连接，如图 13-5 所示。

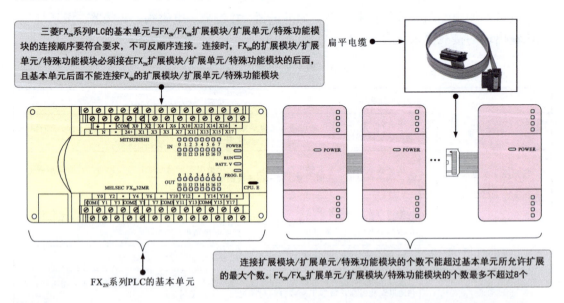

图 13-5 三菱 FX_{2N} 系列 PLC 的基本单元与 FX_{2N}/FX_{0N} 扩展模块 / 扩展单元 / 特殊功能模块的连接

（2）三菱 FX_{2N} 系列 PLC 的基本单元与 FX_1/FX_2 扩展模块／扩展单元／特殊功能模块的连接要求

当三菱 FX_{2N} 系列 PLC 基本单元的右侧与 FX_1/FX_2 扩展单元／扩展模块／特殊功能模块连接时，需使用 FX_{2N}-CNV-IF 型转换电缆连接，如图 13-6 所示。

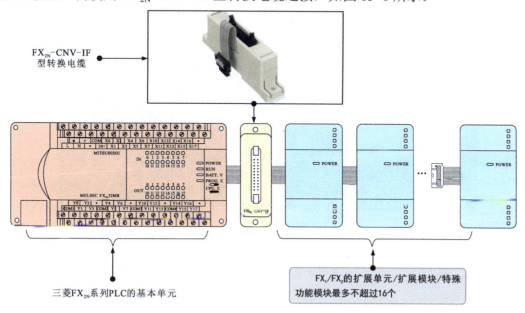

图 13-6　三菱 FX_{2N} 系列 PLC 的基本单元与 FX_1/FX_2 扩展模块／扩展单元／特殊功能模块的连接

（3）三菱 FX_{2N} 系列 PLC 的基本单元与 $FX_{2N}/FX_{0N}/FX_1/FX_2$ 扩展模块／扩展单元／特殊功能模块的混合连接要求

当三菱 FX_{2N} 基本单元与 $FX_{2N}/FX_{0N}/FX_1/FX_2$ 扩展模块／扩展单元／特殊功能模块混合连接时，需要将 FX_{2N}/FX_{0N} 的扩展模块／扩展单元／特殊功能模块直接与三菱 FX_{2N} 系列 PLC 的基本单元连接，再使用 FX_{2N}-CNV-IF 型转换电缆连接 FX_1/FX_2 扩展模块／扩展单元／特殊功能模块，不可反顺序连接，如图 13-7 所示。

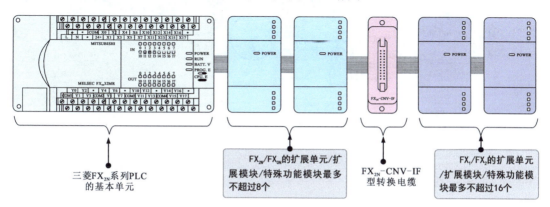

图 13-7　三菱 FX_{2N} 系列 PLC 的基本单元与 $FX_{2N}/FX_{0N}/FX_1/FX_2$ 扩展模块／扩展单元／特殊功能模块的混合连接要求

13.1.2 PLC 的安装方法

下面以西门子 S7-200 系列 PLC 为例介绍安装方法。

首先根据控制要求和安装环境选择西门子 S7-200 系列 PLC 的机型,如图 13-8 所示。

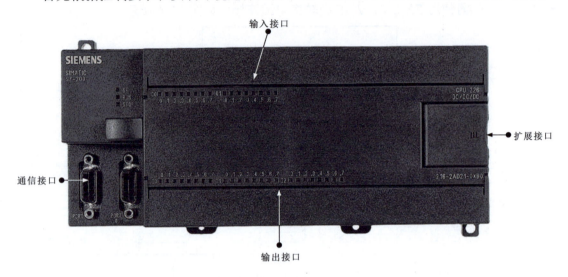

图 13-8 根据控制要求和安装环境选择西门子 S7-200 系列 PLC 的机型

1. 安装并固定 DIN 导轨

根据西门子 S7-200 系列 PLC 的机型选择合适的控制柜,使用螺钉旋具将 DIN 导轨固定在 PLC 控制柜上,如图 13-9 所示。

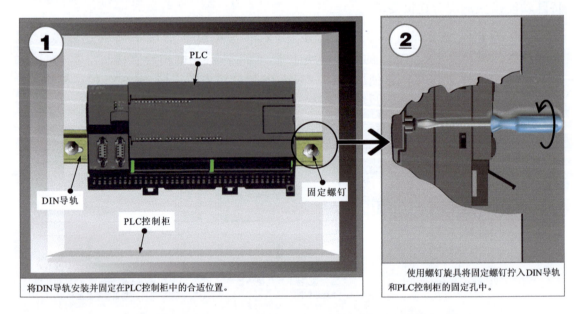

图 13-9 DIN 导轨的安装与固定

2. 安装并固定 PLC

安装并固定 PLC 如图 13-10 所示。

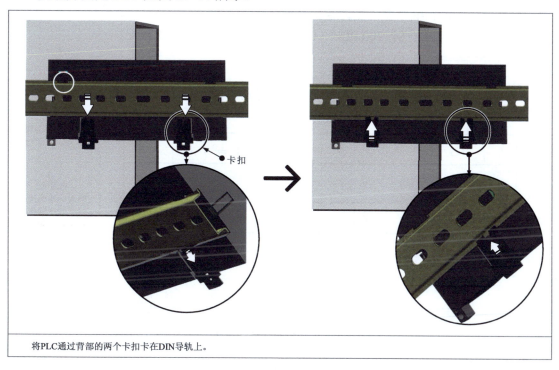

图 13-10 安装并固定 PLC

3. 撬开端子排护罩

PLC 与输入、输出设备分别通过输入、输出接口端子排连接，在安装前，首先将输入、输出接口端子排撬开，如图 13-11 所示。

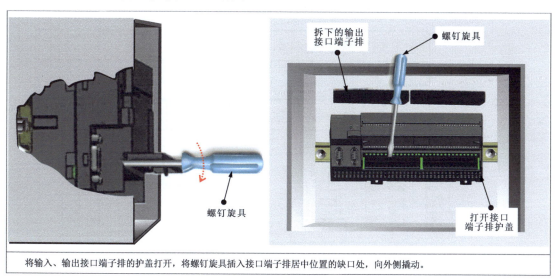

图 13-11 撬开输入、输出接口端子排

4. 输入/输出端子接线

PLC 的输入端常与输入设备（控制按钮、过热保护继电器等）连接，输出端常与输出设备（接触器、继电器、晶体管、变频器等）连接。

图 13-12 为西门子 S7-200 PLC（CPU222）控制系统的 I/O 分配。

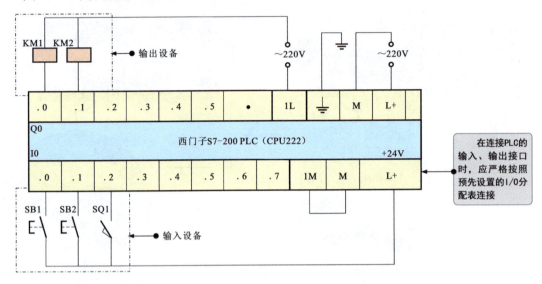

图 13-12　西门子 S7-200 PLC（CPU222）控制系统的 I/O 分配

图 13-13 为西门子 S7-200 PLC（CPU222）输入/输出端子的接线。

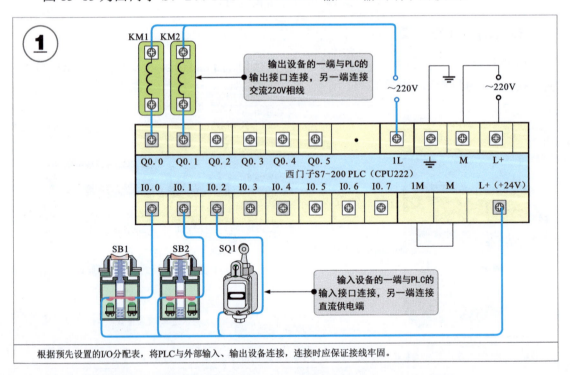

图 13-13　西门子 S7-200 PLC（CPU222）输入/输出端子的接线

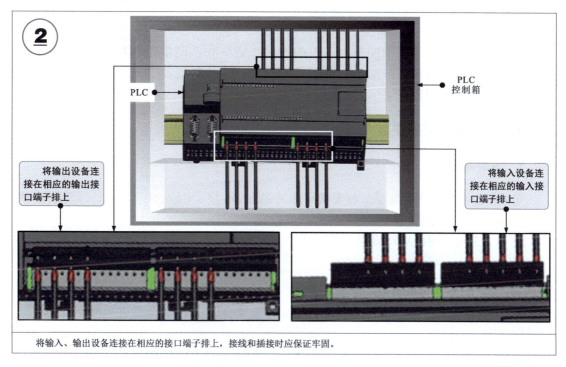

图 13-13　西门子 S7-200 PLC（CPU222）输入 / 输出端子的接线（续）

※ 5. PLC 扩展接口的连接

当 PLC 需要连接扩展模块时，应先将扩展模块安装在 PLC 控制柜内，然后将扩展模块数据线的连接端插接在 PLC 扩展接口上。图 13-14 为 PLC 扩展接口的连接。

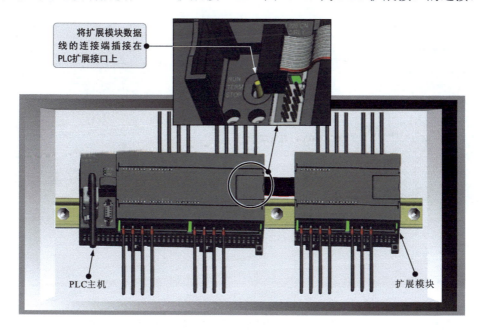

图 13-14　PLC 扩展接口的连接

13.2 变频器的安装与接线

变频器是一种用于驱动控制电动机的设备，将变频控制电路和功率输出电路制成一体成为一个独立的设备，由于变频器的输出功率大、耗能高，需要通风散热，因此在安装时有严格的要求。

13.2.1 变频器的安装

1. 安装环境

变频器由电子元器件组成，对安装环境的温度、湿度、尘埃、油雾、振动等要求较高。

（1）环境温度的要求

图 13-15 为变频器对环境温度的要求和测量位置。

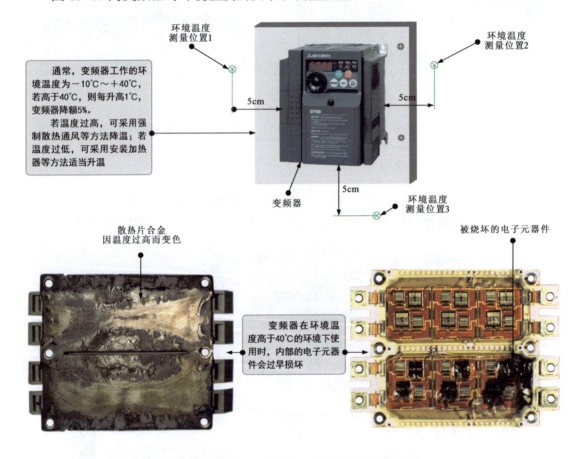

图 13-15 变频器对环境温度的要求和测量位置

资料与提示

通常，变频器工作的环境湿度为 45%～90%。

若环境湿度过高，则不仅会降低绝缘性，造成空间绝缘被破坏，而且金属部位容易出现腐蚀现象。若无法满足环境湿度的要求，则可通过在变频器控制柜内放入干燥剂、加热器等方法降低环境湿度。

(2) 安装场所的要求

为了确保工作环境的干净整洁及设备的可靠运行，变频器及相关电气部件都安装在控制柜中，如图 13-16 所示。

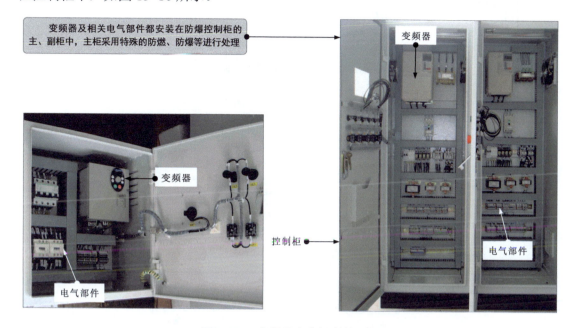

图 13-16 变频器安装场所的要求

资料与提示

变频器不能安装在振动比较频繁的环境中，若振动频繁，则会使固定螺钉松动或电子元器件脱落、焊点虚焊等。通常，变频器安装场所的振动加速度应在 0.6g 以内。

测量振动场所的振幅（A）和频率（f），可根据公式计算振动加速度，即

$$振动加速度（G）= 2\pi f A / 9800$$

变频器应尽量安装在海拔 1000m 以下的环境中，若安装在海拔较高的环境中，则会影响变频器的输出功率（当海拔为 4000m 时，变频器的输出功率仅为 1000m 时的 40%）。

在一般情况下，变频器不能安装在靠近电磁辐射源的环境中。

2. 控制柜的通风

变频器安装在控制柜内时，控制柜必须设置适当的通风口，即在确保变频器工作环境干净整洁的同时，还应保证良好的通风效果，使变频器的工作稳定，如图 13-17 所示。

变频器控制柜的通风方式有自然冷却和强制冷却。自然冷却是通过自然风对变频器进行冷却。目前，常见的采用自然冷却方式的控制柜主要有半封闭式和全封闭式两种。

半封闭式控制柜设有进、出风口，通过进风口和出风口实现自然换气，如图 13-18 所示。这种控制柜的成本低，适用于小容量的变频器。

全封闭式控制柜通过控制柜向外散热，适用在有油雾、尘埃等环境中，如图 13-19 所示。

强制冷却方式是借助外部条件或设备，如通风扇、散热片、冷却器等实现有效散热。

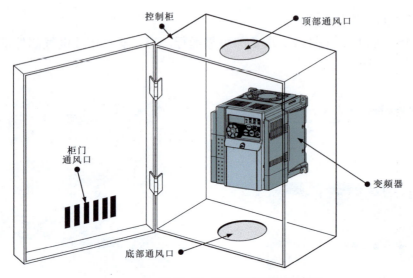

图 13-17　变频器控制柜的通风

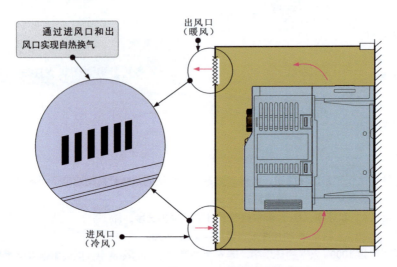

图 13-18　半封闭式控制柜

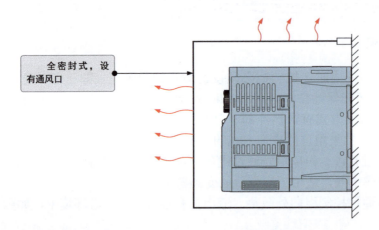

图 13-19　全封闭式控制柜

目前，采用强制冷却方式的控制柜主要有通风扇冷却方式控制柜、散热片冷却方式控制柜和冷却器冷却方式控制柜。

通风扇冷却方式控制柜是通过在控制柜中安装通风扇进行通风的，如图13-20所示。通风扇安装在变频器上方控制柜的顶部。变频器内置冷却风扇，可将变频器内部产生的热量冷却。通风扇和风道可将冷风送入，暖风送出，实现换气。通风扇冷却方式控制柜的成本较低，适用于室内安装控制。

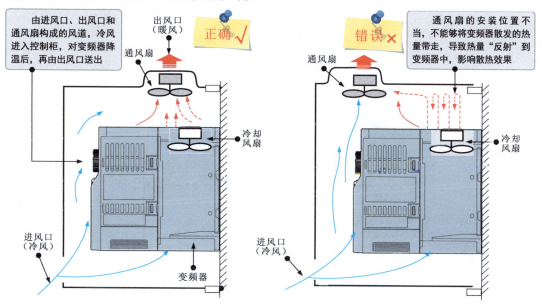

图 13-20 通风扇冷却方式控制柜

图13-21为散热片冷却方式控制柜和冷却器冷却方式控制柜。

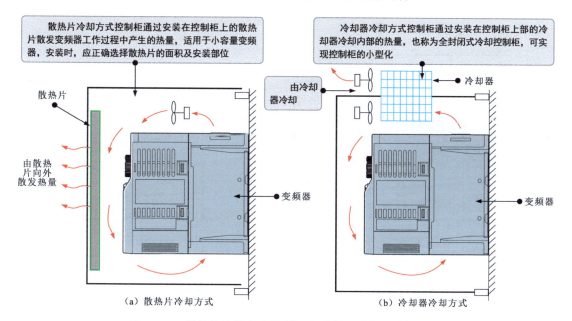

图 13-21 散热片冷却方式控制柜和冷却器冷却方式控制柜

※ 3. 避雷

为了保证在雷电活跃地区能够安全运行，变频器应设置防雷击措施。图 13-22 为变频器的避雷防护措施。

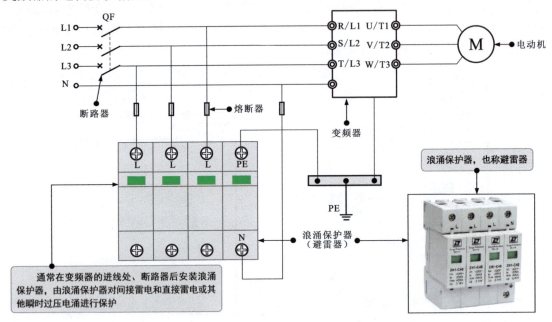

图 13-22　变频器的避雷防护措施

※ 4. 安装空间

变频器在工作时会产生热量，为了良好散热及维护方便，在安装时应与其他装置保持一定距离。

图 13-23 为变频器的安装空间。

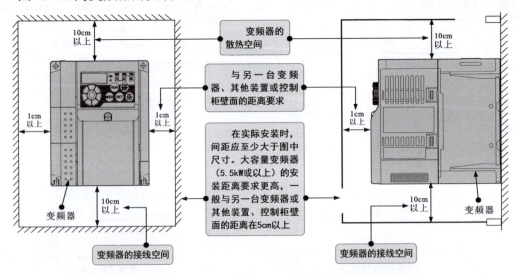

图 13-23　变频器的安装空间

5. 安装方向

变频器为了能够良好散热，除了对安装空间有明确的要求外，对安装方向也有明确的规定。

图 13-24 为变频器的安装方向。

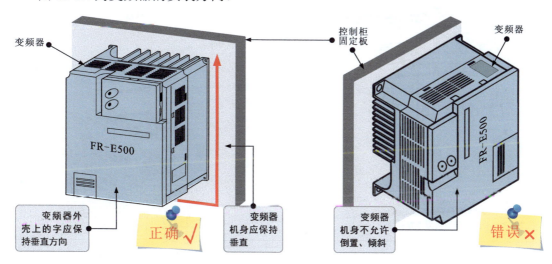

图 13-24　变频器的安装方向

6. 两台变频器的安装排列方式

若在同一个控制柜内安装两台或多台变频器，则应尽可能采用并排安装。图 13-25 为两台变频器的安装排列方式。

资料与提示

变频器采用纵向安装时，上、下变频器之间的距离必须满足规定。例如，某品牌变频器有 A、B、C、D、E、F、FX 等几种尺寸类型。其中，A、B、C 为较小尺寸类型；D、E 为中等尺寸类型；F、FX 为较大尺寸类型。安装要求如下：

◇ A、B、C：上、下之间的距离为 100mm；
◇ D、E：上、下之间的距离为 300mm；
◇ F、FX：上、下之间的距离为 350mm。

7. 安装固定

变频器工作时的内部温度可高达 90℃，因此变频器应安装固定在耐热材料上。根据安装方式不同，变频器有固定板安装和导轨安装两种，可根据安装条件选择。

① 固定板安装如图 13-26 所示。
② 导轨安装如图 13-27 所示。

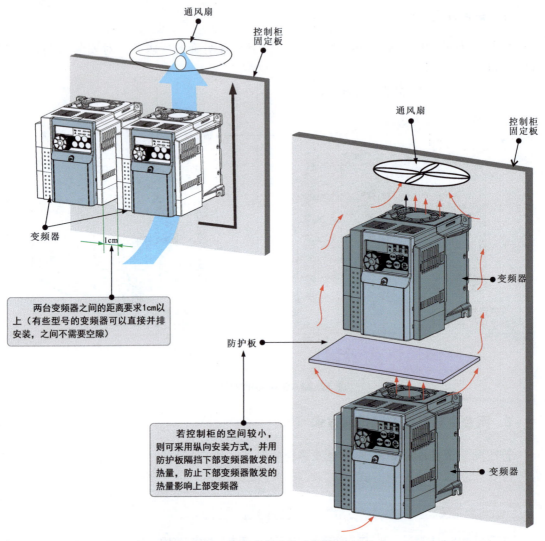

图 13-25 两台变频器的安装排列方式

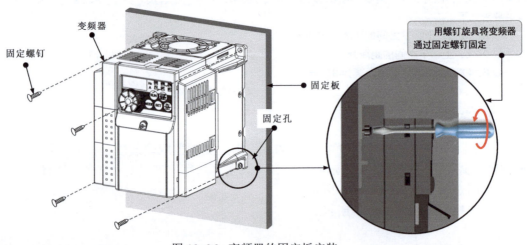

图 13-26 变频器的固定板安装

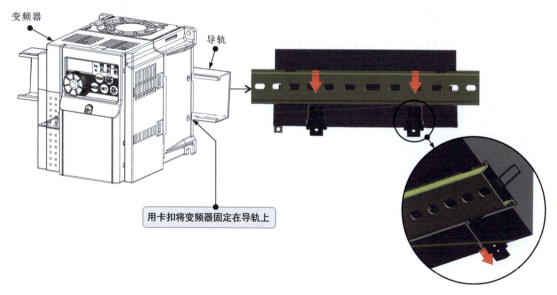

图 13-27 变频器的导轨安装

13.2.2 变频器的接线

独立的变频器无法实现任何功能，需要将其与其他电气部件安装在特定的控制柜中，并通过连接线连接成具有一定控制关系的电路系统才能实现控制功能。

1. 变频器的布线要求

变频器的连接线应尽可能短、不交叉，耐压等级必须与变频器的电压等级相符。图 13-28 为变频器的布线。

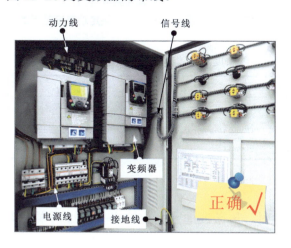

图 13-28 变频器的布线

资料与提示

变频器连接布线时，应注意电磁波干扰的影响，可将电源线、动力线、信号线相互远离，关键的信号线应使用屏蔽电缆屏蔽。

2. 动力线的类型和连接长度

变频器与电动机之间的连接线被称为动力线。动力线一般根据变频器的功率大小选择横截面积合适的三芯或四芯屏蔽动力电缆。

图 13-29 为动力线的类型和连接长度。

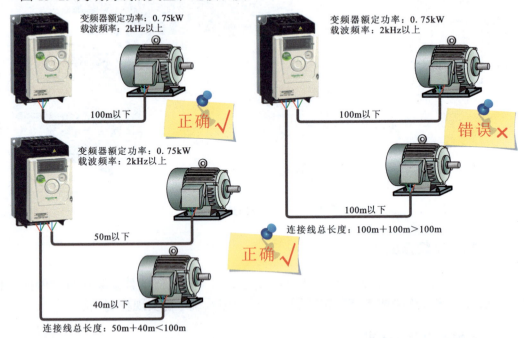

图 13-29 动力线的类型和连接长度

资料与提示

值得注意的是，在实际接线中，缩短动力线的长度可以有效降低电磁辐射和容性漏电流。若动力线较长，则会影响变频器的正常工作，此时需要降低载波频率，并加装输出交流电抗器。不同额定功率变频器的动力线长度与载波频率的关系见表 13-5。

表 13-5 不同额定功率变频器的动力线长度与载波频率的关系

载波频率	变频器额定功率				
	0.4kW	0.7kW	1.5kW	2.2kW	3.7kW或以上
1kHz	200m以下	200m以下	300m以下	500m以下	500m以下
2~14.5kHz	30m以下	100m以下	200m以下	300m以下	500m以下

3. 屏蔽线接地

变频器的信号线通常采用屏蔽线。接地时，屏蔽线的金属丝网必须通过两端的电缆夹片与变频器控制柜连接来实现接地。

图 13-30 为屏蔽线的接地方法。

资料与提示

屏蔽线是一种在绝缘导线的外面再包裹一层金属薄膜，即屏蔽层的电缆。在通常情况下，屏蔽层多为铜丝或铝丝丝网或无缝铅铂，且只有在有效接地后才能起到屏蔽作用。

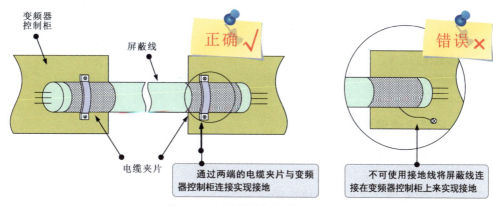

图 13-30 屏蔽线的接地方法

✴ 4. 变频器接地

变频器都设有接地端子，可有效避免脉冲信号的冲击干扰，并防止人体在接触变频器的外壳时因漏电电流造成触电。

图 13-31 为变频器与其他设备之间的接地。

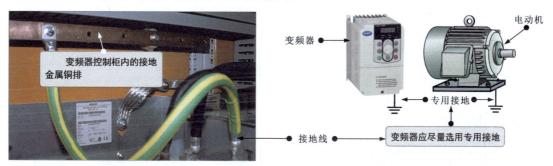

图 13-31 变频器与其他设备之间的接地

资料与提示

在连接变频器的接地端子时，应尽量避免与电动机、PLC 或其他设备的接地端子连接。若无法采用专用接地，则可将变频器的接地极与其他设备的接地极连接，构成共用接地，尽量避免采用共用接地线接地。

图 13-32 为变频器与变频器之间的接地。

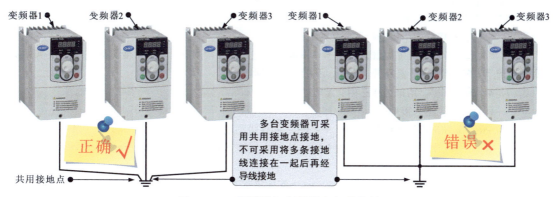

图 13-32 变频器与变频器之间的接地

资料与提示

变频器接地线的选择规定的尺寸或比规定的尺寸粗,且应尽量采用专用接地,接地极应尽量靠近变频器,以缩短接地线的长度。

多台变频器共同接地时,接地线之间应互相连接。应注意,接地端与大地之间的导线应尽可能短,接地线的电阻应尽可能小。

5. 变频器主电路的接线

变频器主电路的接线是将相关功能部件与变频器主电路的端子排连接,接线时,应根据主电路的接线图连接。

图13-33为变频器主电路的接线图。

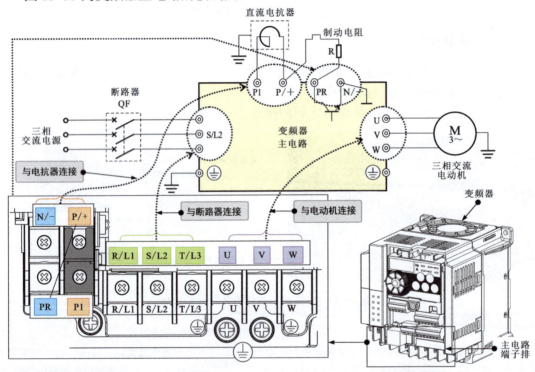

图13-33 变频器主电路的接线图

资料与提示

图13-33中,主电路端子排的标识含义如下:

R/L1、S/L2、T/L3:交流电源输入端子,用来连接电源,当使用高功率因数变流器(FR-HC)或共直流母线变流器(FR-CV)时,需断开该端子,不能连接任何电路。

U、V、W:输出端子,用来连接三相交流电动机。

⏚:接地端子,用来接地。

P/+、PR:制动电阻连接端子,在P/+、PR之间连接制动电阻。

P/+、N/−:制动单元连接端子,在P/+、N/−之间连接制动单元、共直流母线变流器和高功率因数变流器。

P/+、P1:直流电抗器连接端子,在P/+、P1之间连接直流电抗器,连接时,需拆下P/+、P1的短路片,只有连接直流电抗器时才可拆下短路片,否则不得拆下。

6. 变频器控制电路的接线

图 13-34 为变频器控制电路端子标识。

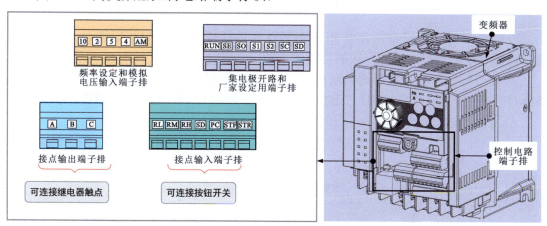

【接点输入端子排】	STF	正转启动	STF信号和STR信号同时开启时，电动机为停止状态
	STR	反转启动	STR信号开启时，电动机反转；STR关闭时，电动机停止
	RH、RM、RL	多段速度选择	用RH、RM和RL信号的组合可以选择多段速度
	SD	接点输入公共端（出厂设定漏型逻辑）	接点输入端子（漏型逻辑）的公共端
		外部晶体管公共端（源型逻辑）	源型输出部分的公共端接电源正极
		DC 24V电源公共端	DC 24V，0.1A电源（端子PC）的公共输出端，与端子5和端子SE绝缘
	PC	外部晶体管公共端（出厂设定漏型逻辑）	漏型输出部分的公共端接电源负极
		接点输入公共端（源型逻辑）	接点输入端子（源型逻辑）的公共端
		DC 24V电源公共端	可作为DC 24V，0.1A电源使用
【频率设定端子排】	10	频率设定用电源端	作为外接频率设定（速度设定）用电位器时的电源
	2	频率设定端（电压）	如果输入DC 0～5V或0～10V，则在5V或10V时为有最大输出频率，输入、输出成正比
	4	频率设定端（电流）	如果输入DC 4～20mA，则在20mA时有最大输出频率，输入、输出成正比；如果输入 0～5V或DC 0～10V，则需将电压/电流输入切换开关切换"V"的位置
	5	频率设定用公共端	端子2、端子4、端子AM的公共端，不能接地
【接点输出端子排】	A、B、C	继电器输出端（异常输出）	指示变频器因保护功能动作时输出停止信号。 正常时：B、C之间导通，A、C之间不导通； 异常时：B、C之间不导通，A、C之间导通
【集电极开路端子排】	RUN	变频器运行端	变频器的输出频率大于或等于启动频率时为低电平，表示集电极开路输出用的晶体管处于导通状态；已停止或正在直流制动时为高电平，表示集电极开路输出用的晶体管处于不导通状态
	SE	集电极开路输出公共端	RUN的公共端子

图 13-34 变频器控制电路端子标识

13.3 PLC控制电路的识图、接线与检修

13.3.1 由PLC控制的电动机连续运行电路的结构

PLC控制电路是将操作部件和功能部件直接连接到PLC的相应接口上,并根据PLC内部程序的设定实现相应控制功能的电路。

图13-35为由PLC控制的电动机连续运行电路的结构组成。该电路主要是由总断路器QF、PLC、按钮开关(SB1、SB2)、交流接触器KM、指示灯HL1和HL2等组成的。

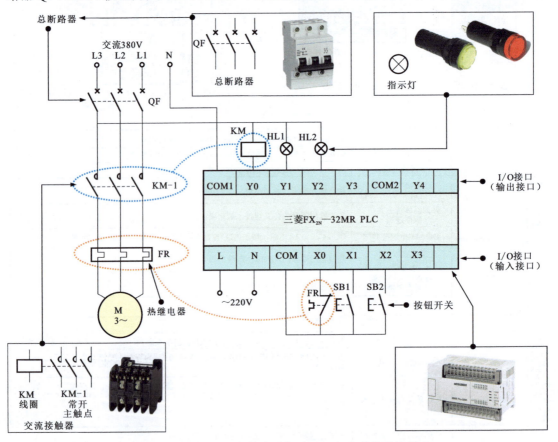

图13-35 由PLC控制的电动机连续运行电路的结构组成

PLC的控制部件和执行部件分别连接在相应的I/O接口上,根据I/O分配表连接,见表13-6。

表13-6 I/O分配表

输入地址编号			输出地址编号		
部件	代号	地址编号	部件	代号	地址编号
热继电器	FR	X0	交流接触器	KM	Y0
启动按钮	SB1	X1	运行指示灯	HL1	Y1
停止按钮	SB2	X2	停机指示灯	HL2	Y2

13.3.2 由 PLC 控制的电动机连续运行电路的接线

图 13-36 为由 PLC 控制的电动机连续运行电路的接线示意图。

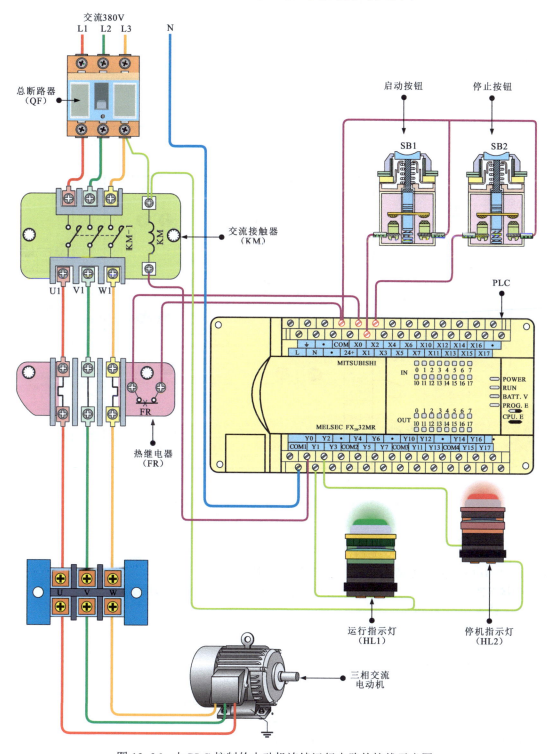

图 13-36 由 PLC 控制的电动机连续运行电路的接线示意图

13.3.3 由 PLC 控制的电动机连续运行电路的识图

由 PLC 控制的电动机连续运行电路的识图如图 13-37 所示。

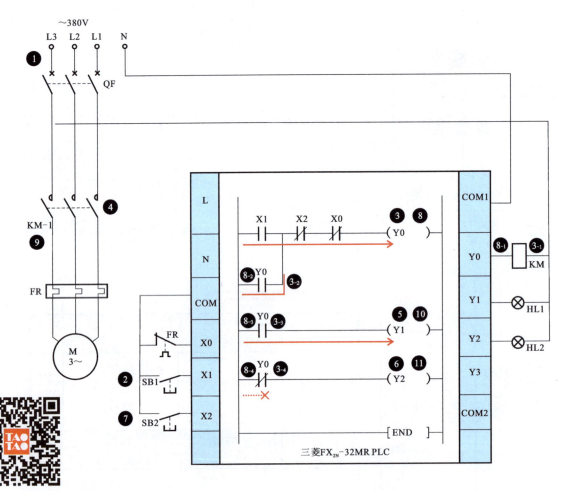

图 13-37 由 PLC 控制的电动机连续运行电路的识图

资料与提示

图 13-37 中，❶合上总断路器 QF，接通三相交流电源。

❷按下启动按钮 SB1，触点闭合，将输入继电器常开触点 X1 置"1"，即常开触点 X1 闭合。

❷→❸输出继电器 Y0 得电。

　　　　❸₋₁交流接触器 KM 线圈得电。
　　　　❸₋₂自锁常开触点 Y0（KM-2）闭合自锁。
　　　　❸₋₃控制输出继电器 Y1 的常开触点 Y0（KM-3）闭合。
　　　　❸₋₄控制输出继电器 Y2 的常闭触点 Y0（KM-4）断开。

❸₋₁→❹主电路中的主触点 KM-1 闭合，接通三相交流电动机 M 的电源，M 启动运转。

❸₋₃→❺输出继电器 Y1 得电，运行指示灯 HL1 点亮。

❸₋₄→❻输出继电器 Y2 失电，停机指示灯 HL2 熄灭。

❼当需要停机时，按下停止按钮 SB2，触点闭合，将输入继电器常开触点 X2 置"0"，即常闭触点 X2 断开。

⑦→⑧输出继电器 Y0 失电。
　　　　⑧交流接触器 KM 线圈失电。
　　　　⑧自锁常开触点 Y0（KM-2）复位断开，解除自锁。
　　　　⑧控制输出继电器 Y1 的常开触点 Y0（KM-3）复位断开。
　　　　⑧控制输出继电器 Y2 的常闭触点 Y0（KM-4）复位闭合。
⑧→⑨主电路中的主触点 KM-1 复位断开，切断三相交流电动机 M 的电源，M 失电停转。
⑧→⑩输出继电器 Y1 失电，运行指示灯 HL1 熄灭。
⑧→⑪输出继电器 Y2 得电，停机指示灯 HL2 点亮。

13.3.4　由 PLC 控制的电动机连续运行电路的检修

检修由 PLC 控制的电动机连续运行电路时，主要应结合 PLC 的梯形图程序，检查引起电路功能异常的部位，找到损坏或异常的电气部件并更换。PLC 的故障几率比较低，检修时可重点排查 PLC 的输入和输出回路是否存在故障。

1. PLC 输入回路的检修

检修 PLC 的输入回路时，可在 PLC 通电的情况下（非运行状态，避免设备误动作），按下启动按钮，观察 PLC 输入端子指示灯，若指示灯点亮，则说明输入回路正常。若指示灯不亮，则可能为启动按钮损坏、线路接触不良或有断线故障。

此时，可在断电状态下检测启动按钮有无异常。若启动按钮正常，则可用一根导线短接 PLC 的输入端子和 COM 公共端（注意，不可碰触 PLC 的 220V 或 110V 输入端子）。若指示灯点亮，则说明 PLC 输入端子外接线路存在故障，重新接线即可；若指示灯不亮，则说明 PLC 输入点损坏（这种情况比较少见，一般为强电误送入输入点导致损坏）。

2. PLC 输出回路的检修

以继电器输出型 PLC 为例。若输入回路正常，PLC 输出端子对应的指示灯点亮，输出端所连接的执行部件，如交流接触器 KM 线圈不得电、不动作，则多为输出回路故障。

首先排查交流接触器的供电是否正常。若供电正常，则应进一步检查执行部件本身有无异常，即检查交流接触器 KM 线圈、触点有无断路及线路连接是否正常等。

若交流接触器等执行部件均正常，则可借助万用表的电压挡检测 PLC 输出端与公共端之间的电压，若电压为 0 或接近于 0，则说明 PLC 的输出端正常，故障点在外围；若电压较高，则说明 PLC 输出端触点的接触电阻过大，已经损坏。

> **资料与提示**
>
> 值得注意的是，在 PLC 控制回路的检修过程中，若 PLC 输出端指示灯不亮，但对应的交流接触器动作，则多为输出端出现短路故障（如因过载短路引起输出端的触点烧熔粘连），此时，可将 PLC 输出端的外接线路拆下，在断电状态下，用万用表的电阻挡检测输出端与公共端之间的阻值，若阻值较小，则说明输出端的内部触点已损坏；若阻值为无穷大，则说明输出端正常，指示灯不亮，多为指示灯本身损坏。
>
> 另外，值得说明的是，PLC 内部硬件或软件运行出错的几率很低。PLC 输入端的触点除非误加入强电，否则也很少损坏；PLC 输出继电器的常开触点寿命比较长（外围负载短路或负载电流超出额定范围时可能导致触点短路）。因此，检修 PLC 控制电路时，应重点检测 PLC 外接的电气部件和线路的接线情况。

13.4 变频控制电路的识图、接线与检测

13.4.1 工业绕线机变频控制电路的结构

变频控制电路是利用变频器对三相交流电动机进行启动、变频调速和停机等多种控制的电路。

图 13-38 为工业绕线机变频控制电路的结构组成。该控制电路主要由总断路器（QF）、交流接触器（KM1、KM2）、变频器（PI7100）、停止按钮（SB1）、脚踩启动开关（SM）、电磁制动器等部分构成。

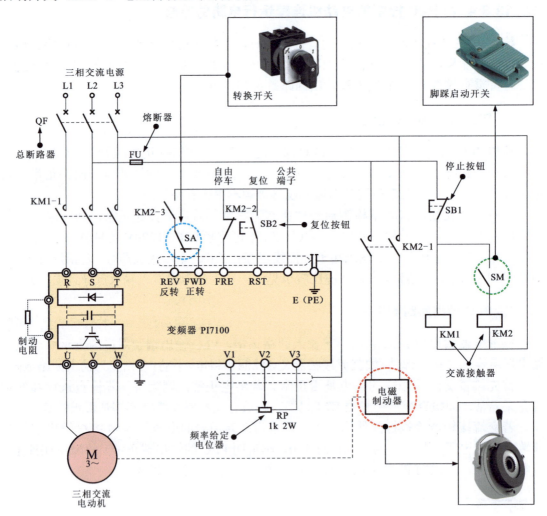

图 13-38 工业绕线机变频控制电路的结构组成

13.4.2 工业绕线机变频控制电路的接线

工业绕线机变频控制电路的接线示意图如图 13-39 所示。

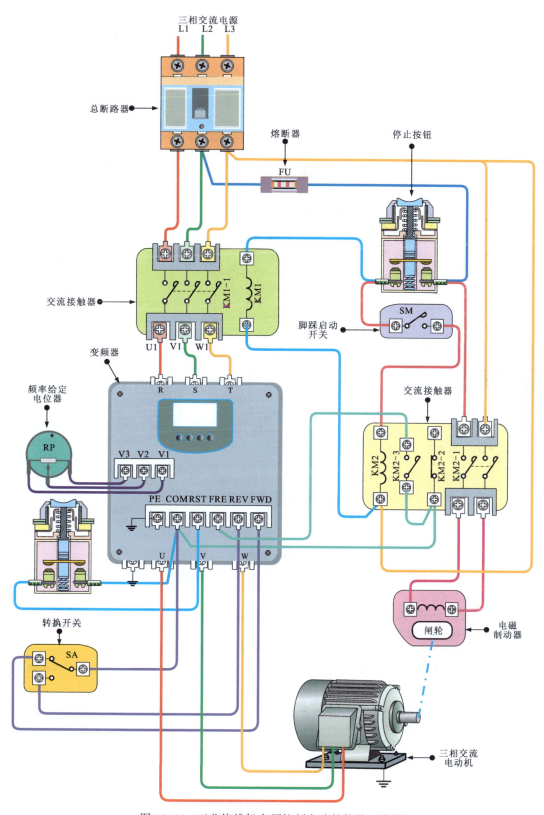

图 13-39 工业绕线机变频控制电路的接线示意图

13.4.3 工业绕线机变频控制电路的识图

工业绕线机变频控制电路的识图如图 13-40 所示。

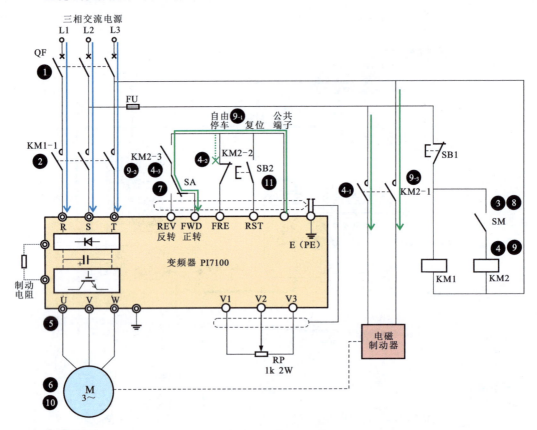

图 13-40 工业绕线机变频控制电路的识图

资料与提示

图 13-40 中，❶合上总断路器 QF，接通三相交流电源。

❷交流接触器 KM1 线圈得电，常开主触点 KM1-1 闭合，变频器的主电路输入端 R、S、T 得电，变频器进入待机准备工作状态。

❸按下脚踏启动开关 SM。

❸→❹交流接触器 KM2 线圈得电。

❹₋₁常开主触点 KM2-1 闭合，接通电磁制动器电源，进入准备工作状态。

❹₋₂常闭辅助触点 KM2-2 断开，变频器 FRE 端子（自由停车）与公共端子断开，切断变频器自由停车指令输入。

❹₋₃常开辅助触点 KM2-3 闭合，变频器 FWD 端子（正转运行）与公共端子 COM 短接。

❹₋₃→❺变频器内部主电路开始工作，U、V、W 端输出变频电源，电源频率按预置的升速时间上升至频率给定电位器设定的数值。

❻三相交流电动机按照给定的频率正向运转。

❼若需要三相交流电动机反向运转，则拨动转换开关 SA 到 REV 端，使 REV 端与公共端短接，变频器执行反转指令。

❽松开脚踏启动开关 SM。

⑧→⑨交流接触器 KM2 线圈失电。

⑨₁常闭辅助触点 KM2-2 复位闭合，变频器 FRE 端子（自由停车）与公共端子短接，变频器执行自由停车命令，变频器停止输出。

⑨₂常开辅助触点 KM2-3 复位断开，变频器 FWD 端子（正转运行）与公共端子断开，切断运行指令的输入。

⑨₃常开主触点 KM2-1 复位断开，电磁制动器线圈失电，根据延时继电器（图中未画出）设定的时间反相制动抱闸。

⑩机械抱闸与变频器配合使三相交流电动机迅速停止运转。

⑪若变频器检测到三相交流电动机出现过流、过压、过载等故障，则其内部保护电路动作也可使系统停止运行。待排除故障后，按一下复位按钮 SB2，变频器的 RST 复位端子与公共端 COM 短接，可使变频器立即复位，恢复正常使用。按下停止按钮 SB1，可直接切断变频器的三相交流电源，实现系统停机。

13.4.4 工业绕线机变频控制电路的检测

工业绕线机变频控制电路中变频器输入、输出电压的检测方法如图 13-41 所示。

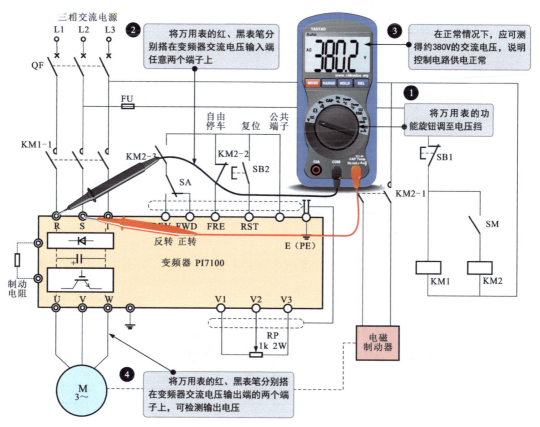

图 13-41 工业绕线机变频控制电路中变频器输入、输出电压的检测方法

若变频器输入电压正常，则说明控制电路已工作，交流接触器得电，触点闭合，此时若变频器无任何电压输出，则多为变频器本身异常，需要检修变频器；若按下启动按钮，电路无反应，变频器输入端无电压，则说明电路未进入启动状态，需要检测启动按钮、交流接触器等电气部件。

13.5 PLC 及变频器的调试与检修

13.5.1 PLC 的调试维护

1. PLC 的调试

为了保障 PLC 能够正常运行，在安装接线完毕后，并不能立即投入使用，还要对 PLC 进行调试，以免因连接不良、连接错误、设备损坏等造成短路、断路或元器件损坏等故障。

（1）初始检查

首先在断电状态下，对线路的连接、工作条件进行初始检查，见表 13-7。

表 13-7 对 PLC 的初始检查

项目	具体内容
线路连接	根据 I/O 分配表逐段确认接线有无漏接、错接，连接线的接点是否符合工艺标准。若无异常，则可使用万用表检测线路有无短路、断路及接地不良等现象。若出现连接故障，则应及时调整
电源电压	在通电前，则检查供电电源与预先设计的供电电源是否一致，可合上电源总开关进行检测
PLC 程序	将 PLC 程序、触摸屏程序、显示文本程序等输入到相应的系统内，若系统出现报警情况，则应对接线、参数、外部条件及程序等进行检查，并对产生报警的部位进行重新连接或调整
局部调试	了解设备的工艺流程后，进行手动空载调试，检查手动控制的输出点是否有相应的输出；若有问题，应立即解决；若正常，再进行手动带负载调试，并记录电流、电压等参数
上电调试	完成局部调试后，接通 PLC 供电电源，检查电源指示灯、运行状态是否正常。若正常，可连机试运行，观察系统工作是否稳定。若均正常，则可投入使用

（2）通电调试

完成初始检查后，可接通 PLC 供电电源进行通电调试，明确工作状态，为最后正常投入工作做好准备，如图 13-42 所示。

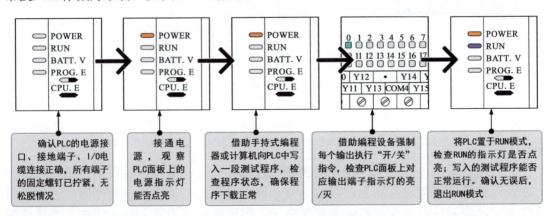

图 13-42 PLC 的通电调试

资料与提示

在通电调试时，不要碰触可能造成人身伤害的部位，调试中的常见错误如下：
◇ I/O 线路上某些点的继电器接触点接触不良；外部所使用的 I/O 设备超出规定的工作范围。
◇ 输入信号的发生时间过短，小于程序的扫描周期；DC 24V 电源过载。

2. PLC 的维护

在 PLC 投入使用后，由于工作环境的影响，可能会造成 PLC 出现故障，因此需要对 PLC 进行日常维护，确保 PLC 安全、可靠地运行。

（1）日常维护

PLC 的日常维护包括供电条件、工作环境、元器件使用寿命的检查等，见表 13-8。

表 13-8 PLC 的日常维护

项目	具体内容
电源	检测电源电压是否为额定值，有无频繁波动的现象；电源电压必须在额定范围内，波动不能大于 10%。若有异常，应检查供电线路
输入、输出电源	检查输入、输出端子处的电源电压是否在规定的标准范围内，若有异常，应进行检查
工作环境	检查工作环境的温度、湿度是否在允许范围内（温度为 0~55℃，湿度为 35%~85%）。若超过允许范围，则应降低或升高温度、加湿或除湿操作。工作环境不能有大量的灰尘、污物。若有，应进行清理。检查面板内部温度有无过高的情况
安装	检查 PLC 各单元的连接是否良好；连接线有无松动、断裂及破损等现象；控制柜的密封性是否良好；散热窗（空气过滤器）是否良好，有无堵塞情况
元器件的使用寿命	对于一些有使用寿命的元器件，如锂电池、输出继电器等应进行定期检查，保证锂电池的电压在额定范围内，输出继电器的使用寿命在允许范围内（电气使用寿命在 30 万次以下，机械使用寿命在 1000 万次以下）

（2）更换锂电池

若 PLC 内的锂电池达到使用寿命（一般为 5 年）或电压下降到一定程度时，应进行更换，如图 13-43 所示。

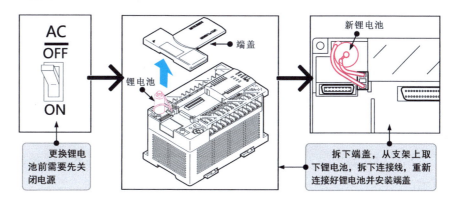

图 13-43 更换锂电池

13.5.2 变频器的检测与代换

变频器属于精密电子设备,使用不当、受外围环境影响或元器件老化等都会造成变频器无法正常使用,进而导致所控制的三相交流电动机无法正常运转。因此,掌握变频器的检测方法是电气技术人员应具备的重要操作技能。

1. 变频器的检测

当变频器出现故障后,需要进行检测,并通过分析检测数据判断故障原因。目前,变频器的检测方法主要有静态检测方法和动态检测方法。

(1)静态检测方法

静态检测方法是在变频器断电的情况下,使用万用表检测各种电子元器件、电气部件、各端子之间的阻值或变频器的绝缘阻值等是否正常。

以检测启动按钮为例,检测方法如图13-44所示。

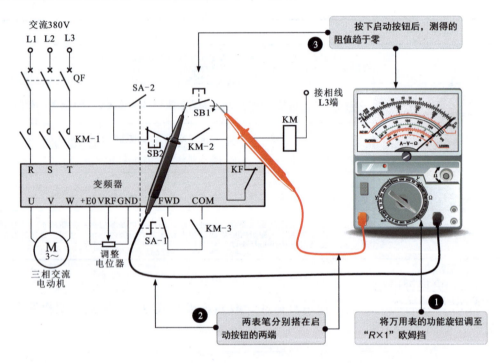

图13-44 启动按钮的检测方法

资料与提示

图13-44中,若测得的阻值为无穷大,则说明启动按钮已经损坏,应更换。同理,在断开启动按钮的情况下,其两端的阻值应为无穷大,若趋于零,则说明启动按钮已经损坏。

当怀疑变频器存在漏电情况时,可借助兆欧表对变频器进行绝缘测试,如图13-45所示。

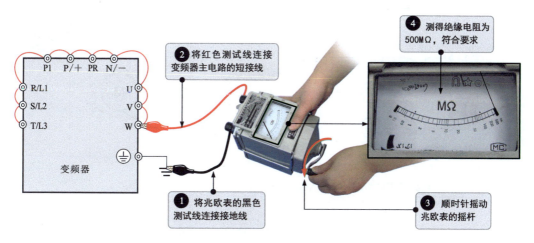

图 13-45 对变频器进行绝缘测试

（2）动态检测方法

静态检测正常后才能进行动态检测，即上电检测，检测变频器通电后的输入/输出电压、电流、功率等是否正常。

图 13-46 为变频器的动态检测方法。

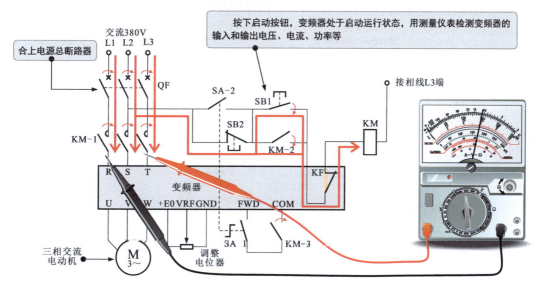

图 13-46 变频器的动态检测方法

资料与提示

变频器启动运行时，其输入、输出电压、电流均含有谐波，实测时，不同测量仪表的测量结果不同。

变频器输入、输出电流一般采用动铁式交流电流表进行检测，如图 13-47 所示。动铁式交流电流表测量的是电流的有效值，通电后，两块铁产生磁性，相互吸引，使指针转动，指示电流值，具有灵敏度和精度高的特点。

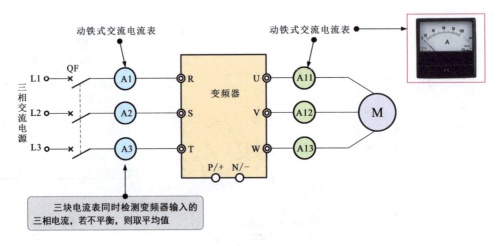

图 13-47 变频器输入、输出电流的检测方法

资料与提示

在变频器的操作显示面板上通常能够即时显示变频器的输入、输出电流，即使变频器的输出频率发生变化也能够显示正确的数值，因此通过变频器操作显示面板获取变频器输入、输出电流是一种比较简单、有效的方法。

变频器输入、输出电压的检测方法如图 13-48 所示。

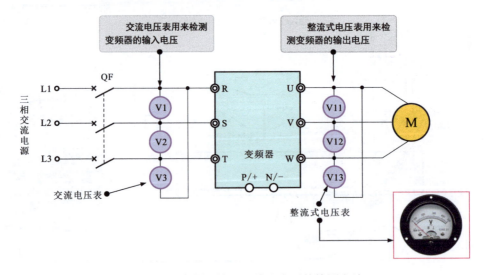

图 13-48 变频器输入、输出电压的检测方法

资料与提示

变频器的操作显示面板上通常能够即时显示变频器的输入、输出电压，即使变频器的输出频率发生变化也能够显示正确的数值，因此通过变频器操作显示面板获取变频器输入、输出电压是一种比较简单有效的方法。

在采用一般的万用表检测输出电压时可能会受到干扰，所测数据会不准确，一般数据会偏大，只能作为参考。

变频器输入、输出功率的检测方法如图 13-49 所示。

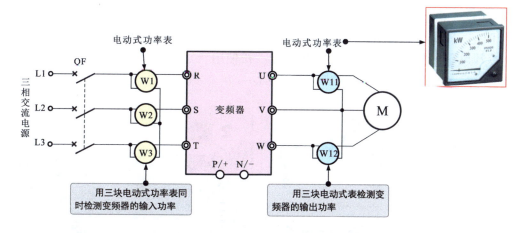

图 13-49 变频器输入、输出功率的检测方法

资料与提示

根据实测的变频器输入、输出电流、电压及功率，可以计算出变频器输入、输出的功率因数，计算公式为

$$输入功率因数 = \frac{输入功率}{3 \times 输入电压 \times 输入电流（三相平均电流）}$$

$$输出功率因数 = \frac{输出功率}{3 \times 输出电压 \times 输出电流（三相平均电流）}$$

图 13-50 为变频器输入、输出电流、电压的关系。

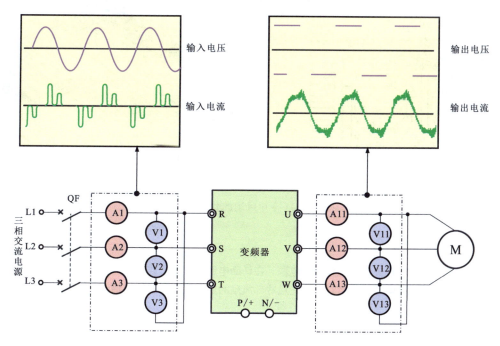

图 13-50 变频器输入、输出电流、电压的关系

2. 变频器的代换

（1）电子元器件的代换

下面以损坏频率最高的冷却风扇和平滑滤波电容为例介绍代换方法。

冷却风扇主要用于变频器的散热冷却，在使用一定年限（一般为 10 年）后，会出现异常声响，此时需要代换，如图 13-51 所示。

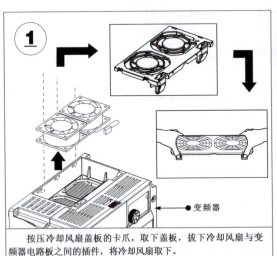
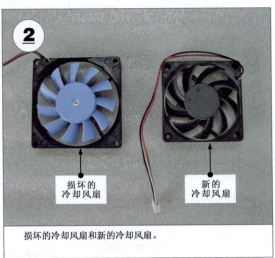
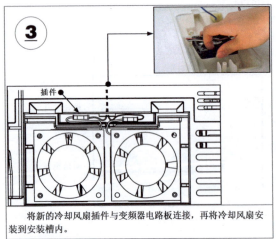
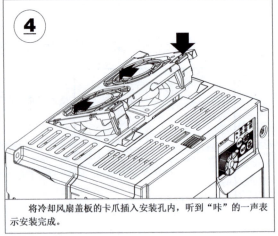

图 13-51 冷却风扇的代换方法

资料与提示

在代换冷却风扇时，应先切断变频器的电源。在切断电源后，由于变频器内部仍存有余电，容易引发触电，因此注意不要触碰电路。代换时，应注意冷却风扇的旋转风向，若安装错误，则会缩短变频器的使用寿命。

变频器主电路使用了大容量的平滑滤波电容,由于脉动电流等的影响,平滑滤波电容的特性会变差,因此在变频器使用一定年限(约为 10 年)后需要将其代换,以确保变频器运行稳定。

图 13-52 为变频器平滑滤波电容的代换方法。

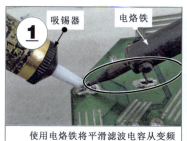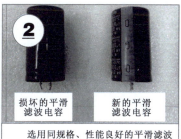

图 13-52 变频器平滑滤波电容的代换方法

(2) 变频器的整体代换

若经检测,变频器损坏严重,无法修复,或者已经达到使用年限,则需进行整体代换。代换时,应在切断变频器电源 10min 后,且使用万用表测量无电压时才能操作。

三菱 FR-A700 型变频器的整体代换方法如图 13-53 所示。

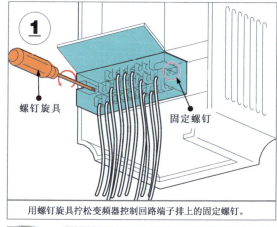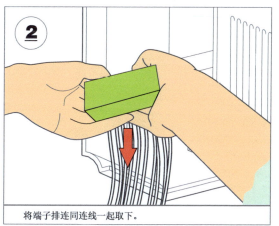

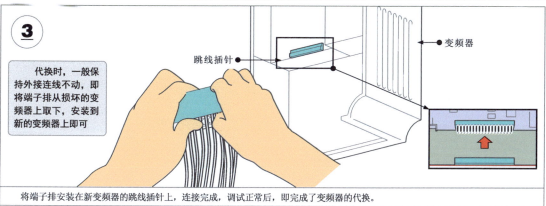

图 13-53 三菱 FR-A700 型变频器的整体代换方法